煤层气成藏机制及经济开采基础研究丛书·卷九

宋 岩 张新民 主编

煤层气开采基础理论

胡爱梅 陈 东 等编著

科学出版社

北 京

内 容 简 介

本书主要针对我国沁水盆地的煤层气开发地质特征,从煤层气吸附/解吸动力学特征、渗流特性、数学模型和数值模拟技术应用方面,系统开展了煤层气吸附/解吸、渗流机理的物理模拟分析研究,在此基础上,建立了符合我国高煤阶煤储层特征的煤层气藏气-水两相耦合流动数学模型,开发了相应的数值模拟软件,并进一步开展了数值模拟软件在沁水盆地煤层气勘探开发中的应用研究,为沁水盆地煤层气高效开发提供了可靠的理论和方法。本书数据资料翔实、内容丰富,具有很强的科学性、创新性和实用性。

本书适合煤层气研究人员和相关专业人员阅读,也可作为高等院校相关专业的参考用书。

图书在版编目(CIP)数据

煤层气开采基础理论/胡爱梅,陈东等编著. —北京:科学出版社,2015.1
(煤层气成藏机制及经济开采基础研究丛书;9/宋岩　张新民主编)
ISBN 978-7-03-043267-4

Ⅰ.①煤… Ⅱ.①胡… ②陈… Ⅲ.①煤层-地下气化煤气-地下开采
Ⅳ.①P618.11

中国版本图书馆 CIP 数据核字(2015)第 024556 号

责任编辑:胡晓春/责任校对:张小霞
责任印制:肖　兴/封面设计:王　浩

科 学 出 版 社 出版
北京东黄城根北街 16 号
邮政编码:100717
http://www.sciencep.com

中国科学院印刷厂印刷
科学出版社发行　各地新华书店经销

*

2015 年 1 月第 一 版　开本:787×1092　1/16
2015 年 1 月第一次印刷　印张:14 1/4
字数:338 000
定价:108.00 元
(如有印装质量问题,我社负责调换)

《煤层气开采基础理论》
编委及作者名单

主　任　胡爱梅　陈　东

编　委　张遂安　张先敏　彭宏钊

著　者（以姓氏笔画为序）

马东民　邓英尔　同登科　孙英男　孙晗森

李少华　李明宅　吴雪飞　张先敏　张遂安

陈　东　周荣福　胡爱梅　姜　林　郭广山

彭宏钊　霍永忠

序　一

  国家 973 计划煤层气项目,将出版《煤层气成藏机制及经济开采基础研究丛书》(共 11 卷),内容包括煤层气基础研究现状、煤层气的生成与储集、煤层气成藏机制及富集规律、中国煤层气资源潜力、煤层气地震勘探技术、煤层气经济高效开采方法等诸多方面的基础理论及应用基础问题,涵盖面相当广泛,是一项很有意义的系统科学工程。项目首席科学家让我为该套丛书作序,欣然应命,特写以下文字,以示支持和祝贺。

  煤层气是一种重要的非常规天然气资源。美国在 20 世纪 80 年代实现了对煤层气的商业性开发利用,建立起具有相当规模的煤层气产业。中国是个煤炭资源大国,煤层气资源也相当丰富。据最新预测结果,全国煤田埋深2000m 以浅范围内,拥有的煤层气资源量为 $31 \times 10^{12} \mathrm{m}^3$(褐煤未包括在内),与我国陆上常规天然气资源量大致相当;若将褐煤中的煤层气也计算在内,数量则更加可观。从我国化石能源资源的禀赋条件和经济社会发展需求来看,煤层气是继煤炭、石油、天然气之后我国在新世纪最现实的接替能源;同时开发利用煤层气在解除煤矿瓦斯灾害隐患、保护大气环境方面也具有十分重要的作用。

  我国从 20 世纪 80 年代开始进行现代煤层气技术研究及开发试验工作,截至 2004 年上半年,在全国境内已施工各类煤层气井近 250 口,建成柳林、潘庄、大城、淮南等 10 余个煤层气开发试验井组,其中阜新刘家、晋城潘庄、沁水柿庄 3 个井组已进行商业性煤层气生产;在煤储层特征研究、煤层气资源评价等基础研究以及无烟煤煤层气开发等方面也取得了可喜的进展。但总体上说,我国煤层气产业化进程缓慢,不能满足国民经济和社会发展的需要。

  煤层气不同于常规天然气。它在地球化学特征、储集性能、成藏机制、流动机理、气井产量动态等方面与常规天然气有明显差别,必须要用不同于常规油气的理论和方法来指导煤层气的勘探与开发。同时,由于中国大陆是由几大板块经多次碰撞、拼合而成,至今仍受欧亚、印度、太平洋三大板块运动的共同作用影响;中国的聚煤期多、延续时间长,煤田遭受的后期改造次数多、作用强烈,因而铸就了中国煤层气地质条件的复杂性和多样性。因此,在北美单一大陆板块环境下产生的美国煤层气理论不完全适应中国的情况。

  建立符合中国地质特征的煤层气基础理论,为形成中国煤层气产业提供科学技术支撑,是中国科技工作者面临的紧迫任务。经过各方面的共同努力,在国家科学技术部的支持下,国家 973 计划"中国煤层气成藏机制及经济开采基础研究"项目,汇集我国石油、煤炭、中国科学院和高等院校等行业和部门的专家学者及精英们协同攻关,体现了多学科交叉、产学研相结合的科学研究新理念,改变了过去部门条块分割、单一学科推进的被动局面。

项目紧紧围绕国家目标和关键科学问题,组织各方面力量,就制约我国煤层气产业化的主要科学问题,如煤层气的成因、储集性能、成藏动力学、气藏成因类型、资源富集规律及潜力、煤储层特征的地球物理响应、气体流动与产出机理等,高起点地开展了广泛、深入的基础研究,这些成果对我国煤层气产业的形成和发展具有理论指导和技术导向作用,集中代表了当前我国煤层气基础研究的整体水平。

将研究成果及时整理出版,可展示我国煤层气基础研究的实力,是加强学术交流、传播煤层气知识、加快科学研究成果向现实生产力转化的重要环节。新的科学理论和技术方法,必将加快我国煤层气产业化进程,并对世界煤层气的发展做出贡献。让我们大家共同努力,早日实现我国煤层气的跨越式发展,以满足经济社会发展对洁净能源不断增长的需求。

中国科学院院士

2004 年 8 月于北京

序　二

　　煤层气,俗称瓦斯,是以吸附态赋存于煤层中的一种自生自储式非常规天然气。开发和利用煤层气是一举两得的事,不仅可作常规油气的补充资源,更重要的是能够大大改善煤矿安全生产条件,减少以至杜绝煤矿事故发生。

　　煤层气作为一种资源量巨大的非常规天然气资源,已经从研究逐渐走向开发利用。美国是最早进行煤层气开发利用的国家,煤层气工业起步于 20 世纪 70 年代,到 80 年代实现了大规模的商业开发,煤层气的产量增长速度快,从 1980 年的年产不足 $1 \times 10^8 \mathrm{m}^3$ 到 1990 年年产 $100 \times 10^8 \mathrm{m}^3$,90 年代初期稳产在 $200 \times 10^8 \mathrm{m}^3$,2002 年年产 $450 \times 10^8 \mathrm{m}^3$,约占美国天然气当年产量的 7.9%,可见美国煤层气的开发是相当成功的,比较成功的盆地为科罗拉多州和新墨西哥州的圣胡安盆地和亚拉巴马州的黑勇士盆地。一般认为煤层气井低产,但也有相当高产的,例如 1996 年,我考察圣胡安盆地 ARCO 公司辖区,有 110 口煤层气井,日产气 $660 \times 10^4 \mathrm{m}^3$ 多。因此研究煤层气低产中的高产规律有重要的理论与实践意义。澳大利亚借鉴美国的成功经验,也开展煤层气的勘探和试验,取得一定的成效。此外,捷克、波兰、比利时、英国、俄罗斯、加拿大等国也都开展煤层气的勘探开发试验。目前,世界上对煤层气研究日益加深,开发地域日益扩大,煤层气在能源中的地位日益提高。

　　我国是煤炭资源大国,拥有相当丰富的煤层气资源(据"七五"估算,埋深 2000m 以浅的资源量为 $31 \times 10^{12} \mathrm{m}^3$)。我国煤层气的勘探开发明显落后于美国,从 80 年代开始,积极引进美国的煤层气开采技术,进行勘探开发试验,但总的来说成效不大,主要原因是我国煤层气地质条件复杂,对煤层气藏形成机理还不太清楚,煤层气的勘探和开采与常规天然气又有很大差别,缺少较为完善和成熟的理论指导。因此,在我国进行煤层气的勘探与开发基础理论研究将是推动该产业更快向前发展的前提,回顾 20 年前"煤成气的开发研究"国家重点科技攻关项目的进行,促进了我国目前天然气工业的大好局面就是一个实证。我曾和其他科学家一同向国家科技部呼吁过立项进行煤层气的研究,今天这一愿望终于实现,"中国煤层气成藏机制及经济开采基础研究"正式立项实施了,这是一件可喜可贺的大事,通过该项目的研究,将会解决我国煤层气勘探与开发存在的若干重大问题,深化煤层气成藏和开采机理的认识,催生煤层气勘探大好局面早日到来。

　　本人有幸加入该项目的跟踪专家行列,从立项到研究启动,一直在关注着其进展和研究成果。迄今,项目前期的成果显著,不乏新发现、新认识和新观点以及创新。宋岩、张新民两位首席科学家计划在项目研究期内出版 11 卷《煤层气成藏机制及经济开采基础研究丛书》(以下简称《丛书》),《丛书》包含煤层气勘探和开发各个方面成果,主要包括前期调研论文集《煤层气成藏机制及经济开采理论基础》,和集成各个课题的和项目的研究成果。《丛书》从煤层气形成的动力学过程及资源贡献、煤储层物性非均质性及控制机理、煤层的吸附特征与储气机理、煤层气藏动力学条件研究、煤层气成藏条件和模式、我国煤层气可采资源潜力评价、煤层气藏高分辨率探测的地球物理响应、煤层气开采基础理论研究、煤层气开发技术等方面,系统全面地研究煤层气的勘探开发理论、技术、方法等诸多基础性、关键性问题,这是前人未及的一个重要举措。《丛书》总的主线是形成一套系统的、具有中国特色的煤层气勘探与开发理论,这也是我国目前所缺乏的。首席科学家所作出的努力和宗旨意在把我国煤层气研究优秀的成果充分展现给地学和煤层气领域学者,达到互相学习交流的目的。《丛书》是该领域中的知识积累、规律总结和创新结晶。这套丛书的出版将对从事煤层气工作的学者、相关专业人员和大中专院校学生大有裨益,同时,势必对煤层气产业产生重要影响和促进。

《丛书》的主编和作者主要是中青年科研骨干,项目给了他们用武之地,他们年富力强,知识广博,勤于实践,善于探索,勇于攀登,敢于创新,是一支强有力的生力军,故由他们编著的《丛书》基础扎实,知识丰富。

在此预祝《煤层气成藏机制及经济开采基础研究丛书》顺利陆续出版,并能成为煤层气理论和实践双全的文献。

中国科学院院士

2004 年 8 月 1 日

目 录

第一章 煤层气吸附、解吸机理研究

一、煤层气产出特征分析

（一）煤层气产出基本特征

煤层气作为一种新型的洁净能源，其开发利用对将来能源的补充来说是至关重要的。而煤层气的产出具有其特殊性。从煤层气的产出角度分析，其过程大致可分为三个阶段。

第一阶段（饱和水流机制）：大部分煤层在静水压力作用下是被水饱和的，处于平衡状态，甲烷吸附在煤孔隙表面。如果通过煤层气井对煤层流体进行抽放，就能打破这一平衡。抽放的第一阶段产出水，为水单相流阶段。

第二阶段（非稳态流机制或不饱和水流机制）：继续抽水进一步降低储层压力，降至解吸压力之下时，甲烷就不断地从煤体孔隙表面解吸，在孔隙或裂隙的水中形成气泡，但这些气泡没有合并成气流，它对水的流动有一定的阻碍作用，使水的相对渗透率下降。

第三阶段（两相流机制）：随储层压力继续下降，更多的气体解吸出来，气饱和度增加，直到气泡合并成连续气流，并运移到钻孔中产出，气的相对渗透率逐渐增加。

（二）煤层气产出机理分析

煤层气主要是以吸附状态赋存于煤基质的孔隙中，在一定压力下处于动平衡状态，其产出机理遵循"解吸－扩散－渗流"的过程，即：从煤基质孔隙表面解吸，通过基块和微孔隙扩散到裂隙中，以达西流方式经裂隙流向井筒三个过程。

煤层气在煤基质孔隙表面解吸和吸附是完全可逆过程。当储层压力降低时，被吸附的甲烷分子从煤的内表面脱离，解吸出来进入游离相。解吸是煤层气开发的先决条件，因此这一过程至关重要。

解吸的煤层甲烷需要经孔隙或微裂隙扩散到裂隙中，才能形成达西流流向井筒。煤层甲烷的扩散是甲烷分子从高浓度向低浓度区的运动过程，本质是气体分子不规则热运动的结果。

扩散至煤层裂隙系统的煤层气和煤层中的水产生了混相流动，沿煤层裂隙系统的压降方向渗流运移至井筒采出地面。该过程符合达西定律。渗透率是决定储层气、水流动的主要因素。同时裂隙发育状况、压差、储层损害也对煤层甲烷渗流产生影响。

煤层甲烷的产出受解吸－扩散－渗流过程的共同控制，三个环节紧密相连，相互影响，相互制约，任一过程受制，都将严重影响煤层甲烷的产出。

影响解吸的因素主要是压力、含气量、煤的水分含量、煤屑粒度、温度等；影响甲烷扩散的因素主要是甲烷浓度、扩散距离、平均自由程和煤层孔隙分布等；而影响渗流的因素有渗透率、裂隙发育状况、压差和储层损坏等。

渗流是解吸发生的前提,有了渗流,才有压降,降压之后才有解吸;在压力梯度下的渗流造成了通道中甲烷分子的浓度差,然后才有在浓度差下的扩散,煤才能快速地释放其吸附的气体。同时,解吸会引起基块收缩,增大裂隙宽度,提高煤层渗透率,有利于甲烷的渗流。扩散在解吸与渗流之间起着桥梁的作用,畅通的渗流加速扩散的进行,而甲烷的快速扩散促进解吸的发生。

二、AST-1000 型大样量等温吸附、解吸实验仪研制

自主研制了 AST-1000 型大样量等温吸附、解吸实验仪,改进完成了 AST-2000 型大样量煤层气等温吸附、解吸仿真实验仪。

(一)设备研制概述

20 世纪 80 年代之前,我国煤炭工业界以煤炭科学研究总院抚顺分院和重庆分院为核心进行煤层瓦斯吸附的实验研究,研制适应于煤矿开采瓦斯监测的"瓦斯吸附仪"与现场"瓦斯解吸仪"。装置受客观条件的限制,实验精度和实验压力不能达到对煤储层条件的模拟。

20 世纪 90 年代,国内有关研究机构陆续从美国的 TerraTek 公司(ST-100)与 RavenRideg Resource 公司引进煤层气等温吸附仪。近年来的使用发现,进口的吸附仪在实验时存在着同样的缺陷:一是实验样品量少,很难具有代表性;二是样品重复实验再现性差;三是实验条件与原生煤在储层状态下的压力与温度环境差别较大;四是煤量较小而压力传感器的精度问题直接导致实验系统误差增大。为了克服以上问题,需要研制新的试验设备。

AST-1000 型大样量煤层气等温吸附、解吸实验仪已自主成功研制,该设备具有实验精度较高、性能稳定、逼近储层条件、易于操作等特点(表 1.1),现已完成了 19 个人工煤样的分析测试;2006 年我们又进一步吸收 TerraTek 与 RavenRideg Resource 吸附仪的优点,研制了改型设备 AST-2000 型大样量煤层气等温吸附、解吸仿真实验仪,该仪器已配合井下专门钻机采样器投入实验室样品分析使用,开展了 3 个原始柱状煤样的测试分析。

表 1.1　大样量等温吸附、解吸实验装置与小样量等温吸附仪性能比较

项　目	小样量等温吸附仪	大样量等温吸附、解吸实验装置
样品缸容积	$20cm^3$	$1000\sim2000cm^3$
参照缸容积	$20cm^3$	$1000\sim2000cm^3$
样品质量	$25\sim60g$	$1250\sim2500g$
平衡水实验影响因素	多	少
系统误差	大	小
样品粒度的可变性	$60\sim80$ 目	粒度可变
仿真程度	差	接近
恒温过程	快	慢

（二）实 验 设 备

AST-1000 型大样量煤层气等温吸附、解吸仿真实验仪。

为解决实验条件问题，针对煤层气解吸机理实验思路和目前国内外煤层气吸附、解吸实验所存在的缺陷，本课题有关人员研制了 AST-1000 型大样量煤层气吸附、解吸仿真实验装置，并于 2004 年就开始投入煤层气吸附、解吸样品的实验研究，借助本设备完成课题的相关研究工作。整套设备在以往等温吸附仪的基础上进行改进，大样量煤层气吸附、解吸仿真实验装置结构及工作原理如图 1.1 所示。

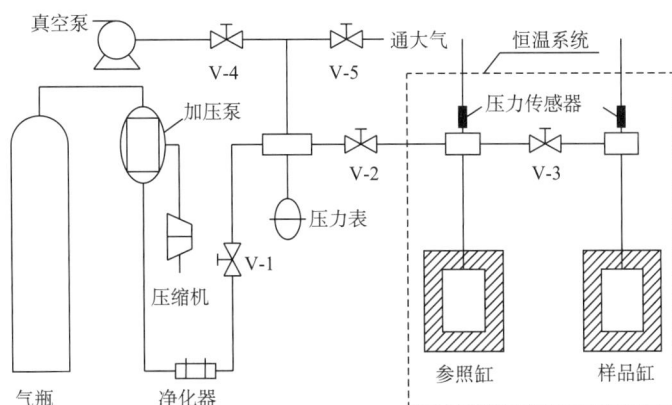

图 1.1　等温吸附、解吸实验装置结构示意图

该仪器分为以下五大系统。

（1）主机控制系统

主机控制系统由仪器控制平台等组成，全部为不锈钢结构，控制阀由管路互相连通，控制各工作系统联结。装有样品缸和参照缸（图 1.1）。样品缸和参照缸委托航天飞行器研究所采用国家航空航天二类压力容器与相应设备制造标准制造。样品缸和参照缸的设计压力为 25MPa，实际可承受压力 37.5MPa。

（2）恒温系统

实验中随着不断的加压，温度的微小变化会引起气体密度很大波动，从而引起气体压力的波动，因此恒温箱的控温精度是影响实验准确程度的重要因素。根据实验要求，采用恒温精度高于 0.2～0.5℃的恒温箱作为吸附、解吸实验的恒温装置，对吸附、解吸样品缸和实验参照缸（图 1.1）进行温度控制。

（3）测量计量系统

由性能优良的传感器组成，并通过 A/D 转换系统实现温度和压力实时监测与控制。用以测量样品缸气体压力和参照缸吸附平衡压力以及甲烷吸附、解吸量。

（4）高压供气系统

高压供气系统具有安全(满足 15MPa 最高实验压力需要)、灵便、密封性能良好的特点。由高压甲烷气(99.95%)钢瓶和加压设备等组成。

（5）真空系统

真空系统由真空泵、真空计、管路等组成,用于控制实验过程中样品的起始真空状态。

（三）样品制备

1. 样品类别

1）无灰干燥基煤样(粒度 60～80 目);
2）平衡水分煤样(粒度 60～80 目);
3）炭化煤样与活化煤样(粒度 60～80 目);
4）柱状原煤样(垂直层理、斜交层理、平行层理)。

2. 具体煤种

1）晋城地区煤($C_2b-P_1^2$ 煤系)
无烟煤(WYM):寺河煤矿、成庄煤矿 3 号煤层;
贫煤(PM):长平煤矿 3 号煤层。
2）韩城地区煤($C_2b-P_1^2$ 煤系)
贫煤(PM):桑树坪煤矿 5 号、11 号煤层;
瘦煤(SM):象山煤矿 3 号、5-2 号煤层,下峪口煤矿 2 号、3 号煤层。
3）河东地区煤($C_2b-P_1^2$ 煤系)
焦煤(JM):柳林 4 号煤层。
4）黄陵地区煤(J_2y 煤系)
长焰煤(CYM):黄陵矿业公司二号井 4-2 号煤层。
5）其他地区煤
长焰煤(CYM):陕北福利煤矿 2-2 号煤层(J_2y 煤系);
长焰煤(CYM):新疆阜康;
褐煤(HM):吉林珲春。

以上煤样皆根据推荐性国家标准加工为 60～80 目,分别进行平衡水处理与无灰干燥基同时进行等温吸附、解吸实验,其中韩城地区煤样 4 个与 ST-100 设备进行对比分析,寺河 WYM 进行炭化、活化后与原煤进行对比分析,黄陵煤样进行柱状原煤的对比分析。主要煤样都进行了工业分析。

（四）实验方法

煤对甲烷的等温吸附、解吸实验主要由三大部分组成:一是平衡水分含量测试,二是等温吸附、解吸实验,三是数据处理。

1. 平衡水分含量的定义及测试方法

随着煤层气勘探开发工作的深入,人们逐渐意识到煤的吸附实验条件应该模拟地下储层条件,包括在吸附实验之前对所用煤样进行处理,使其达到水分平衡状态,这是因为人们认识到,煤中水的存在会对吸附量产生很大影响。

一般按存在状态把煤中的水分为外在水分、内在水分和化合水,也有的称为表面水(或自由水)、吸收水(或湿存水分)、结晶水(或结合水)。储层条件下,几乎所有的煤层都含有水,钱凯按存在状态把储层条件下的水分为自由水、分解水和化合水,自由水存在于裂隙和大孔隙内,分解水和含氧官能团通过氢键结合,水化合物附着在无机矿物和黏土上。在地下储层条件下,其实还有很少量的气态水和吸附水,见图1.2。

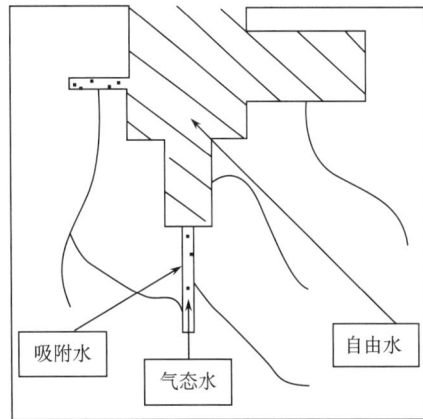

图1.2 煤孔裂隙中自由水、气态水和吸附水示意图

水的存在可能通过两方面影响煤对气体的吸附,一是部分自由水和分解水通过润湿作用和煤表面相结合,相应减小了煤吸附气体的有效面积,导致吸附量的降低;二是在自由水不能达到的小孔隙内,由于水有一定的蒸气压,有少量的水分子以气体状态存在于煤小孔隙中。水分子具有极性,与煤分子之间存在较强的 van der Waals 力,因此水分子与煤的结合比甲烷更为紧密,这些气态水分子将和甲烷在同一活性点中心展开竞争吸附,因此水的存在将对煤吸附气体产生重要影响。尤其对低煤阶煤,这种现象更为明显。为了客观地反映煤的吸附能力,等温吸附实验条件应该尽量模拟煤的地下储层条件,即地下储层温度、储层压力、含水情况等,使测试结果逼近实际、更具可靠性。由于储层温度、储层压力通常可在试井过程中获得,所以等温吸附实验所遇到的主要问题是储层条件下煤中水分的恢复。目前的解决方法是:首先使煤样中的水分达到平衡水分含量状态,然后进行等温吸附实验。

煤层气领域,煤的平衡水分含量(M_e)的定义是:60～80 目的煤样,在温度 30℃、相对湿度 96% 条件下(利用饱和 K_2SO_4 溶液),煤中孔隙达到饱和吸水状态时的含水量即称为平衡水分含量。它和国际标准的 Moisture-Holding Capacity、美国 ASTM 的 Equilibrium Moisture、我国国家标准的最高内在水分(MHC)的定义一致,测试原理相同但方法有差异。严格来讲,储层条件下煤层中充满了水,而平衡水分含量测试仅仅相当于恢复了分解水、化合水、吸附水,而自由水在 30℃、96% 相对湿度条件下并不能得到恢复。同时,在地下储层温度、压力条件下,自由水和煤的作用机理以及对煤层气吸附的影响等情况,目前的认识还很模糊,这也将是今后研究的一个重点。人为省略掉自由水对煤层气储集特征的影响是缺乏科学依据的,尽管如此,平衡水分煤样比干煤样显然更接近于实际情况,故以此作为目前普遍采用的处理方法。项目所有实验所用煤样都先经过平衡水分含量的测试,然后进行吸附实验。

平衡水分含量测试方法如下:

准确称取空气干燥基煤样 900～1000g（精确到 0.01mg），分别置于玻璃烧杯中，加入一定量蒸馏水或储层水使煤样全部淹没为止，并充分搅拌。煤样在室温下浸泡 2 小时，然后倾入有定性滤纸的过滤器中，用真空泵缓慢抽出多余水分。将湿煤样连同滤纸放在定质量的卫生纸上，置入装有过饱和 K_2SO_4 溶液的真空干燥器中，抽真空密封。每隔 24 小时，称量一次重量，直到相邻两次重量变化不超过试样量的 3％，即认为达到水分平衡。实验过程中，真空过滤器置于恒温水浴中，保持 30℃恒温（因为饱和 K_2SO_4 溶液在 30℃时的湿度为 96％）。以平衡后的湿煤样为基准，把所增加的水分占总湿样的质量百分数称为湿度 D，则有

$$D = (G_2 - G_1)/G_2 \times 100\% \tag{1.1}$$

式中，G_1 为平衡前样品质量（空气干燥基煤的质量）；G_2 为平衡后样品质量（湿煤样质量）；D 为平衡后增加水分量占湿样百分数（或湿度）。

D 是增加水分占平衡后湿样的百分数，因为是用空气干燥基煤样进行实验，所以 D 不包括空气干燥基中的原有水分。如果要得到平衡水分状态下煤样所包含的总水分量（即平衡水分），可通过上式来计算。如果是利用干燥基煤样进行平衡水分含量的测试，得到的湿度就是平衡水分含量。对于低变质煤样，达到湿度平衡还要视其表面残留水分的多少和湿煤粒分散程度而定。一般平衡时间大约需 4～5 天（如果平衡水分计算有误，可在实验结束后称重并烘干进行）。

2. 等温吸附实验方法

（1）体积实验

目的是测试煤样的真实体积和密度，即不包括所有孔隙的煤样体积和密度。测试温度限定在 20～25℃，测试气体为氦气。测试时，先抽真空使压力达到实验要求（一般压力小于 0.004MPa），关闭参考缸和样品缸之间的阀门，向参考缸中充入氦气并达到设计压力（2.6～2.8MPa）。然后打开阀门，气体从参考缸进入样品缸，直至气体压力稳定，同时记录平衡前后气体的压力、温度值。体积实验后，根据记录的数据，利用真实气体状态方程计算出煤样的真实体积和密度。再用样品缸体积减去煤样体积，计算出样品缸内的自由空间体积或死体积。自由空间体积包括样品缸装入煤样后颗粒与颗粒之间的空隙、煤样颗粒内部微细空隙、样品缸剩余的自由空间、连接管线和阀门内部空间的体积之总和。它是计算吸附量时所必需的参数。

（2）压力实验

体积实验完成后需要检查系统的气密性。方法是向系统中充入氦气，压力超过实验要求的最高压力（或储层压力），保证接下来的整个等温吸附实验在密封条件下进行。之后调节温度达到实验设定温度。

（3）吸附实验

温度达到实验要求并且确定系统密封不漏气，方可进行吸附实验。

系统先抽真空，压力低于 0.004MPa。关闭样品缸阀门，向参考缸内充入测试气体，

压力为计算出的目标压力。温度稳定后,启动等温吸附实验程序。在60秒时打开样品缸阀门,记录不同时间的压力与温度。前300秒每秒采集一次数据,以后1分钟采集一次数据,直到达到吸附平衡。

第一个压力点完成后,关闭阀门,继续向参考缸中充气,达到计算出的第二个目标压力,温度稳定后,启动等温吸附实验程序,在60秒时打开阀门,气体进入样品缸,煤样开始吸附气体。平衡后重复以上过程,直至最后一个压力点实验结束。

达到最高压力点后,逆序操作,进行解吸实验。

3. 数据处理与成图

在整个实验过程中,计算机自动记录平衡前后的气体压力和温度变化情况。根据压力、温度数据以及相关的体积参数,可分别计算平衡前后的自由气体量,两者之差就是被吸附的气体量。

在解吸过程中,以最高压力点为起点进行计算,获得不同压力点起点下不同压差解吸的气体量。

吸附、解吸气量皆换算为吨煤含量(吸附过程以定压差后的压力终点计吸附量,解吸过程也以降压终点计解吸量)。

三、煤层气等温吸附、解吸实验

(一) 实 验 原 理

静态吸附法是一种经典的气体吸附法。在真空系统中将气体与吸附剂放在一起,达到平衡后再以适当的方法来测定吸附量。静态吸附法分为容量法和重量法两种。容量法是比较吸附前后气体压力来计算吸附量,如低温氮气吸附等;重量法是比较吸附前后石英弹簧秤的读值的变化来衡量吸附量大小的一种方法。根据需要本实验选取实验精度和可信度均较高的容量法。

任何一种吸附对于同一被吸附气体(吸附质)来说,在吸附平衡情况下,温度越低,压力越高,吸附量越大。反之,温度越高,压力越低,则吸附量越小。因此,气体的吸附分离方法,通常采用变温吸附或变压吸附两种循环过程。

如果压力不变,在常温或低温的情况下吸附,用高温解吸的方法,称为变温吸附(简称TSA)。显然,变温吸附是通过改变温度来进行吸附和解吸的。由于吸附剂的比热容较大,热导率(导热系数)较小,升温和降温都需要较长的时间,操作上比较麻烦,不太适合本实验研究的需要。

如果温度不变,在加压、减压的情况下,通过改变压力来促使气体吸附、解吸的方法,称为变压吸附。变压吸附由于吸附剂的热导率较小,吸附热和解吸热所引起的吸附剂本体温度变化不大,故可将其看成等温过程,近似常温吸附等温线进行,在较高压力下吸附,在较低压力下解吸。变压吸附既然沿着吸附等温线进行,从静态吸附平衡来看,吸附等温线的斜率对它的影响很大,在温度不变的情况下,压力和吸附量之间的关系,如图1.3所示,图中横坐标表示吸附、解吸压力,纵坐标表示吸附或解吸量,吸附、解吸量变化区间

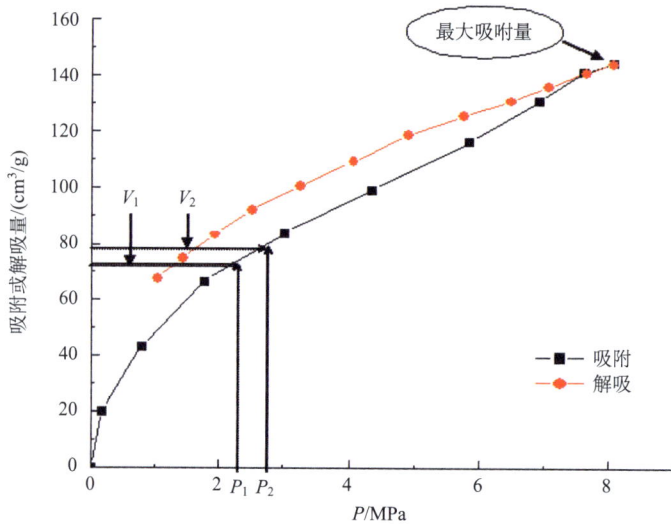

图 1.3　甲烷变压吸附、解吸示意图(马东民,2008)

(V_1,V_2) 与压力变化区间 (P_1,P_2) 对应,相应函数关系式为 $v=f(p,T)$,吸附、解吸量 V_2 减去 V_1 即为压力从 P_1 增加到 P_2、P_2 减小到 P_1 的净吸附、解吸量的累计增加、减小值。

　　本研究采用的高压容量法就是指变压等温吸附,是煤层气资源可采性评价和指导煤层气井排采生产的关键技术参数方法之一,等温吸附数据测定的准确性,直接关系到煤层气开发项目研究的成败和煤层气产业的发展。

(二) 实 验 过 程

实验设备采用 AST-1000。

1. 煤样处理

　　结合《高压容量法等温吸附实验方法标准编制说明》规定本等温吸附实验煤样粒度为 60～80 目。煤样制备步骤如下:
　　1) 采集原煤样。在研究矿区采集新开采的原煤样,要求无矸石、以块状为主。
　　2) 破碎。采用颚式破碎机将采集来的原煤样破碎成最大粒度小于 15mm 的颗粒。
　　3) 粉碎。将上述经颚式破碎机破碎的颗粒煤样用盘式粉碎机加工成最大粒度小于 0.3mm 的细小颗粒。
　　4) 筛分。为了选取实验样品,将经粉碎的小颗粒煤样用 60 目和 80 目的两个标准筛同时进行筛分,制得符合《煤的高压等温吸附实验方法——容量法》(GB/T 19560-2004)要求的实验煤样。

2. 平衡水分测定

　　本等温吸附实验样品平衡水分处理测试参考美国 ASTM。实验步骤如下:

1）称取空气干燥基煤样，样重不少于 800g（精确到 0.001g）。

2）将经称重的煤样置于 1000mL 的烧杯中，均匀加入适量蒸馏水浸泡 24 小时以上。

3）将含水样品在真空泵上抽滤，除去多余的外在水分，直至样品外观无明显的水分为止。

4）将样品转入标准筛并将其均匀散开，再将装有样品的标准筛放入湿度平衡的真空干燥器内（真空干燥器底部装有足量的硫酸钾过饱和溶液）每隔 24 小时称重样品一次，直到相邻两次样品重量变化不超过其重量的 2% 为止。

平衡湿度计算公式：

$$M_e = \left(1 - \frac{G_2 - G_1}{G_2}\right) \times M_{ad} + \frac{G_2 - G_1}{G_2} \times 100 \tag{1.2}$$

式中，M_e 为样品的平衡水分含量，%；G_1 为平衡前空气干燥基样品质量，g；G_2 为平衡后样品质量，g；M_{ad} 为样品的空气干燥基水分含量，%。

3. 样品缸自由空间体积确定

样品缸自由空间体积是指样品缸装入煤样后煤样颗粒之间的空隙、煤样颗粒内部微细空隙、样品缸剩余的自由空间、连接管和阀门内部空间的体积之总和。

确定样品缸的自由空间体积 V_0 的方法有两种：直接法和间接法。所谓直接法，即在一定的温度和压力下，选用一种吸附量可以忽略的气体（通常用氦气），通过气体膨胀来探测样品缸自由空间体积，该方法实际上是用参比流体（氦气）的体积来表征样品缸系统中的自由空间体积。所谓间接法，即由吸附剂的密度和质量算出吸附剂的体积，用样品缸的空缸体积减去吸附剂体积得到样品缸自由空间体积。由间接法确定的自由空间体积与 Gibbs 对过剩吸附的定义严格一致，然而对于煤炭这种多孔且孔形状不规则的吸附剂，很难准确地得到它的真实密度，因而在实际测量中很少用间接法。直接法确定自由空间体积虽然存在一定的争议，但仍然是许多文献中推荐使用的方法。

具体步骤如下：将符合平衡水分测定要求的样品装入 AST-1000 型大样量煤层气吸附、解吸仿真实验仪（如图 1.1 所示），确定系统密封性能完好。本研究使用直接法，通过 298.15K 氦气（纯度 >99.999）膨胀测定样品缸自由空间的体积。首先将包括参照缸（空缸）和样品缸（装有煤样）以及连接管线在内的吸附系统抽真空（图 1.4），然后将一定量的氦气通入参照缸并记录下参照缸的压力 P_1，打开平衡阀连通参照缸和样品缸，氦气由参照缸向样品缸膨胀，记录平衡时的压力

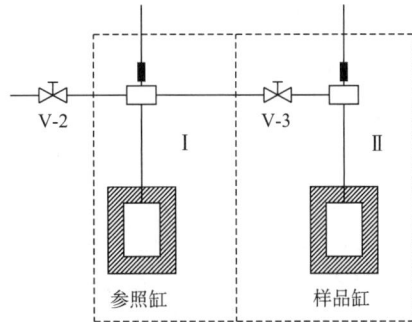

图 1.4　容量法测吸附、解吸示意图

P_2。应用气体状态方程通过质量衡算我们可以求出样品缸的自由空间体积 V_0 与参照缸体积 V_r 的比值 K'，称该比值为体积比，其表达式为

$$V_0 = V_r K' = V_r \left(\frac{P_1 T_2 Z_2 - P_2 T_1 Z_1}{P_3 T_1 Z_1 - P_1 T_3 Z_3}\right) \tag{1.3}$$

式中，P_1 为平衡后系统压力，MPa；P_2 为参考缸初始压力，MPa；P_3 为样品缸初始压力，

MPa；V_r为参考缸体积，cm³；V_0为自由空间体积，cm³；T_1为平衡后温度，K；T_2为参考缸初始温度，K；T_3为样品缸初始温度，K；Z_1为平衡条件下气体的压缩因子，无量纲；Z_2为参考缸初始气体的压缩因子，无量纲；Z_3为样品缸初始气体的压缩因子，无量纲；K'为体积比，无量纲。

确定出自由空间体积之后，进入样品对甲烷的吸附、解吸实验研究。

4. 等温吸附实验

（1）吸附温度的确定

煤吸附甲烷属于物理吸附过程，物理吸附是放热反应，存在着随吸附温度升高吸附量减小的特点，所以在低温下吸附过程更容易进行。煤炭科学研究总院西安分院张庆玲等研究表明随等温吸附实验温度的升高，吸附量呈下降趋势。在 20～50℃ 范围内，随温度升高 V_L 的变化趋势不明显，总体略有下降，说明温度对饱和吸附量的影响不大；P_L 值则随温度的升高明显增加，说明温度升高解吸过程增强。温度对吸附常数的影响主要体现在对 P_L 的影响方面。

目前国内外吸附、解吸实验温度有在室温下和在 30℃ 恒温两种，为了真实反映煤的吸附特性，按照《煤的高压等温吸附实验方法——容量法》(GB/T 19560-2004) 规定，本实验在 30℃ 恒温状态下进行。

（2）吸附实验压力点的分布原则

不同变质程度的煤对甲烷具有不同的吸附特性，主要表现在高低压的吸附增量上，为了使测试结果更准确，所得曲线更接近实际等温吸附曲线，在对压力点的分布进行设定时，应给予区分。压力在 1～4MPa 范围内，吸附量随压力增加而增加的幅度较大，此后，压力越高吸附量增加的幅度减小。对于高煤级的煤尤为明显，等温曲线的拐点一般在 3.5MPa 以前出现；对低煤级煤，吸附甲烷的速度相对较慢，吸附等温线拐点出现的较晚。本标准规定：把煤样分为无烟煤和非无烟煤两种，对于无烟煤，在 3.5MPa 前应有 3 个压力点，以后按 1.5～2.0MPa 增量递增，直到最高压力；非无烟煤在整个压力范围内增量按均匀分布原则。

实验压力点选择及分布原则具体规定如下：

1）最高压力＝8MPa，选 6 个压力点；最高压力在 8～12MPa，选 7 个压力点；最高压力＞12MPa，选 8 个压力点。

2）烟煤：压力增量均匀分布；无烟煤：在 3.5MPa 前，做 3 个压力点，随后以 1.5～2.0MPa 的压力增量增加。

（3）吸附、解吸平衡时间

吸附平衡是一种动态平衡，达到平衡时吸附速度等于解吸速度。要达到这一平衡必须有一过程，在进行煤对甲烷的等温吸附测试中，这一过程表现在每一压力点上。吸附达到平衡需要的时间没有一个固定值，因为不同的实验条件，如煤级、粒度、数量、温度、压力等因素都将影响达到平衡的时间。据已有的研究表明，甲烷在煤上的吸附类似表面凝聚，是一个快速的物理过程,影响煤吸附甲烷的速度主要由扩散步骤来决定,扩散速度慢则达到平衡时间就较长,扩散速度快则很快能达到平衡。

目前国内外把煤吸附实验的平衡时间定为 24 小时,Dmitriv 等曾报道过,甲烷在煤上的吸脱附平衡长达数十小时,煤炭科学研究总院西安分院张庆玲等研究表明这一时间高于实际平衡时间,虽然吸附平衡时间受多因素影响,但经 6 小时均能满足平衡的要求。研究人员以 10 个系列煤样为例,在各自储层温度下进行等温吸附试验,把各压力点分别经过 6 小时和 24 小时平衡后计算出的 V_L 和 P_L 相互比较,认为两种方法的结果无显著性差异,鉴于此,并参考《煤的高压等温吸附实验方法——容量法》(GB/T 19560-2004),本实验的吸附平衡时间确定为 6 小时。

样品对甲烷吸附、解吸实验过程如图 1.5、图 1.6 所示。

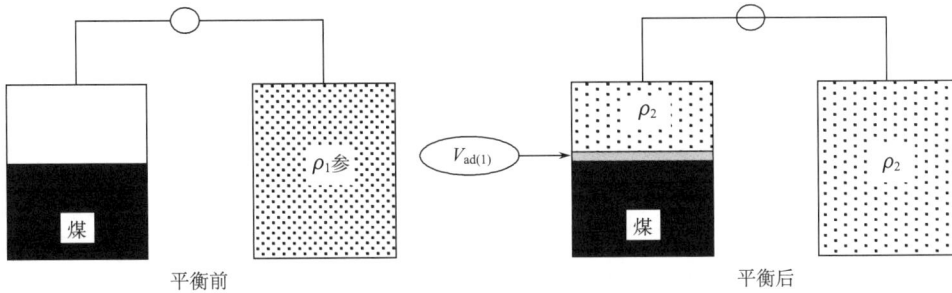

图 1.5　第 1 点平衡前后吸附相状态示意图

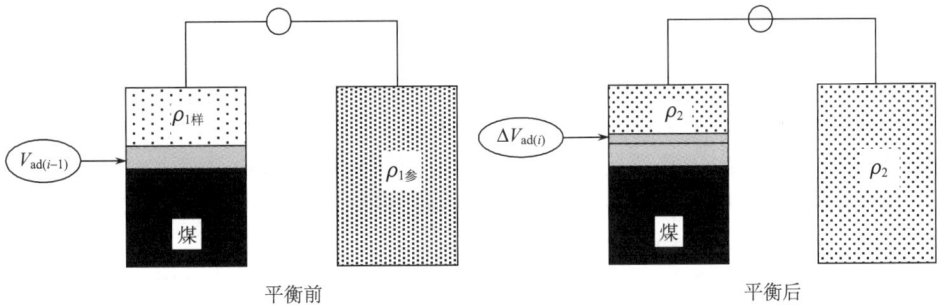

图 1.6　第 n 点平衡前后吸附相状态示意图

高压气密性实验测试后,开始进行吸附测试:首先将包括参照缸(空缸)和样品缸(装有煤样)以及连接管线在内的吸附系统抽真空,然后设定系统温度 t。打开充气阀和参照缸控制阀,使高压钢瓶甲烷气进入参照缸,关闭充气阀,并记录下参照缸的压力值 P_1^0。记录 P_1^0 后,缓慢打开平衡阀连通参照缸和样品缸,甲烷气由参照缸向样品缸膨胀。应用气体状态方程,按式(1.4)计算充入整个系统里面的甲烷气体量 n_1^0。

$$n_1^0 = \frac{P_1^0 \cdot V_r}{Z_1^0 \cdot R \cdot T} = \frac{P_1^0 \cdot V_r}{Z_1^0} \cdot \frac{1}{8.735 \times (273.15 + t)} \tag{1.4}$$

式中,n_1^0 为充入整个系统里面的甲烷气体量,mol;t 为系统温度,℃;V_r 为参照缸及连通管标准体积,cm³;P_1^0 为参照缸平衡压力,MPa;Z_1^0 为 P_1^0 压力下及温度 t 时甲烷的压缩系数,可查表求得;T 为绝对温度,$T=273.15+t$;R 为常数,取 8.735。

保持 6 小时,使煤样充分吸附,压力达到平衡后,读出平衡压力 P_1 并计算出系统内剩余体积的游离甲烷量 n_1、第一次充气压力点 P_1 煤样吸附甲烷量 N_1 以及每克煤可燃物吸附甲烷量 Q_1。

$$n_1 = \frac{P_1 \cdot (V_r + V_0)}{Z_1 \cdot R \cdot T} = \frac{P_1^0 \cdot (V_r + V_0)}{Z_1} \cdot \frac{1}{8.735 \times (273.15 + t)} \qquad (1.5)$$

式中,n_1 为平衡后系统内剩余体积的游离甲烷量,mol;V_0 为样品缸自由空间体积,cm^3。

由质量守恒定律,整个系统里面的甲烷气体量扣除平衡后系统内剩余体积的游离甲烷量即为第一次充气压力点 P_1 煤样吸附甲烷量 N_1,由式(1.4)和式(1.5)得

$$N_1 = \frac{1}{RT} \cdot \left[\frac{P_1^0 V_r}{Z_1^0} - \frac{P_1 (V_r + V_0)}{Z_1} \right] = \left[\frac{P_1^0 V_r}{Z_1^0} - \frac{P_1 (V_r + V_0)}{Z_1} \right] \cdot \frac{1}{8.735 \times (273.15 + t)}$$

$$\qquad (1.6)$$

每克煤压力点的吸附量为

$$Q_1 = 22.4 \times 1000 \times \frac{N_1}{G} \qquad (1.7)$$

式中,Q_1 为每克煤压力点的吸附量,cm^3/g;G 为煤样重量,g。

Q_1 即为第一次充气压力点的吸附量。然后进行参照缸第二次充压,参比缸平衡压力为 P_2^0,连通参照缸和样品缸系统平衡后系统的压力为 P_2,同样通过应用气体状态方程和质量守恒定律,可得平衡压力为 P_2 时的吸附量 N_2。

$$N_2 = N_1 + \frac{1}{RT} \left[\frac{P_2^0 V_r}{Z_2^0} + \frac{P_1 V_0}{Z_1} - \frac{P_2 (V_r + V_0)}{Z_2} \right] \qquad (1.8)$$

依次重复上述步骤,进行加压—平衡—加压这一吸附循环过程,逐次增高试验压力,可测得每一个压力点 P_i 下煤样吸附量 N_i 和每克煤吸附甲烷量 Q_i。

按逐次测得的 P_i 及 N_i 作图,即为煤样的吸附等温线。

根据实验测得的各平衡压力点吸附量 V_i 和压力 P_i,

$$V_i = N_i \times 22.4 \times 1000 \qquad (1.9)$$

利用 Langmuir 方程:

$$\frac{P}{V} = \frac{P}{V_L} + \frac{P_L}{V_L} \qquad (1.10)$$

求出压力及该压力对应的吸附量间的比值(P_i/V_i),绘出 P、P_i/V_i 之间的散点图,对这些点进行线性回归,利用最小二乘法求出直线方程及相关系数(R)。假设直线斜率为 A,截距为 B,则可以计算出 Langmuir 体积(V_L)、Langmuir 压力(P_L):

Langmuir 体积(V_L)为

$$V_L = 1/A \qquad (1.11)$$

Langmuir 压力(P_L)为

$$P_L = B/A = V_L B \qquad (1.12)$$

等温吸附曲线测定过程中,压力低于钢瓶压力时,直接将钢瓶气导入吸附测试系统,压力高于钢瓶压力时,气体经加压系统后进入吸附测试系统。测试时,应根据最高测试压力事先确定要测试的压力点数。

5. 等温解吸实验

解吸过程其实为吸附过程的逆过程,即为减压—平衡—减压循环过程。测定按吸附等温线测定中最大平衡压力 P_i 开始,关闭平衡阀,缓慢打开参照缸放气阀,放出一部分甲烷气体,关闭放气阀,记录下参照缸压力 $P_{i-1}^0 P_{i-1}^0$。然后缓慢打开平衡阀,保持在 6 小时后,记录下系统平衡压力 P_{i-1}。同吸附过程一样,通过应用气体状态方程和质量守恒定律可得压力点 P_{i-1} 下的甲烷吸附量 N_{i-1}:

$$N_{i-1} = N_i + \frac{1}{RT}\left[\frac{P_{i-1}^0 V_r}{Z_{i-1}^0} + \frac{P_i V_0}{Z_i} - \frac{P_{i-1}(V_r + V_0)}{Z_{i-1}}\right] \tag{1.13}$$

压力段 $P_i - P_{i-1}$ 内,压力点 P_i 下甲烷的吸附量 N_i 扣除压力点 P_i 下甲烷的吸附量 N_{i-1},得到对应压力段下的解吸量

$$\Delta N_i = N_i - N_{i-1} = \frac{1}{RT}\left[\frac{P_{i-1}(V_r + V_0)}{Z_{i-1}} - \frac{P_{i-1}^0 V_r}{Z_{i-1}^0} - \frac{P_i V_0}{Z_i}\right] \tag{1.14}$$

每克煤压力段内的解吸量为

$$\Delta Q_i = 22.4 \times 1000 \times \frac{\Delta N_i}{G} \tag{1.15}$$

依次重复上述步骤,进行减压—平衡—减压这一吸附循环过程,逐次降低实验压力,可测得解吸过程每一个压力点 P_i 下对应煤样吸附量 N_i 和每克煤减压段内甲烷解吸量 ΔQ_i。同样,按逐次测得的 P_i 及 N_i 作图,即为煤样的解吸等温线。

<h2 style="text-align:center">(三) 实验结果分析</h2>

1. 表面结构的影响

(1)碳含量

影响吸附剂性能的主要因素有三方面:吸附剂的性质、吸附质的性质和环境因素。本研究先以褐煤(HM)、长焰煤(CYM)、气煤(QM)、焦煤(JM)、瘦煤(SM)、贫煤(PM)和无烟煤(WYM)等为研究对象,系统研究了其对甲烷的吸附、解吸行为,实验结果如图 1.7 至图 1.13 所示。

实验结果显示褐煤对甲烷的吸附等温线属于 IUPAC 划分的吸附等温线的 Ⅵ 类,吸附量随压力的增大而升高,但增大梯度不等,呈波浪状,是表面均匀的非多孔吸附剂上的多层吸附情况。这说明了两点:第一,褐煤的变质程度不高,孔隙不发达,这与已有结论相符;第二,褐煤的表面为小区域内不饱和官能团且支链较多,导致甲烷分子和煤体本身的分子间作用复杂,出现多分子层吸附。

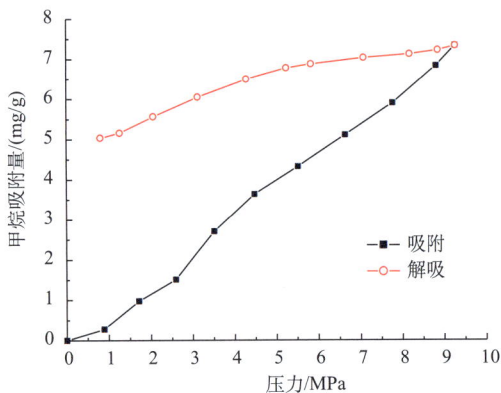

图 1.7 珲春 HM 等温吸附、解吸曲线

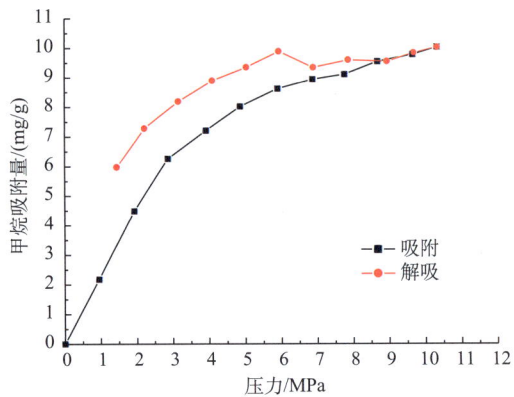

图 1.8 陕北 CYM 等温吸附、解吸曲线

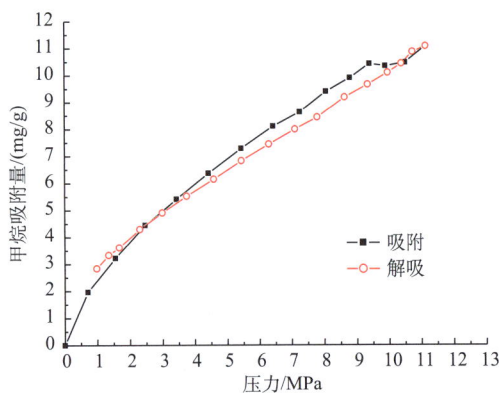

图 1.9 黄陵 QM 等温吸附、解吸曲线

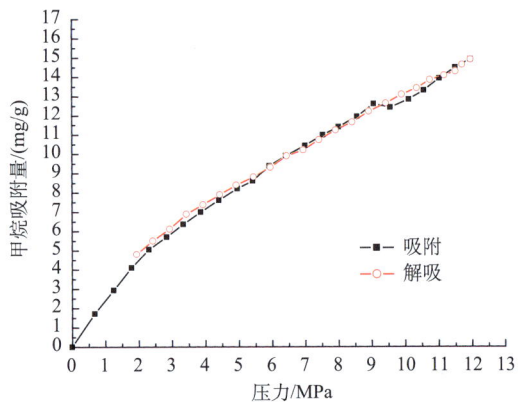

图 1.10 柳林 JM 等温吸附、解吸曲线

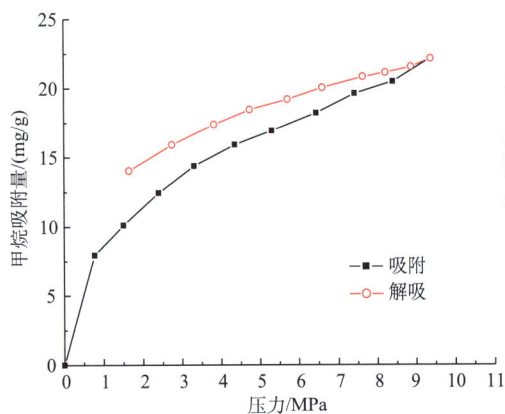

图 1.11 象山 SM 等温吸附、解吸曲线

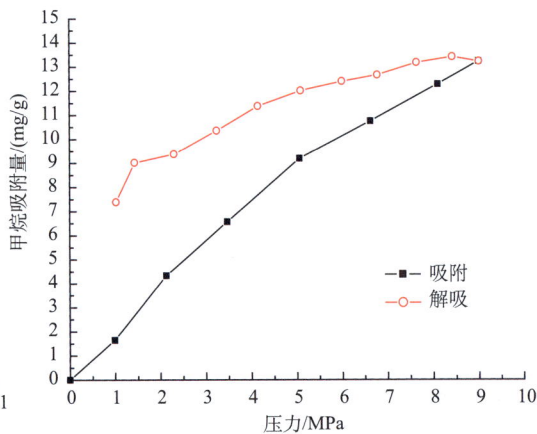

图 1.12 桑树坪 PM 等温吸附、解吸曲线

从长焰煤开始,经气煤、焦煤、瘦煤、贫煤,一直到无烟煤,样品对甲烷的吸附等温线都呈 Langmuir 等温吸附特征,属微孔吸附特征,表示煤体毛细孔的孔径比吸附质甲烷分子尺寸略大时的单层分子吸附,其中以瘦煤吸附等温线最为典型;变质程度较高的贫煤和无烟煤吸附等温线在压力较低处出现了 Langmuir 等温吸附特征,但在较高压力阶段没有出现吸附平台,亦即样品对甲烷的吸附量没有达到饱和,归结原因在于吸附实验压力不够,没有达到贫煤和无烟煤饱

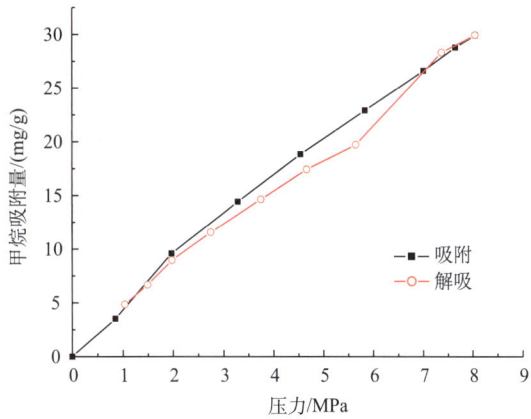

图 1.13 晋城 WYM 等温吸附、解吸曲线

和吸附量出现的压力要求,但这不影响二者吸附也呈现 Langmuir 等温吸附特征的结论。

表 1.2 煤样对甲烷的等温吸附实验结果

	煤 样						
	HM	CYM	QM	JM	SM	PM	WYM
含碳量/%	72.23	79.23	81.57	89.26	90.73	91.31	96.14
最大吸附/(mg/g)	7.33	9.77	11.08	14.48	20.48	13.23	29.93

纵向比较每个样品对甲烷的吸附特征,将实验结果汇总于表 1.2,结果显示按照煤样含碳量的提高,煤样对甲烷的吸附量基本呈递增趋势。从褐煤、长烟煤等到瘦煤,随煤样含碳量的提高,煤样对甲烷的等温吸附量增大,褐煤在吸附压力达到 9.3 MPa 时,对甲烷的吸附量为 7.33mg/g,长烟煤、气煤、焦煤和瘦煤对甲烷的吸附量依次增大,且增加梯度呈递增趋势,到瘦煤时,对甲烷的最大吸附量增大达到 20.48mg/g,但贫煤对甲烷的等温吸附量较焦煤和瘦煤要略小,此后无烟煤对甲烷的等温吸附量又增大到 29.93mg/g。煤炭科学研究总院西安分院钟玲文、张慧以及张新民等通过相似研究方法发现:碳含量为 75%～87% 时,煤的吸附能力逐渐降低;而碳含量在 87%～93.4% 时,煤的吸附能力又逐渐上升;但当碳含量大于 93.4% 时,吸附能力却急剧下降。煤炭科学研究总院重庆分院等多家研究单位和院所也有类似认识。故分析认为本实验样品贫煤对甲烷的吸附量减小现象合理,并非实验偶然误差导致的结果。

显然这和煤本身的组成和性质有关,煤主要由有机显微组分和矿物质组成,随煤的变质程度的加深,煤中的芳环结构增多,微观结构趋向于规整(如图 1.14 所示),其含碳量增高,也就是显微组分中镜质组的含量增加,在所有显微组分中镜质组对甲烷的吸附能力最强,这样在压力和温度等外界条件相同的前提下,自然 R_{max} 为 3.74% 的无烟煤对甲烷的等温吸附量是最大的。

在实验获得上述认识的基础上,选取山西晋城寺河无烟煤为原材料,对其进行了炭化和活化处理,再在同等实验条件下以 AST-1000 型大样量煤层气吸附、解吸仿真实验仪测试了两种改性样品对甲烷的吸附、解吸特性,结果如图 1.15 所示。

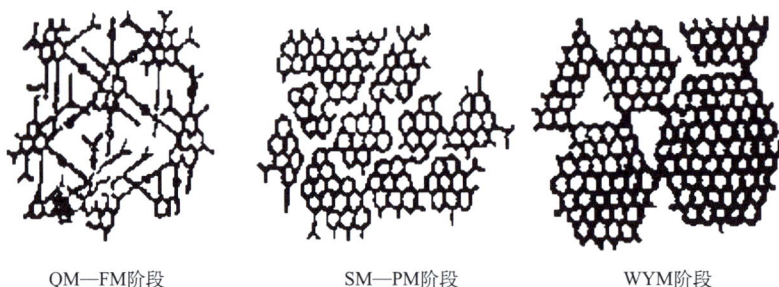

| QM—FM阶段 | SM—PM阶段 | WYM阶段 |

图 1.14　煤的微观结构示意图

　　结果显示,样品在炭化后,对甲烷的吸附量同原煤样相比较并没有增大,反而略微有所减少,这与炭化后样品孔隙结构的变化有关,在后续章节中再作讨论。样品在活化后,单位质量样品对甲烷的吸附量明显增大,由空气干燥基原煤样的 23.88mg/g 增大到活化样品的 58.75mg/g,增大了一倍多。研究认为,活化在改变物质本身的孔结构的同时,对于煤这种物质而言,也是去除煤内部部分小分子,增加其含碳量的过程,也就是说活化后样品的含碳量高于原煤样的含碳量。按照前述样品含碳量和吸附量之间的正相关关系,活化样品对甲烷吸附能力较原煤样增大是合理的,与原实验预期效果一致。

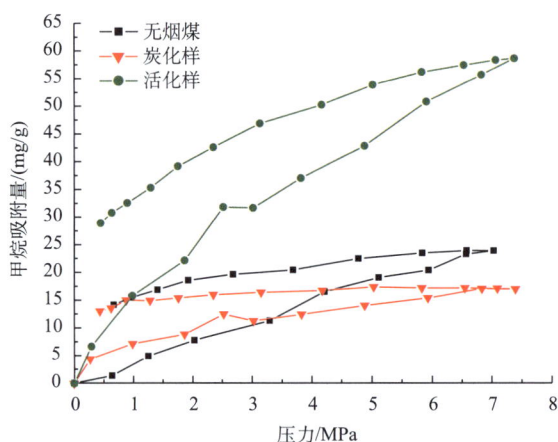

图 1.15　无烟煤、炭化样和活化样对甲烷的等温吸附、解吸曲线

（2）比表面积

　　比表面积是影响样品对甲烷等温吸附试验结果的重要因素。比表面积的测定方法很多,常用的方法是吸附法,它又可分为化学吸附法及物理吸附法。化学吸附法是通过吸附质对多组分固体催化剂进行选择吸附而测定各组分的表面积。物理吸附法是通过吸附质对多孔物质进行非选择性吸附来测定比表面积。它又分为 BET 法及气相色谱法,BET法又可分为容量法及重量法。

　　本实验 SA-3100 自动吸附仪采用容量法来测定多孔性固体粉粒物质的比表面积,三个样品的低温液氮吸附等温线绘于图 1.16 至图 1.18。

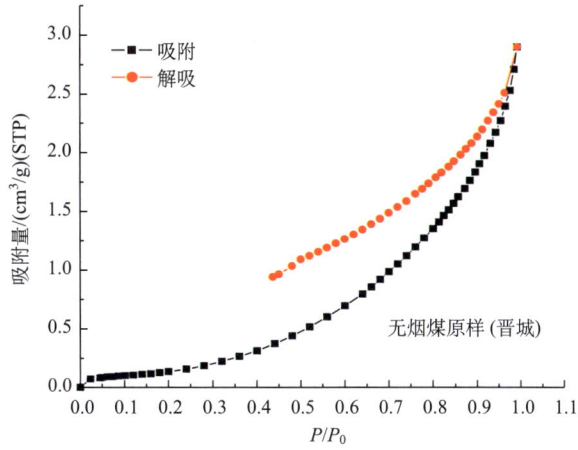

图 1.16 原煤样的 BET 表面分析图

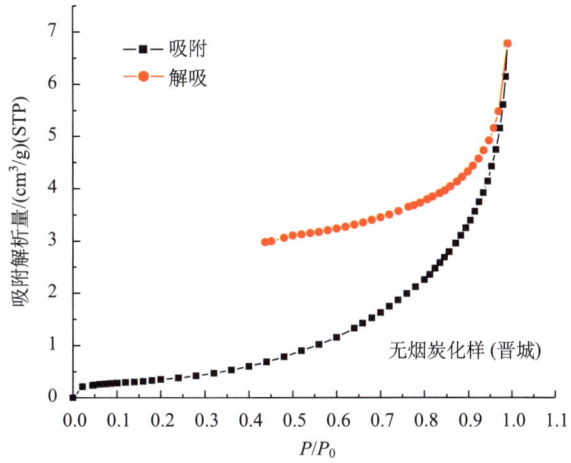

图 1.17 原煤炭化样的 BET 表面分析图

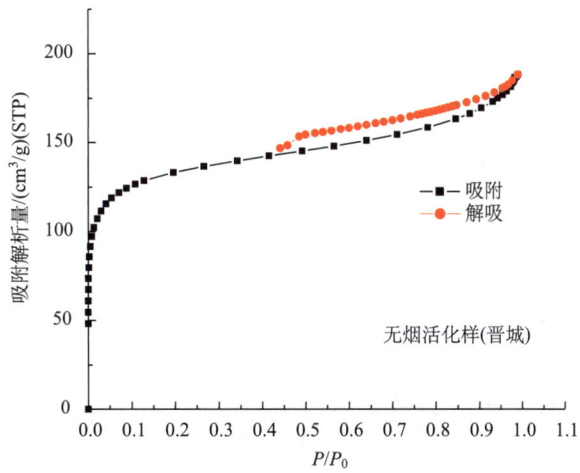

图 1.18 原煤活化样的 BET 表面分析图

从图中可以看出,图 1.16 和图 1.17 属于 IUPAC-Ⅳ型吸附等温线,在低相对压力时吸附曲线上升很快,在高相对压力时曲线出现滞后曲线。这说明在低相对压力时主要发生微孔充填,相对压力增大发生多层吸附,在较高相对压力时发生了毛细凝聚,样品中既有微孔又有中孔。图 1.18 属于 IUPAC 典型的Ⅰ型等温线,即在低相对压力时吸附量随相对压力的增大快速增加,当相对压力到达某值(拐点)后吸附曲线出现一平台,即吸附量变化很小接近饱和,而且脱附分支与吸附分支基本重合,不出现明显的滞留回环,这说明样品中含有大量微孔且没有明显的较大孔隙。

SA-3100 自动吸附仪的测试方法是在一个定容器中提前加入原煤样、炭化样和活化样。再注入吸附质(本次测试为氮气),根据吸附前后定容器中压力的变化计算出待测样品的吸附量 V_{a_i},由 BET 方程可知:

$$\frac{P_s}{Va_i(P_s - Pn_i)} = \frac{1}{V_m C} + \frac{(C-1)Pn_i}{V_m C P_s} \qquad (1.16)$$

式中,P_{n_i} 为第 i 次测定的平衡压力;P_s 为吸附气体在测定温度下的饱和蒸气压;V_m 为表面形成单分子层所需要的气体体积;C 为与吸附热有关的常数。

用实验测出不同相对压力 Pn_i/P_s 下所对应的一组平衡吸附体积 $Va_i Va_j$,然后由 $\dfrac{Pe_i}{Va_i(P_s - Pn_i)}$ 对 Pn_i/P_s 作图,可得一直线,直线在纵轴上的截距为 $a = \dfrac{1}{V_m C}$,直线的斜率为 $b = \dfrac{(C-1)}{V_m C}$,这样就可求得:$V_m = \dfrac{1}{(a+b)}$。因为 S_g 表示每克样品的总表面积,也即比表面积,如果知道每个吸附分子的横截面积,就可用下式来求出吸附剂的比表面积:

$$S_{BET} = \frac{N A_m V_m}{22400 W} \qquad (1.17)$$

式中,N 为阿伏伽德罗常量;A_m 为吸附质分子横截面积;W 为样品重量。

由于吸附质 N_2 的值 $A_m = 0.162 \text{nm}^2$,将 N 与 A_m 的值代入上式可得 $S_{BET} = \dfrac{4.353 V_m}{W}$,根据试验测试结果,BET 比表面积的计算结果如表 1.3 所示。随后按照相似方法,分别以不同理论作了表面分析,连同 BET 分析结果一同总结于表 1.3。

表 1.3　样品的表面分析

样品	Langmuir 吸附量 /(mL/g)	Langmuir 比表 面积/(m²/g)	BET 吸附量 /(mL/g)	BET 比表面积 /(m²/g)	D-R-A 吸附量 /(mL/g)	D-R-A 比表面积 /(m²/g)
煤样	0.08534	0.3721	0.1134	0.4933	0.1751	0.7616
炭化样	0.2463	1.071	0.2835	1.233	0.4765	2.073
活化样	121.11	526.9	105.6	459.4	143.6	624.7

表 1.3 显示几种测试方法的结果略有差异,但总体空气干燥基原煤样、炭化样和活化样比表面积和吸附量依次递增的变化趋势均相同,吸附量和比表面积呈正相关变化。以样品的 BET 比表面积分析为例,空气干燥基原煤样的 BET 比表面积仅为 $0.4933 \text{m}^2/\text{g}$,而空气干燥基活化样的比表面积增大到了 $459.4 \text{m}^2/\text{g}$,比表面积增大比较明显。由于原

理和计算方法不同,Langmuir 和 D-R-A 吸附结果与 BET 法测试结果在具体数据上略有差异,但变化其实一致,三种吸附理论相互佐证,对比认为活化的确扩大了原料的比表面积。

（3）孔结构

样品对甲烷的储存能力与煤的孔隙结构密切相关,用碘吸附和亚甲基蓝吸附对空气干燥基原煤样、炭化样、活化样的孔隙结构作了表征,表 1.4 数据显示炭化和活化都增大了样品对碘和亚甲基蓝的吸附量,且活化之后效果尤为明显,原煤样的碘吸附值和亚甲基蓝吸附值分别从原来的 234.83mg/g 和 28.81mg/g 增大到活化样的 667.84mg/g 和 69.53mg/g。

同时,按照微孔填充理论求取了分析样品的平均孔直径,结果显示从原煤样、炭化样到活化样,样品的孔径呈逐渐减小趋势,按照 IUPAC 对孔隙的划分标准,测试结果表明山西晋城无烟煤孔隙分布主要由中孔(2～50nm)组成,而活化样的孔隙分布则主要以微孔(0.8～2nm)为主。

表 1.4　样品对碘和亚甲基蓝的吸附值

样品	碘吸附值/(mg/g)	亚甲基蓝吸附值/(mg/g)	D-R-A 平均孔直径/nm
煤样	234.83	28.81	3.054
炭化样	254.65	29.42	2.722
活化样	667.84	69.53	1.620

对比系列样品对碘和亚甲基蓝的吸附值和 D-R-A 平均孔直径的关系,可知孔隙平均直径越大,样品对碘和亚甲基蓝的吸附值就越小;反之,孔隙平均直径越小,样品对碘和亚甲基蓝的吸附值就越大,二者负相关,并且碘吸附值和 D-R-A 平均孔直径负相关关系较明显。又由于样品的 D-R-A 平均孔径和 D-R-A 比表面积也呈相关,所以样品的 D-R-A 比表面积和碘的吸附值也负相关。

结合 SA-3100 低温液氮物理吸附仪对空气干燥基原煤样、炭化样、活化样作了 BET 表面分析,吸附量和表面积呈正相关关系,吸附量和其碘吸附存在较明显的负相关关系。由于碘吸附反映的是样品中 0.6nm 附近的微孔结构特性,碘吸附值高,说明活性炭在 0.6nm 附近的微孔越集中,孔径分布也比较窄,所以样品的吸附量和微孔关系密切。综合以上各方面的分析,认为活化增多了原煤样的微孔,致使吸附量增大。

2. 平衡水分

当煤样在温度 30℃、相对湿度 96% 条件下,煤中孔隙达到饱和吸水状态时的含水量即称为平衡水分。它和煤质化验中的最高内在水分的定义相似,测试原理相同但方法有差异。

煤中存在的水对煤层气的吸附有很大影响,水分子为极性分子,水与煤的结合比甲烷更为紧密,这些水常常和甲烷竞争被吸附位置,对吸附、解吸结果有较大影响,实验结果如图 1.19 至图 1.21。

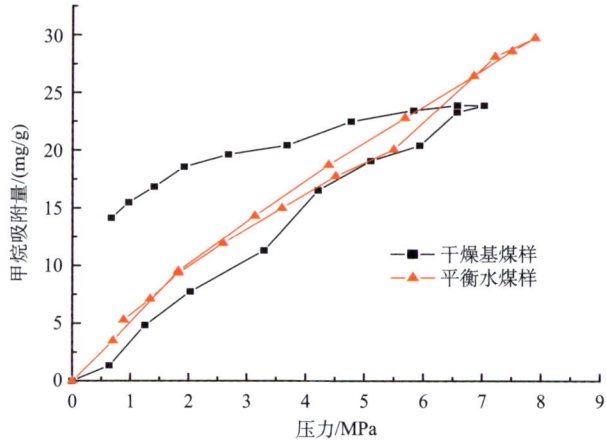

图 1.19　原煤样对甲烷的等温吸附、解吸曲线

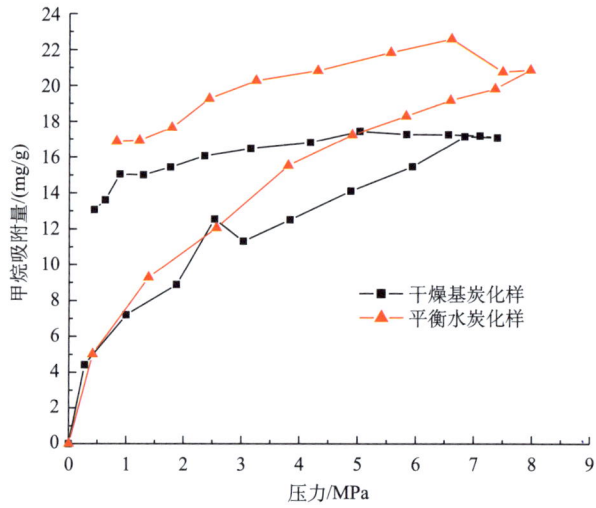

图 1.20　炭化样对甲烷的等温吸附、解吸曲线

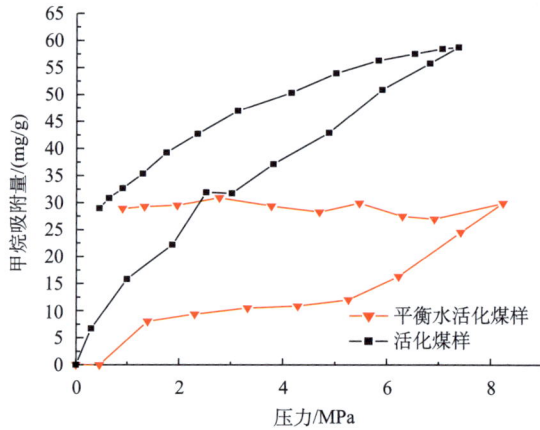

图 1.21　活化煤样对甲烷的等温吸附、解吸曲线

如图 1.19 至图 1.21 所示,总体样品对甲烷的吸附、解吸仍基本呈现向上凸的 Langmuir 型特征,属 I 型优惠吸附等温线。但水分与样品对甲烷的吸附解吸量大小和活化水分样的吸附特征均有明显影响。

将上述结果总结于表 1.5,"1"代表空气干燥基样品,"2"代表平衡水分样品。

表 1.5 样品对甲烷的等温吸附、解吸实验数据

项　　目	WYM-1	WYM-2	炭化样-1	炭化样-2	活化样-1	活化样-2
最大吸附量/(cm^3/g)	33.44	41.59	23.92	29.18	82.26	41.83
解吸残余/(cm^3/g)	19.79	7.42	18.3	23.62	40.56	40.46
残余比例	0.59	0.18	0.77	0.81	0.49	0.96

以下分两方面进行简单分析。

第一,水分对样品吸附量的影响。

结果显示水分增大了原煤样、炭化样对甲烷的吸附量,而减小了活化样对甲烷的吸附量。空气干燥基原煤样、炭化样和活化样对甲烷的吸附量依次为 33.44cm^3/g、23.92cm^3/g 和 82.26cm^3/g,而含有平衡水分的原煤样、炭化样和活化样对甲烷的吸附量依次为 41.59cm^3/g、29.18cm^3/g 和 41.83cm^3/g。相比较而言,水分对原煤样、炭化样的吸附量影响不明显,而对活化样的作用显著,水分的存在使得平衡水分的活化样对甲烷的吸附量从空气干燥基活化样的 82.26cm^3/g 减小到了 41.83cm^3/g,吸附量几乎减小了一半。

分析原因在于煤孔隙表面上可供甲烷气体"滞留"的有效点位是一定的(图 1.22),样品在做平衡水分实验时,由于煤对水分子的氢键作用,大量的水分子已优先附着在了活化样的内表面以及孔隙内,占据了活化样吸附表面的部分吸附结合点,致使此后活化样对甲烷的可吸附的有效表面积减小,无论是按照 Langmuir 单分子层吸附理论还是 BET 多分子层吸附理论,由于吸附表面 S 减小,平衡水分活化样对甲烷的吸附量较其空气干燥基样品要小。而对于空气干燥基原煤样和炭化样而言,孔隙不如活化煤样发达,微孔较少,

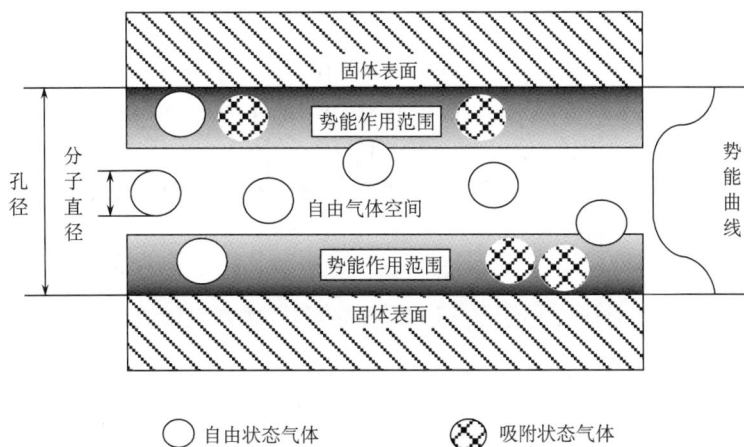

图 1.22 煤表面和甲烷分子相互作用示意图

中孔和大孔居多。对炭化样而言,水分的存在使得其孔平均直径由原来空气干燥基炭化样的 2.722nm 减小到平衡水分样品的 2nm 左右(实验参数如表 1.6 和表 1.7 所示),孔径收缩,部分中孔变成了微孔,按照微孔填充理论,认为吸附是孔容的填充而不是表面的覆盖,微孔对于吸附的贡献大于中孔,所以炭化平衡水样品对甲烷的吸附量显得比炭化干燥基样品对甲烷的吸附量大。

表 1.6　实验参数(1)

气体种类	H₂O	CH₄
分子直径/nm	0.324	0.414

表 1.7　实验参数(2)

样品	原始 D-R-A 平均孔直径/nm	平衡水实验后 D-R-A 平均孔直径/nm	水后孔径可容纳分子层
煤样	3.054	2.406	5.8
炭化样	2.722	2.074	5.0
活化样	1.62	0.972	2.3

第二,水分明显影响了活化样品对甲烷的吸附解吸特征,使得其对甲烷等温吸附线由 I 型转变为 IV 型,且吸附的滞留回环极其明显,表现出活化样对甲烷良好的储存性能。

按照 IUPAC 对吸附等温线划分,原煤样和炭化样对甲烷的吸附等温线(如图 1.19 和图 1.20 所示)属于 I 型(优惠吸附等温线)Langmuir 型曲线,可以看出,水分对二者的吸附性能的影响仅限于具体吸附量大小的改变,而没有产生本质的变化。这同前述没有明显区别。但当有水分存在时,其对甲烷的吸附线呈反"S"型,呈 IV 型 Langmuir 特征。理论分析认为吸附实验起初,在 0～5MPa 发生了 I 型吸附,属单分子层吸附;此后在 5～8.5MPa 范围内发生了多分子层吸附或毛细凝聚,致使样品对甲烷的储存率高达 96.7%。

在有液态水存在的条件下,甲烷分子在煤质碳材料微孔隙(1.62nm)里面发生了多分子层吸附还是毛细凝聚,以下继续分析。

根据表 1.4 样品对碘和亚甲基蓝的吸附值和表 1.5 样品的 BET 分析结果分析可知,活化样较原煤样和炭化样孔隙发达,可使得水分滞留的空间和通道较多,当样品做完平衡水实验时,孔的内表面大部分空间被水占据,因而就单个孔而言,假设水在活化样表面充分展开,且只有单分子层吸附时,它的内径将减小两倍水分子的厚度,即 2×0.324nm,这样活化样的孔直径就由原来的 1.62nm 减小到了 0.97nm。由于本研究的实验压力高达 8～9MPa,而甲烷在此时处于超临界状态,理论计算有困难,我们选取液态氮气作近似处理,稍后对其进行理论上的校正。

已知液氮的表面张力 $\gamma = 8.85 \times 10^{-3}$N/m,$V_m = 8.85 \times 10^{-3}$ m^{-3},温度 $T = 77.3$K,$R = 8.315$J/kmol,当相对压力小于 0.11 时,根据 Kelvin 方程计算:

$$r_k = -\frac{2\gamma V_m}{RT \ln\left(\dfrac{P_r}{P_0}\right)} \tag{1.18}$$

产生毛细凝聚的最大孔半径 $r_k = -2\gamma V_m \cos\theta / (RT \ln x) = 0.43$nm,则直径为

0.86nm。对比甲烷和氮气的临界参数知道甲烷的 r_{kl} 要大于液氮的 r_k，也就是在实验压力和温度条件下，当吸附质为甲烷时，产生毛细凝聚的最大孔径要大于 0.86nm。对于活化样来说，这一计算值和 0.97nm 相当接近，故认为导致活化样对甲烷良好储存性能的原因在于活化样孔径较小，毛细凝聚现象容易发生。而原煤样和炭化样孔隙均较大，即使水分作用下，也没有发生毛细现象的有利条件，所以水分不影响原煤样和炭化样对甲烷的吸附、解吸特征。

另据有关文献报道，甲烷和水可能在一定的温度、压力条件下可以与水作用生成笼形结构的冰状晶体，由水分子构成的刚性笼型晶格中每个笼型空间，甲烷小分子可以填充在里面。其为非化学计量型固态化合物，其分子式可表示为 $M \cdot nH_2O$（其中 M 是以甲烷气体为主的气体分子，n 为水分子数）。到目前为止，已经发现的气体水合物结构有 4 种：Ⅰ型、Ⅱ型、H 型和一种新型的水合物（由生物分子和水分子生成）。Ⅰ型结构的天然气水合物，其笼形构架中只能容纳一些分子较小的碳氢化合物（如甲烷和乙烷）以及一些非烃气体（如 N_2、CO_2 和 H_2S 气体）。Ⅱ型结构的天然气水合物的笼状格架较大，不但可以容纳甲烷与乙烷，而且可以容纳较大的丙烷和异丁烷分子。H 型结构的天然气水合物具有最大的笼形格架，可以容纳分子直径大于异丁烷的有机气体分子。Ⅱ型和 H 型结构的天然气水合物比Ⅰ型的要稳定得多。但自然界的天然气水合物以Ⅰ型为主，研究者认为化学式为 $CH_4 \cdot 8H_2O$。而且研究结果显示一定的温度条件下，压力大于 4.13MPa 时，压力越高水合物的形成速度越快，材料的储气量越大，$1m^3$ 水合物中最大可含有 $164m^3$ 的甲烷（STP）和 $0.8m^3$ 水。由于本实验的最大压力均达到 8MPa 左右，原料中又都含有 $12\%\sim13\%$ 的水分，实验温度在 30℃ 左右，因此完全具备"甲烷冰"的形成条件。但甲烷水合物是现今新兴学科超分子化学研究的典型对象，由于相关条件限制，煤层中"甲烷冰"的赋存有待进一步研究。

3. 样品的红外分析

红外的表征体系中主要包含煤和甲烷，以及它们可能的衍生物，结合图 1.23 和表 1.8 分析知道：$3630cm^{-1}$ 附近为醇类游离羟基伸缩振动的吸收峰，结合 $1030cm^{-1}$ 附近伯醇类游离羟基的伸缩振动旨在表征的体系中确有伯醇存在，其形成可能是由于甲烷与水发生取代反应的结果。在 $2923cm^{-1}$ 和 $2852cm^{-1}$ 附近分别为亚甲基不对称伸缩振动和缩振动吸收峰，这应该是煤样本身分子结构内所含官能团的表现。$1563cm^{-1}$ 处为 $C=O$ 的伸缩振动特征吸收峰，根据实际状况，其不可能是甲烷和某种基团的合成产物，必然也是煤样本身的特征吸收峰。$1426cm^{-1}$ 处的吸收是甲氧基中 C—H 伸展振动引起的，$1380cm^{-1}$ 处是甲基对称弯曲振动吸收峰，本书认为前者也是煤样本身所含官能团的结果，后者可能是煤中发育不完全而富含的小基团所致，也可能是在样品对甲烷的吸附、解吸实验过程中加入的甲烷和煤样由于化学吸附所形成新键所致。$735cm^{-1}$ 为苯环上相邻 5 个氢原子的弯曲振动特征峰，这是煤中含有苯环所致。

鉴于上述表征结果，认为系列样品对甲烷的吸附、解吸实验中的确有未解吸的甲烷存在，而且在本实验的样品测试中出现了甲基和亚甲基等特征吸收峰，考虑到实验已对煤样进行了化学处理，认为此类小分子基团是原料煤本身富含基团表现的可能性不大，相反有可能是甲烷在实验具体条件下和原料发生化学吸附作用或者形成"甲烷冰"的结果。

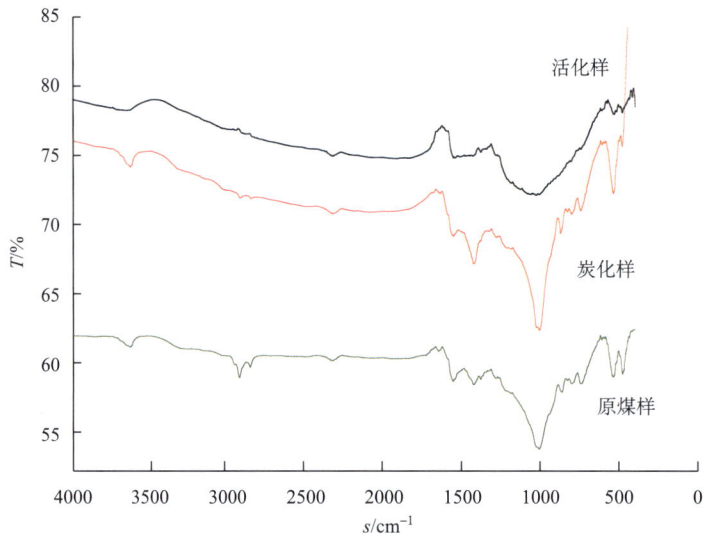

图 1.23　样品的红外光谱图

表 1.8　样品的红外特征吸收峰归属（波数/cm^{-1}）

特征吸收峰归属	原煤样	炭化样	活化样
醇类游离羟基的伸缩振动吸收峰	3630	3625	3648
亚甲基不对称伸缩振动吸收峰	2923	2911	2904
亚甲基对伸缩振动吸收峰	2852	2852	2888
C=O 伸缩振动特征吸收峰	1563	1560	1557
甲氧基中 C—H 伸展振动吸收峰	1426	1431	1434
碳甲基对称弯曲振动吸收峰	1380	1383	1385
伯醇类游离羟基的伸缩振动吸收峰	1028	1031	1031
氧丙基团特征吸收峰	1010	1010	1009
苯环上相邻 5 个氢原子的弯曲振动吸收峰	735	739	741

4. 等温吸附解吸速率模型

本次研究在研究了系列原煤样及其改性样品对甲烷等温吸附、解吸特性的基础上,选取 9 个样品的数据为样本,用最小二乘法对吸附量和吸附时间作了线形回归处理,得出了系列样品的吸附、解吸速率曲线,结果如图 1.24 所示。

图 1.25 中以 $y=0$ 把原图分为互不交叉的上下两个分支,数据处理时规定吸附速率恒为正,所以样品对甲烷的等温吸附速率曲线为上分支;解吸速率为负,所以样品对甲烷的等温解吸速率曲线为下分支。显然样品对甲烷的吸附速率与解吸速率有较大差别,很难用同一个函数来对其进行准确描述,为此本研究做了以下处理:

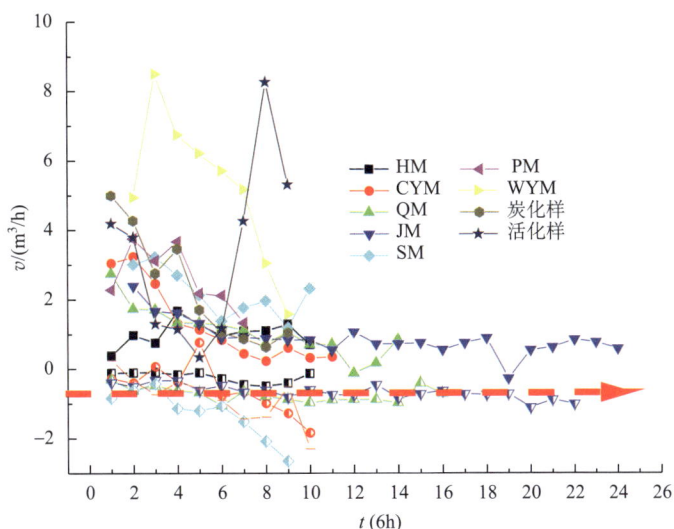

图 1.24　样品对甲烷的吸附、解吸速率曲线

1) 先拟合线性关系较好的等温吸附速率方程，亦即图 1.25 上分支。

分析上分支曲线的数学特征，发现其因变量（吸附速率）由某一值开始随自变量（吸附时间）的增大先逐渐减小，后趋于平缓，这符合指数函数（$0<a<1$）在第一区间的特征。

为此用指数函数 $y=ba^x$（$0<a<1$）拟合样品对甲烷的吸附速率方程，期望得到指数方程的常量 b 和底 a 的值，结果如表 1.9。

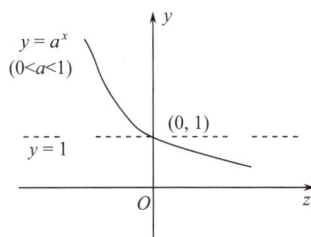

图 1.25　甲烷的吸附、解吸速率关系曲线

表 1.9　吸附速率指数拟合结果

	煤　种								
	HM	CYM	QM	JM	SM	PM	WYM	炭化样	活化样
a	1.048	0.772	0.877	0.911	0.923	0.895	0.845	0.783	1.099
b	0.740	4.135	2.610	1.470	3.412	3.958	11.83	6.586	

分析以上拟合结果，明显可以看出褐煤和无烟煤活化样的拟合结果有误：其一是拟合的指数函数的底 a 分别为 1.048 和 1.099，不符合原设定函数的特征；其二无烟煤的结果也没有拟合出常数 b 的值。基于上述理由，在二次拟合时舍去褐煤和无烟煤活化样的拟合数据，得到煤样对甲烷吸附速率的统一方程：

$$y=4.01\times0.856^{\frac{x}{6}} \tag{1.19}$$

式中，x 为吸附时间，h；y 为吸附速率，cm^3/g。

上式即为系列煤样对甲烷的吸附速率方程，其边界条件为 $x\in[30,\infty)$。

2) 拟合下分支曲线自变量较高部分 $[30,\infty)$，亦即下分支比较平缓的部分。

由于吸附解吸平衡属动态平衡过程，达到相平衡状态时，吸附速率和解吸速率在数值上相等；同时对比观察图1.25中吸附速率和解吸速率曲线（$x \in [30, \infty)$）以及具体数值，可知在此区间解吸速率和吸附速率对称分布在曲线$y=1$的两侧。受此启发，本研究得出在此范围内，样品对甲烷的解吸速率方程为

$$y = -4.01 \times 0.856^{\frac{x}{6}} \tag{1.20}$$

3) 拟合下分支曲线自变量较低部分[1,30]，亦即下分支曲线比较混乱的部分。

根据本研究的具体实验过程和吸附解吸理论的分析认为，样品在高压下吸附达到饱和，此后再逐渐降压解吸至2MPa或更低压力时，能够解吸的残余甲烷量已经很少，解吸速率十分缓慢，煤炭科学研究总院西安分院和中国石油大学张遂安等有同样认识，他们分析认为鉴于煤对甲烷的解吸机理比吸附机理复杂，单纯的降压解吸方法在压力较低时效果已不明显，所以对此段解吸曲线进行速率拟合实际意义不大。

通过以上三步拟合，建立了煤样对甲烷的等温吸附解吸速率方程[式(1.19)和式(1.20)]。考虑到样品对甲烷的等温吸附（解吸）量$Q=f(P,T)$，所以吸附速率也应该是压力和温度的函数。但上述吸附速率方程在建立时只考虑了吸附时间，吸附时间又和吸附压力呈正态变化，究其实质本研究所建立的吸附（解吸）速率方程是吸附（解吸）压力的单因素函数，而没有对温度的影响作分析。为了使本公式具有普遍意义，我们对原吸附（解吸）速率方程加以修正，在原来的方程里面添加温度的影响因子$f(T)$，并规定$f(303)=0$。所以原吸附（解吸）速率方程就变为

$$y = \left| 4.01 \times 0.856^{\frac{x}{6}} + f(T) \right| \tag{1.21}$$

对于上式，吸附速率绝对值取正，解吸速率取负。根据吸附热力学不难推测，当$T < 303K$时，$f(T) > 0$，当$T > 303K$时，$f(T) < 0$。

为了确定原吸附速率和温度有无确定关系，在$T = 303K$对二者进行了线性回归检验，结果表明焦煤和无烟煤吸附速率与建立的速率模型之间相关性最好，而且总体相关系数为0.88，回归分析认为本研究所建立的吸附速率模型和研究煤样之间存在确定关系，可用于指导煤层气开发和预防煤矿瓦斯爆炸事故的发生等。

四、煤层气解吸动力学特征及解吸行为研究

（一）煤层气解吸动力学特征分析

1. 煤层气吸附与解吸的本质与差异

现代吸附理论认为，由于固体表面原子的活动性、粗糙性和不完整性以及表面能等原因，固体对气体具有一定的吸附性。根据固体表面（吸附剂）与被吸附气体（吸附质）分子间的作用力性质，通常将固体对气体的吸附作用分为物理吸附和化学吸附。

从固气界面物理吸附与化学吸附的本质差异可以看出，以物理吸附作用被吸附在固体表面的气体比较容易被解吸，只要出现压力降低或温度升高即可；而化学吸附态气体解吸就比较困难，从化学吸附状态变为物理吸附状态需要翻越能垒，能垒是吸附质与吸附剂表面形成化学键所需的能量。

研究发现,自然界煤层中的煤层气吸附条件、吸附过程与煤层气开采过程中的煤层气解吸条件、解吸过程有着本质的差异(表1.10),这种差异主要表现在作用过程、作用时间、作用类型、作用条件、影响因素等诸多方面。

表1.10 煤层气物理吸附与物理解吸的本质差异对比表

条件	煤层气物理吸附	煤层气物理解吸
作用过程	吸附寓于煤的热演化生烃、排烃过程之中(是一种"自发过程")	人为的排水-降压-解吸过程(是一种"被动过程")
作用时间	吸附是一个漫长的过程,以百万年计	解吸是一个相对较快的过程,以天、以小时计
作用类型	物理吸附和化学吸附	物理解吸 降压解吸、升温解吸 置换解吸、扩散解吸
作用条件	煤具有很强的吸附能力 煤热演化生成的满足煤的吸附煤层气 煤层在演化中逐步脱水、升温、增压	煤具有更强的吸附能力 有限的降压和极限的孔隙空间 几乎是恒定的温度
影响因素	煤质、基质孔隙内表面积等	解吸为游离态的煤层气逸散速度

(1)煤层气吸附/解吸过程与作用类型差异

煤层气吸附作用发生在煤的热演化生烃、排烃过程之中,因此煤对煤层气的吸附是一个十分复杂的过程。煤对煤层气的吸附不仅仅有物理吸附作用,同时也存在化学吸附作用。

事实上,煤层气解吸过程较吸附过程要简单得多。在煤层气开采过程中,只是通过排水降压使被吸附在煤基质孔隙内表面的煤层气解吸,从而实现产气过程,因此煤层气开采过程中没有明显的升温和与之有关的化学变化。所以,在煤层气开采过程中的煤层气解吸作用只能是物理解吸作用,而不可能发生化学解吸作用。

(2)煤层气吸附/解吸的条件差异

煤层气的吸附过程是一个漫长的过程,它以百万年计。这一吸附过程是寓于煤的热演化生烃、排烃过程之中的。因此,随着煤的热演化程度的升高,演化生烃总量逐步增加。与此同时,煤对气体的吸附容量逐步增大。由于煤本身具有这种极强的吸附能力,势必导致煤的热演化所生成的烃类气体在自内而外排烃过程中首先满足自身的吸附,然后才有可能排出。煤层气解吸过程则是相对短暂的,最大时间单位也只能以天计。开采过程中的煤层气解吸取决于压降幅度、速度和煤基质孔隙空间等诸多因素。

2. 煤层气解吸动力学特征与解吸类型

基于煤层气开采过程中的煤层气解吸以物理解吸为主的理论认识,我们研究的重点自然就定位在煤层气物理解吸机理研究。仅就煤层气的物理吸附与物理解吸而言,两个过程也存在着巨大的差异。其中最大的差异是作用过程与制约条件。

根据不同的煤层气解吸条件和解吸特征,我们可以将煤层气物理解吸细分为降压解吸、升温解吸、置换解吸和扩散解吸四个亚类。在这四类解吸作用中,降压解吸是其中最主要的也是对煤层气产出贡献最大的解吸类型。

（1）降压解吸

降压解吸是一种最特征的物理解吸作用过程,也是煤层气开采过程中最主要的一种解吸作用。降压解吸的基本特征是,被吸附在煤基质孔隙内表面的煤层气分子由于"外界压力"的降低而变得更为活跃,以至于解脱了 van der Waals 力的束缚,由吸附态变为游离态。根据目前对降压解吸的基本认识,其解吸行为基本服从 Langmuir 方程。鉴于煤层气界对降压解吸作用机理十分熟悉,本书不再作重点论述。

（2）升温解吸

据现代物理化学研究表明,吸附剂对吸附质的吸附量是吸附质、吸附剂的性质及其相互作用、吸附平衡时的压力和温度的函数。温度与吸附量呈负相关,与解吸量呈正相关。温度升高,加速了气体分子的热运动,使其具有更高的能力可以逃脱 van der Waals 力的束缚而被解吸。有人将温度对解吸速率和解吸量的影响归于影响因素,我们认为温度与压力一样,都是引起解吸的一种动力,应将其定为一种解吸类型。在煤层气开采过程中,其温度几乎是"恒定的"。

这一类型在煤层气含量测定实验中早已得到证实。可以发现,在煤层气含量测定过程中,当解吸罐放入恒温水箱时,即使解吸罐内的压力在升高,煤层气解吸也会加速。

（3）置换解吸

置换解吸的本质是未被吸附的水分子或其他气体分子为争取达到动态平衡而置换了处于吸附态的甲烷分子的位置,从而使原呈吸附态的甲烷分子变为游离态。这是一种典型的不同组分"竞争吸附"的过程,也是普遍存在于煤层气开采过程中的一种解吸类型。

置换解吸的本质可以定位于"优胜劣汰的自然法则"。一方面,未被吸附的水分子和其他气体分子,在普遍存在于各种原子、分子之间的 van der Waals 力作用下在不停地争取被吸附的机会;另一方面,气体分子的热力学性质决定了这些被吸附的气体分子在不停地挣脱 van der Waals 力束缚,变吸附态为游离态。

（4）扩散解吸

根据分子扩散理论,只要有浓度差存在,就有分子扩散运动,这是气体分子热力学性质所决定的。而对被开采的煤层而言,甲烷气体分子在煤的孔隙内表面得以高度富集,这就与孔隙、裂隙内的流体构成了高梯度的浓度差,这种浓度差迫使甲烷分子扩散,从而造成事实上的解吸。基于扩散的普遍存在性,因此扩散解吸也是煤层气开采过程中煤层气解吸的重要的一种作用类型。扩散解吸的实质是由于浓度差造成的扩散而导致的"解吸",这种扩散的本身是寓于"解吸作用"之中的,是解吸作用与扩散作用的耦合。故此,我们从解吸的角度称之为"扩散解吸"。

（二）煤层气解吸行为实验

国内外煤层气界几乎所有的专家、学者、工程师普遍认为煤层气的吸附与解吸（亦称脱附）是一个可逆过程。无论是煤层气吸附还是煤层气解吸，煤层气界一直采用相同的 Langmuir 方程（Langmuir，美国物理化学家，1881～1957）来描述。因此，深入系统地研究煤层气的吸附、解吸机理是煤层气产业界的主攻方向之一。

1. 实验方法、实验设备

20 世纪 90 年代以来，我国陆续从美国引进了几台煤层气等温吸附仪。这些仪器分别由美国 TerraTek 公司和 RavenRideg Resource 公司供应。近十年的使用发现，这两家供应的吸附仪存在着同样的缺陷。首先，实验样品量过少（20～30g 或 60～70g），不能满足煤层气产出过程的解吸实验；其二，实验的重现性不好，表现在一组样品进行平行实验时，误差较大。只是对煤的吸附特性的了解，对煤层气的解吸（产出的最初阶段）行为不能进行详细刻画，无法指导煤层气的生产实践。

为解决实验条件问题，针对煤层气解吸机理实验研究和目前国内外煤层气吸附、解吸实验所存在的缺陷，中国石油大学（北京）和西安科技大学联合研制出 AST-1000、AST-2000 型大样量煤层气吸附、解吸仿真实验仪。平行实验与重复实验证明，设备运行正常，实验数据可靠。等温吸附、解吸实验设备（AST-2000 型大样量煤层气吸附、解吸仿真实验装置）结构及工作原理如图 1.26 所示。

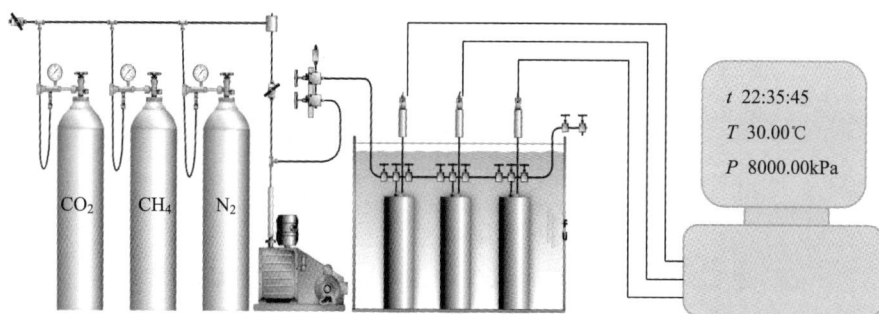

图 1.26　AST-2000 型大样量煤层气吸附、解吸仿真实验装置原理图

其优点为：

1）仿真程度高，能客观模拟储层温压条件；

2）样品量大，符合煤的实验效应（煤的燃烧实验表明：小样量只是煤的性质反映，作为煤的性能研究必须用大样量）；

3）样品缸容积大，煤样粒度可变，可做不同煤样的解吸测试（而目前广泛应用的 IS-100 仅能进行吸附实验，不能进行解吸实验，也不能模拟煤层气产出的阶段过程）；

4）样品质量大，代表性强，实验影响因素小；

5）恒温装置系统温控精度高；

6）系统采用航空航天二类压力制造标准,密封性能好,传感器性能优良,系统误差小;

7）系统设计压力为 25MPa,试压高达 37.5MPa,安全性能好;

8）计算理论采收率,对储量核算、生产年限、规划设计提供基础资料;

9）同时进行不同粒度、不同水分、柱体原煤样实验对比;

10）改造可以进行气水两相渗流实验。

2. 吸附、解吸可逆性实验

长期以来,多数学者和专家主要是通过单组分、多组分及不同煤阶煤样的等温吸附实验,反证煤层气解吸特征。20 世纪末,国内外一些学者开始进行煤层气吸附/解吸可逆性实验,以探索煤层气吸附/解吸的可逆性。由于目前这种实验尚不规范,导致实验结果相差甚远,以至于得到不同的结论。为深入研究煤层气开采过程中的解吸机理,本课题就煤对甲烷吸附/解吸的物理化学特性、可逆性等进行了实验与理论探讨。

煤对甲烷的吸附/解吸可逆性实验结果显示,平衡水条件下煤对甲烷气体的吸附、解吸行为既具有显著的可逆性又具有一定的解吸滞后性(详见图 1.27 至图 1.29)。煤样的水分含量不仅显著地影响着煤对甲烷气体的吸附能力,同时也明显地影响着低阶煤对甲烷的吸附、解吸可逆性特征(图 1.27 和图 1.28)。

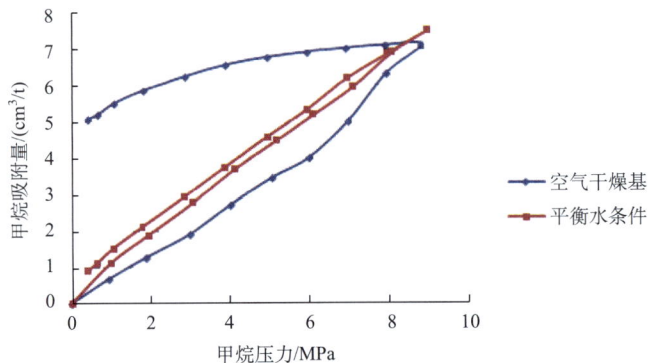

图 1.27　BYH-01 煤样(褐煤)等温吸附、解吸仿真实验成果图

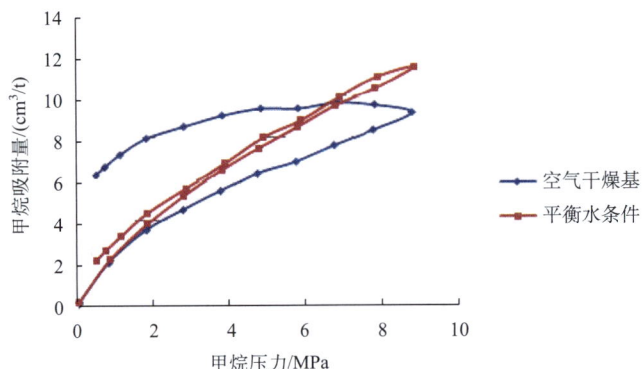

图 1.28　MNT-02 煤样(长焰煤)等温吸附、解吸仿真实验成果图

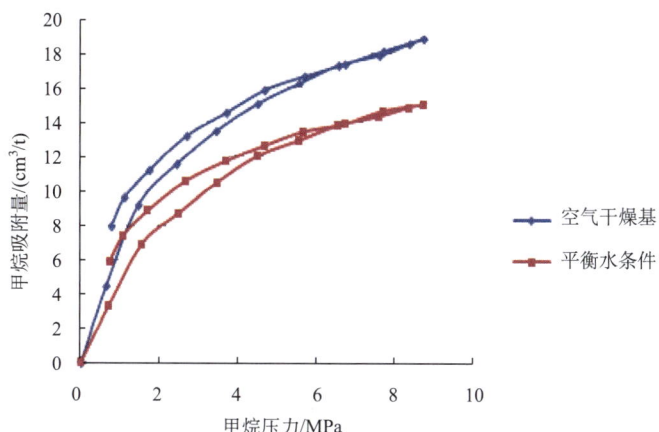

图 1.29　XSH-03 煤样(瘦煤)等温吸附、解吸仿真实验成果图

3. 煤层气解吸特征实验

煤层气等温解吸特征实验始于等温吸附实验的最高吸附压力点,整个等温解吸实验是自高而低逐渐降压,按照 5～8 个压力点进行测试,测得不同压力下煤层气解吸量的累积值(表 1.11 至表 1.13),等温解吸曲线见图 1.27 至图 1.29。

表 1.11　BYH-01 煤样(褐煤)干燥样吸附、解吸实验数据

压力/MPa	吸附过程含气量/(m³/t)	压力点/MPa	解吸过程含气量/(m³/t)
0.000	0.0000000	8.815	7.127433
0.955	0.6812448	7.905	7.120050
1.910	1.27340259	6.930	7.035544
3.015	1.91833269	5.960	6.928000
4.040	2.71960791	4.950	6.792492
5.070	3.46651040	3.920	6.579182
6.015	4.01977811	2.895	6.263527
6.990	5.03629408	1.845	5.880091
7.935	6.34540876	1.105	5.527147
8.815	7.12728594	0.680	5.216873
		0.430	5.095655

表 1.12　XSH-03 煤样(瘦煤) 60～80 目平衡水样吸附、解吸实验数据

压力/MPa	吸附过程含气量/(m³/t)	压力点/MPa	解吸过程含气量/(m³/t)
0.000	0.00000000	8.992	18.52702
0.992	2.29398576	8.407	18.78301
2.127	6.05582160	7.627	18.44896

压力/MPa	吸附过程含气量/(m³/t)	压力点/MPa	解吸过程含气量/(m³/t)
3.467	9.18377048	6.772	17.72997
5.057	12.8597620	5.987	17.36804
6.622	15.0508013	5.077	16.82267
8.097	17.1825770	4.137	15.93046
8.992	18.5270214	3.232	14.50600
		2.297	13.13543
		1.427	12.63987
		1.022	10.35537

表 1.13　SHK-05 煤样(无烟煤) 60～80 目平衡水样吸附、解吸实验数据

压力/MPa	吸附过程含气量/(m³/t)	压力点/MPa	解吸过程含气量/(m³/t)
0.000	0.00000000	9.130	25.536700
0.475	5.17640584	8.510	26.176630
1.210	9.16161886	7.635	26.569180
2.210	12.53203800	6.360	25.866230
3.320	15.48194280	4.990	24.797410
4.595	18.09466680	3.965	23.588420
5.840	20.1170980	3.115	21.893890
7.100	22.0695537	2.220	19.967080
8.140	24.2039950	1.425	17.428730
9.130	25.5367021	0.940	15.275110
		0.625	13.785610
		0.435	12.442770

五、煤层气吸附、解吸机理

(一)煤基质结构

1. 研究现状

目前被广泛接受的具有代表性的煤大分子结构模型有 Given 模型(图 1.30)、Wiser 模型(图 1.31)和 Shinn 模型(图 1.32)等。这些模型都是依据化学性质与结构的内在关系运用统计结构解析法得出的,具有一定的代表性。尽管它们都只是平面的二维结构,但是却可以较好地描述煤中的主要成分——有机部分的一级化学结构。

首先成为量子化学计算研究对象的就是依据煤的化学性质和反应特点构造得到的大分子模型。从量子化学计算出发可以对原模型进行几何构型的优化,对煤的某些物理性

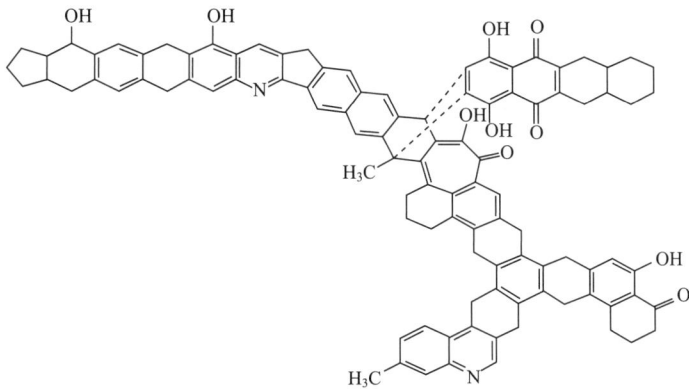

图 1.30　煤结构的 Given 模型

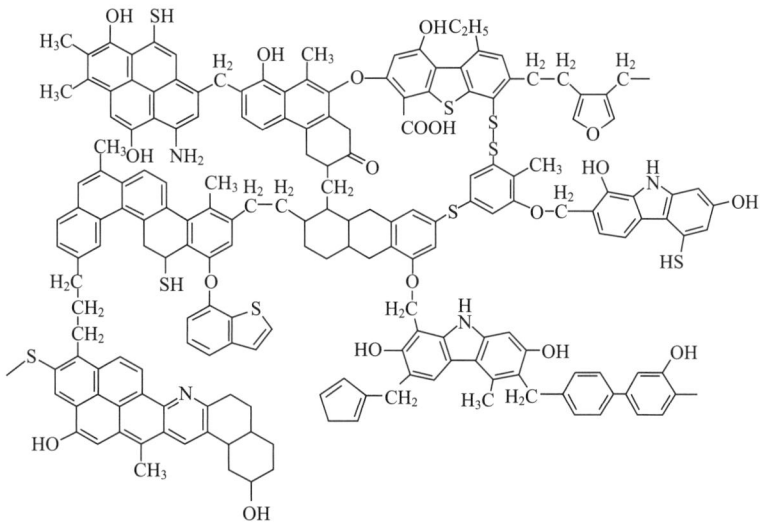

图 1.31　煤结构的 Wiser 模型

质进行拟合,还可以对它们的化学活性进行评判或是指导煤利用方面的实验,依据计算得到静态性质探讨不同变质($R_{O,max}$ 或 V_{daf} 差异)程度煤吸附 CH_4、N_2、CO_2 等气体分子的能力。

　　其次,通过分析煤抽提得到的分子结构参数信息,推测能够代表煤种特点的典型的化学结构(图 1.33),然后用量子化学计算方法来研究煤的结构和反应性之间的关系。例如采用半经验方法(AM1)可以得到这些抽提物分子的一些热力学和微观性质:生成热、电子能量、核斥力、电离能、偶极距、净电荷和电子密度等。煤的物理性质与反应性决定于其结构。一般来说,有最高和最低电荷的位置较容易发生反应和变化。在分子模型中的杂原子一般有较高的电荷,因此它们对煤的性质影响具有比较重要的意义。

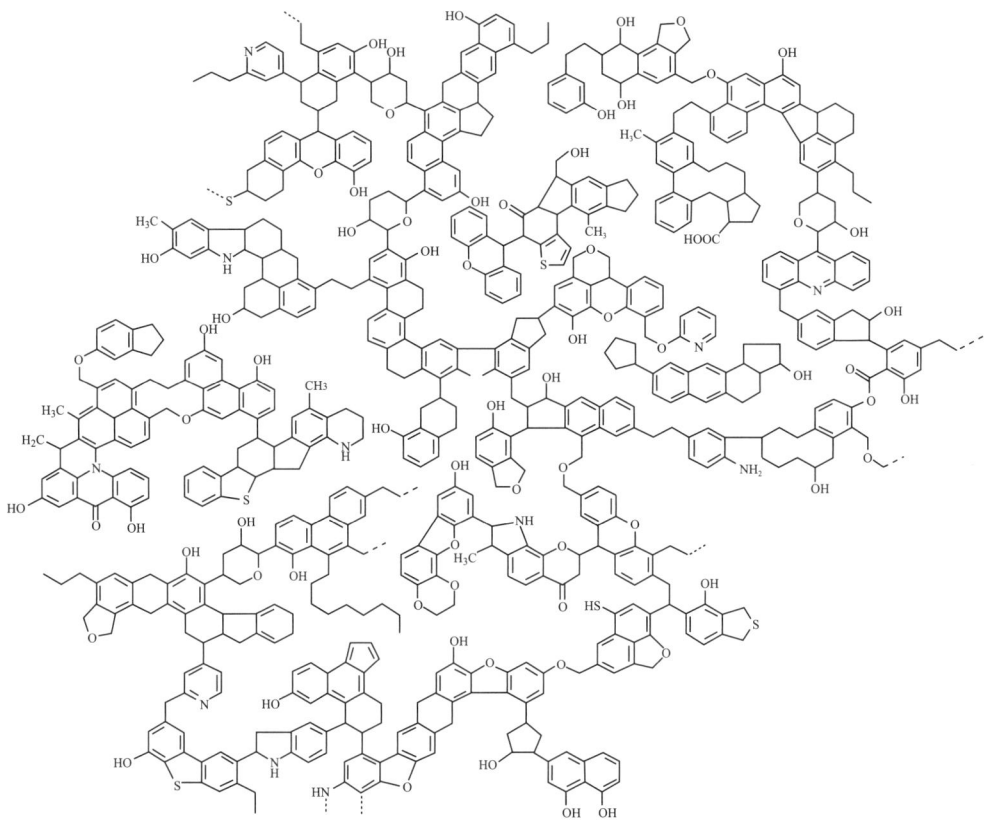

图 1.32　煤结构的 Shinn 模型

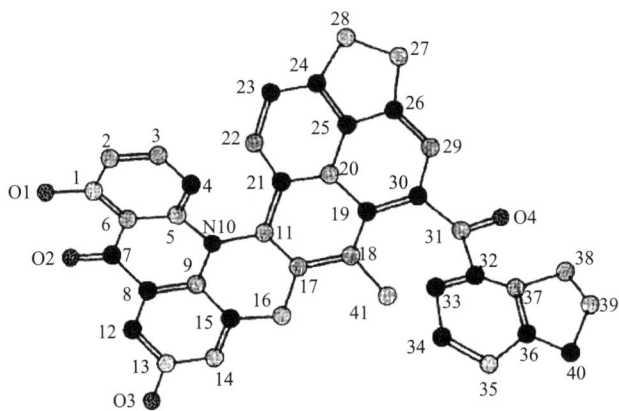

图 1.33　煤结构 Shinn 模型局部分子结构

2. 煤结构单元的简化

针对煤结构采用物理和化学研究方法研究所得到的信息,可以抽提出煤的结构单元模型。表1.14是一组得到广泛认可和使用的表示不同煤阶煤的结构单元的化学结构模型。表中的结构式大致反映了各种煤的结构单元的化学特点,缺点是没有包括 N, S 等杂原子和侧链基团,也没有强调立体化学结构特点。

表 1.14 不同煤阶煤的结构单元

煤种	结构单元	分子式和元素含量	分子计量
褐煤		$C_{42}H_{44}O_{13}$ (氢饱和) C: 66.66% H: 5.86% O: 27.48%	原子个数:99 化学键个数:103 分子量:756.79
次烟煤		$C_{18}H_{26}O_2$ (甲基饱和) C: 78.79% H: 9.55% O: 11.66%	原子个数:46 化学键个数:45 分子量:274.40
高挥发分烟煤		$C_{18}H_{22}O$ (甲基饱和) C: 84.99% H: 8.72% O: 6.29%	原子个数:41 化学键个数:43 分子量:254.37
低挥发分烟煤		$C_{26}H_{24}O$ (甲基饱和) C: 88.60% H: 6.86% O: 4.54%	原子个数:51 化学键个数:53 分子量:352.47
无烟煤		$C_{42}H_{20}O_2$ (氢饱和) C: 90.63% H: 3.62% O: 5.75%	原子个数:64 化学键个数:75 分子量:556.61
		$C_{44}H_{24}O_2$ (甲基饱和) C: 90.39% H: 4.14% O: 5.47%	原子个数:70 化学键个数:81 分子量:584.66

注:结构式中的化学键端点表示与其他分子片断截断,用氢饱和或甲基饱和处理。

本次研究选取表1.14中的煤结构单元构建了褐煤、次烟煤、高挥发分烟煤、低挥发分烟煤和无烟煤5种代表性煤的计算模型,应用Dmol3密度泛函量子化学计算方法对它们的稳定性指标和燃烧反应性进行了研究。对于分子较大的褐煤模型分子,由于其中已经包含了多种桥键,采用氢饱和法处理截断;对于其他煤模型分子,主要采用甲基饱和法处理截断。由于褐煤和无烟煤两种模型分子原子数量较大,尝试在保存其化学结构特点的前提下减小其原子数量。对褐煤模型分子,从不与其他官能团连接且对分子电子分布影响最小的次甲基(—CH₂—)处断开,断开的次甲基处用甲基封闭,形成两个模型分子:褐煤L(Left)和褐煤R(Right)。

对无烟煤模型分子,则采用削减其芳香环的方法,采用氢饱和法处理截断,形成一个简化的无烟煤模型分子:无烟煤S(Simple)。经过简化的煤模型分子列于表1.15中。

表 1.15　简化后的煤结构单元

煤种	结构单元	分子式和元素含量	分子计量
褐煤L		$C_{18}H_{20}O_7$ (氢饱和) C:62.06% H:5.79% O:32.15%	原子个数:45 化学键个数:46 分子量:348.35
褐煤R		$C_{25}H_{28}O_6$ (氢饱和) C:70.74% H:6.65% O:22.61%	原子个数:59 化学键个数:61 分子量:424.49
无烟煤S		$C_{26}H_{14}O_2$ (氢饱和) C:87.13% H:3.94% O:8.93%	原子个数:42 化学键个数:47 分子量:358.39

注:结构式中的化学键端点表示与其他分子片断的截断,用氢饱和或甲基饱和处理。

简化后的煤模型分子中没有包括N,S等杂原子,也没有考虑分子的立体构型。在煤中这些杂原子所占原子比很小,因而对煤的性质影响很小,对煤的总体化学键合也不起关键作用,所以在模型中可以忽略杂原子的影响;而模型分子的立体构型可以比较方便地通过量子化学几何结构优化来解决。因此煤的结构单元将作为煤吸附性能研究的局部微观结构模型。

3. 煤的结合能与稳定性分析

结合能(bonding energy)的物理含义,是假定一定个数的自由C、H和O原子通过化学关系结合为1mol模型分子所放出的能量。采用量子化学密度泛函理论计算方法Dmol3对表1.14和表1.15中的9种不同煤阶煤的模型分子进行几何构型优化和频率分析,可以由公式(1.22)计算得到模型分子的结合能 E_b。

$$E_b = -\left[E_e + \text{ZPVE} - \sum_i n_i E_{atom}(i) \right] \qquad (1.22)$$

式中,E_e 为模型分子几何构型优化后分子的总能量,Ha;ZPVE(Zero Point Vibration Energy)为分子零点振动能,Ha;n_i(i=C,H,O)为模型分子中C、H和O原子的数目,可直接从表 1.14 和表 1.15 中得到；$E_{atom}(i)$ 为对应原子的能量。

9 种不同煤阶煤的模型分子的结合能计算结果列于表 1.16。由于结合能不仅与模型分子的性质有关，还与分子的大小有关，而模型分子的大小与构造要求有关；所以模型分子结合能的绝对大小用来比较分子内原子之间整体化学作用的强弱，也就是分子的稳定性是没有意义的。本次研究引入分子中化学键个数、原子个数和分子量来作为反映分子大小的参量，并用这些量去除结合能，得到单位结合能（表 1.16）。

表 1.16　煤结构模型分子的单位结合能

煤　　种	总能量 E_e/Ha	结合能 E_b/eV	单位结合能/eV		
			化学键	原子	分子量
褐煤	−2579.2944341	428.37	4.16	4.33	0.566
褐煤 L	−1212.9072118	196.76	4.28	4.37	0.565
褐煤 R	−1406.8385506	206.67	4.27	4.42	0.614
次烟煤	−841.9451305	163.83	3.64	3.56	0.597
高挥发分烟煤	−765.1294222	153.60	3.57	3.75	0.604
低挥发分烟煤	−1067.6733360	203.68	3.96	3.99	0.578
无烟煤（氢饱和）	−1743.7890508	312.90	4.17	4.89	0.621
无烟煤（甲基饱和）	−1822.4910369	363.26	4.48	5.19	0.563
无烟煤 S	−1137.8428305	215.43	4.58	5.13	0.601

由表 1.16 可以看出：褐煤和无烟煤的简化模型与原模型单位结合能的计算结果比较一致，其中褐煤 L、褐煤 R 与褐煤，无烟煤 S 与无烟煤（甲基饱和）的原子单位结合能和化学键单位结合能计算结果基本一致。这说明对模型分子的简化在单位结合能尤其是原子单位结合能的计算上是可行的。

从图 1.34 和图 1.35 中的单位结合能变化趋势可以看出，化学键个数和原子个数的单位结合能与模型分子的煤阶有着相似的关系，单位结合能呈现有规律的变化：煤化程度最低的褐煤和煤化程度最高的无烟煤的单位结合能较大，而在碳含量 80% 附近的次烟煤和高挥发分烟煤单位结合能较小。这种特点符合煤的许多性质与煤阶的变化关系。我们认为化学键个数和原子个数的单位结合能可以反映煤的反应活性，即单位结合能大的煤分子反应活性弱，单位结合能小的煤分子反应活性强。据此，可以认为碳 80% 附近的烟煤具有较高的反应活性，褐煤和无烟煤则反应活性较弱。从图 1.36 中可以发现，分子量单位结合能完全不能显示相对于煤阶的有规律变化。按照前面的分析，分子量单位结合能不能反映煤分子中化学作用的强弱，进而不能作为代表反应活性的指标。实际上，引入反映分子大小参量，必须与煤分子的化学作用强度呈正相关关系，才能够作为除数去平均分子的结合能，得到扣除了分子大小的单位结合能。化学键单位结合能实际上就是把分子结合能平均到每一个化学键上，原子单位结合能则是把分子结合能平均到每一个原子上。分子量单位结合能是把分子结合能平均到了分子质量上，因为分子质量的大小与化

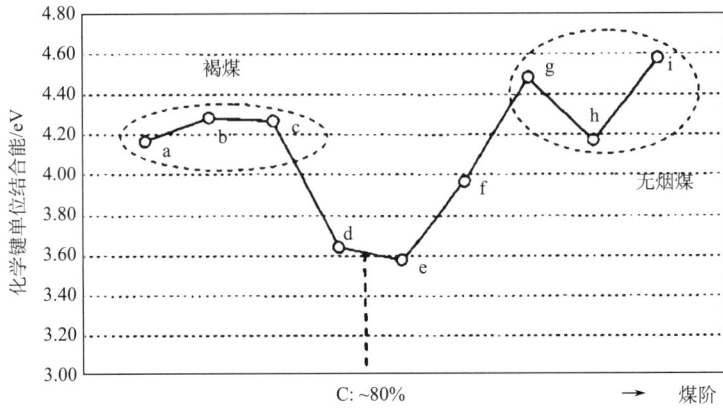

图 1.34　化学键单位结合能与煤阶的关系

a. 褐煤；b. 褐煤 L；c. 褐煤 R；d. 次烟煤；e. 高挥发分烟煤；f. 低挥发分烟煤；

g. 无烟煤（氢饱和）；h. 无烟煤（甲基饱和）；i. 无烟煤 S

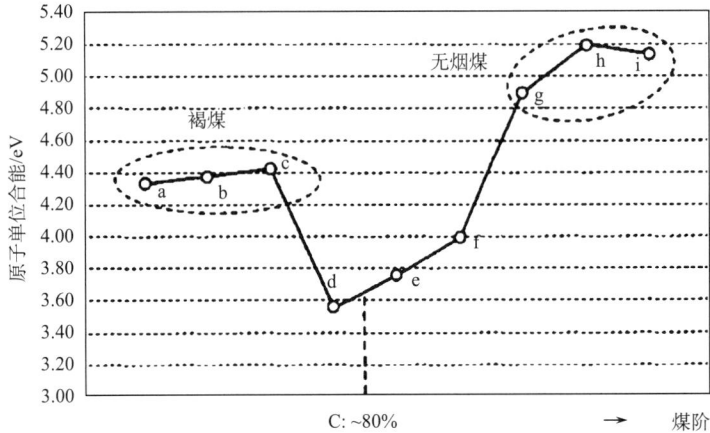

图 1.35　原子单位结合能与煤阶的关系

a. 褐煤；b. 褐煤 L；c. 褐煤 R；d. 次烟煤；e. 高挥发分烟煤；f. 低挥发分烟煤；

g. 无烟煤（氢饱和）；h. 无烟煤（甲基饱和）；i. 无烟煤 S

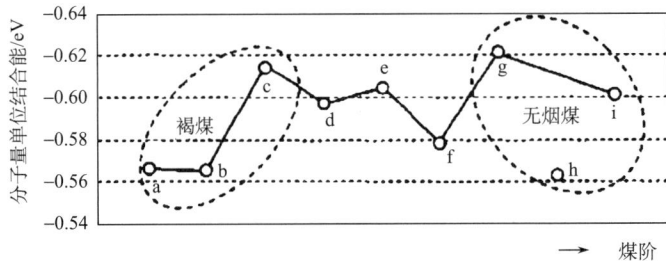

图 1.36　分子量单位结合能与煤阶的关系

a. 褐煤；b. 褐煤 L；c. 褐煤 R；d. 次烟煤；e. 高挥发分烟煤；f. 低挥发分烟煤；

g. 无烟煤（氢饱和）；h. 无烟煤（甲基饱和）；i. 无烟煤 S

学作用强度没有相关关系,这种单位结合能将不能反映煤分子的反应活性。结合能分析只能对分子的整体反应性特征作出一般性的判断,而针对具体煤种的特殊化学键构成和特殊位点的化学反应,则不能排除反应性出现特殊的情况。

以上计算数据和反应性变化趋势与实验数据和已有的煤化学知识非常吻合,这无疑证明了尽管煤的组成和结构十分复杂,还存在很多难以揭示的规律,但是应用量子化学方法,通过煤模型化合物来研究煤的一些特征不失为一种有意义的选择。利用煤基质的结构模型进行煤层气吸附、解吸分析十分有效。

(二)煤基质与气体分子的相互作用

1. 研究现状

吸附包括物理吸附和化学吸附两种类型。在物理吸附的过程中,吸附剂与吸附质表面之间的力属于 van der Waals 力范畴,包括静电力、诱导力和色散力。当吸附质和吸附剂分子间距大于二者零位能的分子间距时,van der Waals 力发生作用,使吸附质分子落入吸附剂分子的浅位势阱处,放出吸附热,发生物理吸附。发生化学吸附时,被吸附分子与吸附剂表面原子发生化学作用,生成表面配合物。在化学吸附中,吸附质和吸附剂之间发生离子键、共价键等化学键强度的作用。这种作用比 van der Waals 力大一个或两个数量级。物理吸附的特点是,吸附作用比较小,吸附热小,可以对多层吸附质产生作用。化学吸附的特点恰恰相反,它的吸附作用强,吸附热大,吸附具有选择性,需要克服活化能,一般是单层吸附,且吸附和解吸的速度比较慢。

张景来采用半经验的 PM3 方法且使用 Wender 提出的三种煤的结构模型(图 1.37)研究煤表面与高分子作用机理。高挥发分煤各单元之间大多由脂肪烃的碳原子相连,计算中均采用烷基(甲基或乙基)为阻断基团;低挥发分煤和无烟煤的计算均采用芳烃基团为阻断基团,并由醚键相连。计算结果表明:煤分子中各原子的电子分布不均匀,并且这种不均匀随着煤中所含氧原子的数量增加而增加。

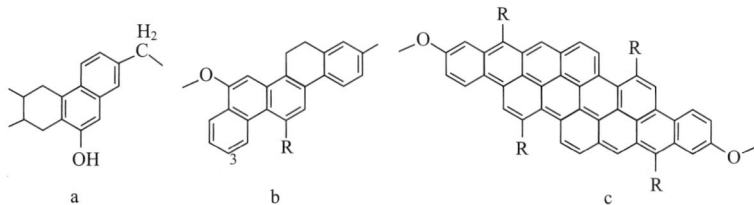

图 1.37 Wender 结构模型

a. 高挥发分烟煤;b. 低挥发分烟煤;c. 无烟煤

在以往研究工作的基础上,这里我们主要考虑煤中含氧官能团等因素构建关于气体在煤表面吸附的局部微观结构模型,并采用合适的数据平均处理的方法,用量子化学计算的方法对气体在煤表面吸附的问题进行讨论。

2. 煤表面与气体分子相互作用模型

（1）煤对气体吸附的微观结构模型

按照煤分子结构的近代概念,煤分子是由若干结构相似而又不完全相同的基本结构单元通过桥键连接而成的,煤的分子结构包括性能较稳定、结合牢固、不易发生化学反应的芳香核,核周围的各种侧链及羟基、羧基、羰基等官能团。我们在前面建立褐煤、次烟煤、高挥发分烟煤、低挥发分烟煤和无烟煤5种结构模型的基础上,结合 Wender 用截断和氢饱和的方法适度简化,得到如表1.17 中所列的5种煤表面局部微观结构模型(图1.38),把它们作为煤的代表性基体来研究气体的吸附。

表 1.17 气体吸附微观局部模型分子中碳和氧的含量（%）

模型	C	O
褐煤	66.7	27.5
次烟煤	78.1	13.0
高挥发分烟煤	84.9	7.5
低挥发分烟煤	89.2	5.4
无烟煤	90.6	5.8

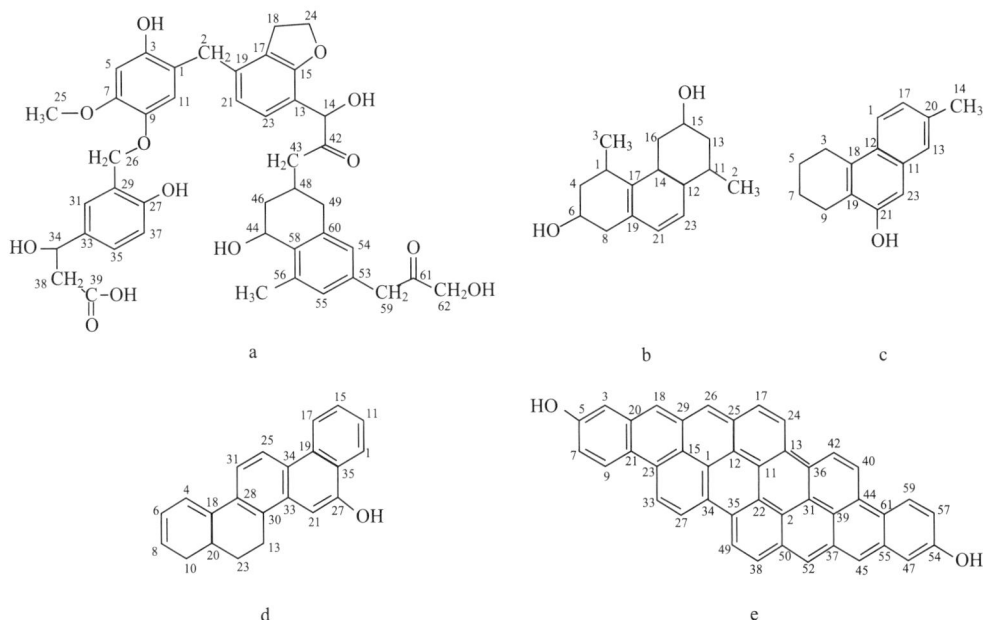

图 1.38 煤的气体吸附局部微观结构模型及碳原子编号
a. 褐煤；b. 次烟煤；c. 高挥发分烟煤；d. 低挥发分烟煤；e. 无烟煤

1）褐煤

褐煤气体吸附模型分子共由 99 个原子构成。模型包含:44 个氢原子(其中有 10 个是与双键碳原子相连),42 个碳原子,13 个氧原子;4 个与单键碳原子相连的羟基氧(—C—OH),2 个与双键碳原子相连的羟基氧(=C—OH),3 个一端与双键碳原子相连另一端与单键碳原子相连的醚氧(=C—O—C—),2 个酮氧(＞C=O),1 个羧酸基(—COOH)。

2）次烟煤

次烟煤气体吸附模型分子共由 40 个原子构成。模型包含：2 个氢原子与双键碳原子相连，16 个碳原子，2 个氧原子且以与单键碳原子相连的羟基氧（—C—OH）形式存在。

3）高挥发分烟煤

高挥发分烟煤气体吸附模型分子共由 32 个原子构成。模型包含：16 个氢原子（其中有 11 个与非芳环碳原子相连），15 个碳原子，1 个氧原子且以与芳环碳原子相连的羟基氧（—Ar—OH）形式存在。

4）低挥发分烟煤

低挥发分烟煤模型分子共由 39 个原子构成。模型包含：16 个氢原子（其中有 4 个是与非芳环碳原子相连），22 个碳原子，1 个氧原子且以与芳环碳原子相连的羟基氧（—Ar—OH）形式存在。

5）无烟煤

无烟煤气体吸附模型分子共由 64 个原子构成。模型包含：20 个氢原子且均与芳环碳原子相连，42 个碳原子，2 个氧原子且以与芳环碳原子相连的羟基氧（—Ar—OH）形式存在（图 1.39）。

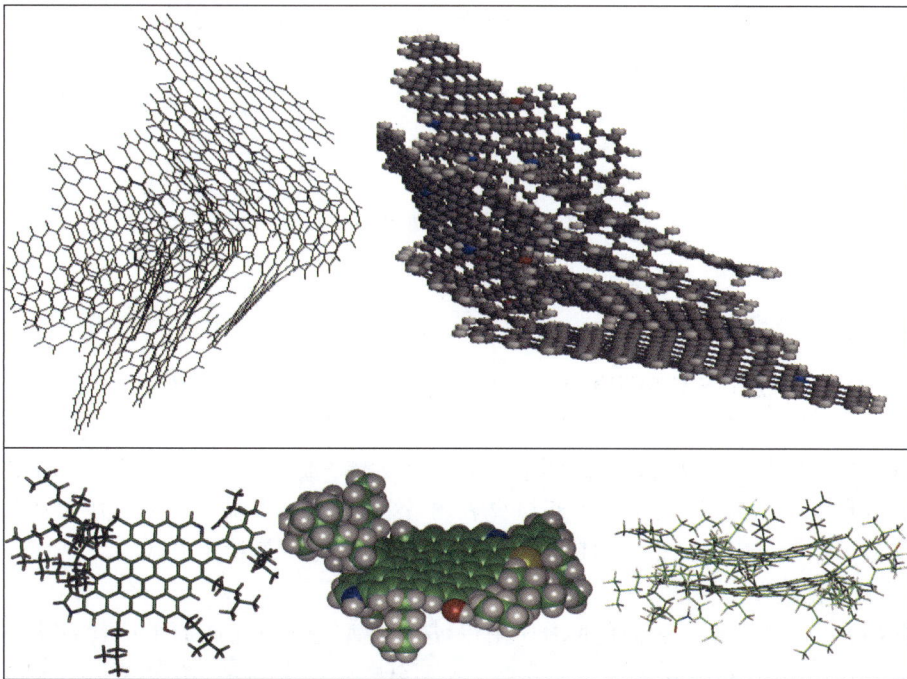

图 1.39　元素分析为基础的晋城寺河煤矿 WYM 分子结构模拟

（2）气体分子参数

对于气体我们考虑与煤化作用过程密切相关的 6 种气体（CH_4，CO，CO_2，O_2，H_2O 和 H_2）与煤的局部微观结构模型作用的情况，采用的气体分子构象参数见表 1.18。表中数据均为实验测定值，在计算中不再进行优化处理。

表 1.18　气体分子参数

气体	键长/Å		键角/(°)	
CH_4	C—H	1.10	H—C—H	109
CO_2	C—O	1.16	O—C—O	180
H_2O	O—H	0.96	H—O—H	105
O_2	O—O	1.14	—	—
CO	C—O	1.13	—	—
H_2	H—H	0.74	—	—

注：$1\ Å=10^{-10}\ m$。

（3）煤表面与气体分子作用模型

用于计算气体与煤表面作用的模型由煤的气体吸附局部微观结构模型和气体分子两部分构成，它们具有设定的相互几何关系。以高挥发分烟煤为例，其构型关系见图 1.40。

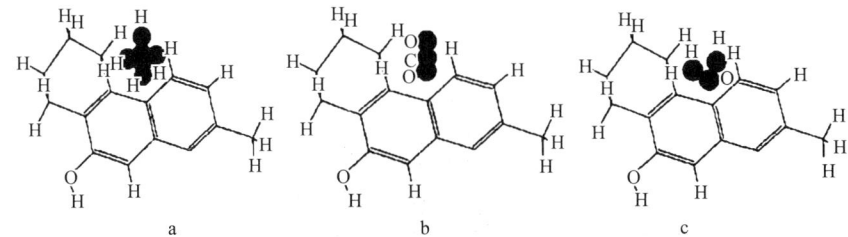

图 1.40　气体在高挥发分烟煤上吸附的模型
a. 甲烷；b. 二氧化碳；c. 水蒸气

1）甲烷吸附模型

将 CH_4 分子放置于煤表面模型分子附近，选择模型分子某个碳原子 C（coal base），使 C（coal base）—H—C（methane）呈直线，且 CH_4 分子中的这个 C—H 键垂直于模型分子中特定的这个碳原子及其相连的两个原子所形成的平面。CH_4 分子与模型分子中某个碳原子相关并形成倒三角锥形。初步试算表明，这种空间位置关系空间位阻最小。如果把 CH_4 分子倒置过来形成正三角锥，则计算表明该方式不是最稳定方式。

2）二氧化碳吸附模型

将 CO_2 分子放置于煤表面模型分子附近，选择模型分子某个碳原子 C（coal base），使 C（coal base）—O＝C＝O 呈直线且垂直于模型分子中特定的这个碳原子及其相连的两个原子形成的平面。初步试算表明，这种空间位置关系空间位阻最小。

3）水蒸气吸附模型

将 H_2O 分子放置于煤表面模型分子附近，选择模型分子某个碳原子 C（coal base），使 C（coal base）与 H_2O 在同一个平面内，C（coal base）—O 垂直于模型分子中特定的这个碳原子及其相连的两个原子形成的平面；同时，H_2O 分子中两个 O—H 键在模型分子平面的投影要与 C（coal base）—X（X＝C，O 或 H）呈交叉构型。试算表明，这种空间位置关系空间位阻最小。如果将气体分子的模型以倒置的方式吸附，则计算表明该方式不是最稳定方式。

吸附模型中与 C (coal base)直接相连的气体分子中的某原子的距离 R 可以用来描述气体分子与煤表面模型分子的间距,它们之间的化学键键级可以在一定程度上描述气体分子与煤吸附作用类型和强弱。

（4）煤表面与气体分子作用的计算

从现有文献中我们可以发现,大部分量子化学计算采用的是半经验的方法。这主要出于两方面的考虑:一方面,煤的分子结构比较大,对于计算任务较大的工作如果用从头计算法来计算需要的时间特别长;另一方面,半经验量子化学方法在许多计算问题,尤其是仅需要对计算结果进行相对比较时,可以较好地处理包含元素种类较少的煤大分子结构,已成为煤与气体作用方面通用而高效的理论研究工具。由于模型分子原子数较多且重复计算量很大,采用从头算法或密度泛函理论计算将导致过大的计算量,故考虑采用半经验量子化学计算 ZINDO·INDO/1 来完成有关气体吸附的计算。计算气体与煤表面作用模型,从吸附能、吸附距离、作用键级和净电荷变化等微观参数出发,采用"多点计算,整体平均"的方法分析煤表面与气体间的吸附作用。

在采用半经验量子化学计算方法 INDO/1 处理目标分子时,针对不同的计算任务、不同的分子结构特点和计算目的,需对相应的计算参数进行选择和调整。通过计算煤表面模型化合物与气体小分子复合结构的能量和微观参数的变化,对气体与煤表面的相互作用给出定量的描述。针对所处理的模型分子大小、研究目的和侧重于计算结果的相对比较的计算特点,采用 ZINDO 中等计算效率精度的计算方法和参数。首先使用 Cerius2 中的能量最小化模块 Minimizer 对构建的模型进行能量最小化处理。在此基础上,采用 INDO/1 对构型进行优化处理。计算任务为 Geometry Optimization,电子状态 RHF,电荷为零;收敛指标为梯度成分,收敛阈为 Normal 参数组合(当梯度成分小于 5×10^{-4} 时收敛)。结构优化结果显示,褐煤中可以旋转的单键比较多,优化后的结构比较复杂;而无烟煤都是由芳环构成,优化后所有的原子基本处于同一个平面上;次烟煤、高挥发分烟煤和低挥发分烟煤中的非芳环的六元环变化比较大,但相连的芳环基本在同一个平面上。

在构型优化的基础上采用相同的参数设置计算各种煤表面模型的单点能 E_i、气体分子的单点能 E_j 以及气体分子与煤表面模型复合结构的单点能 $E_c(R)$,其中 R 为煤表面模型与气体小分子的距离(Å)。根据计算可得到结合能 $E(R)$,结合能曲线 $E(R)$-R 的最低点所对应的结合能即为吸附能 E_{ad}。如图 1.41 是 CH_4 与褐煤的 35 号碳原子的结合能曲线。

$$E(R) = E_c(R) - (E_i + E_j) \quad (1.23)$$

结合能曲线反映了电子间相互作用的趋势。在气体与煤表面距离比较远处,结合能为零;随着距离的减小,逐渐产生吸附作用,体系的结合能减小;当距离达到某一值时,此时的结合能曲线达到最低点,对应的能量即

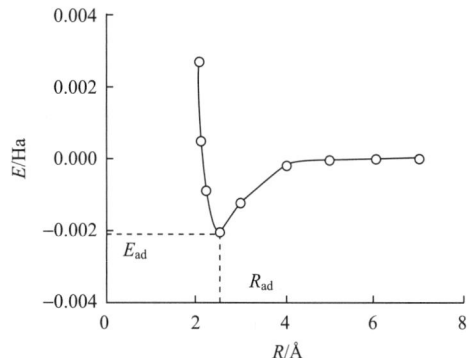

图 1.41　CH_4 与褐煤的 35 号碳原子的结合能曲线

为吸附能 E_{ad},所对应的距离为吸附距离 R_{ad};随着距离的继续变小,结合能会急剧增大,表现为排斥作用。按照同样的方法可以计算得到气体与各位点碳原子的吸附能曲线,从而得到相关的吸附能和吸附距离。在计算吸附能的过程中,还可以得到相关的键级和净电荷等微观参数。通过计算吸附前后碳原子上的净电荷差值,可得到碳原子的净电荷变化。

现将 5 种煤表面模型分子与 6 种气体计算得到的吸附能结果列于表 1.19 至表 1.23,吸附距离和键级列于表 1.24 至表 1.28,煤分子与气体作用前后净电荷变化列于表 1.29 至表 1.33。

表 1.19 气体与褐煤的吸附能(Ha)

No.	CH_4	CO	CO_2	H_2O	O_2	H_2
1	-0.0056	-0.1334	-0.0300	-0.0370	-0.3183	-0.0080
2	-0.0019	-0.0150	-0.0020	-0.0018	-0.2936	-0.0028
3	-0.0088	-0.1272	-0.0454	-0.0606	-0.3251	-0.0081
5	-0.0063	-0.1377	-0.0351	-0.0447	-0.3160	-0.0092
7	-0.0063	-0.1322	-0.0450	-0.0566	-0.3281	-0.0084
9	-0.0065	-0.1186	-0.0417	-0.0514	-0.3253	-0.0085
11	-0.0107	-0.1557	-0.0466	-0.0630	-0.3211	-0.0094
13	-0.0058	-0.1518	-0.0350	-0.0142	-0.3229	-0.0073
14	-0.0031	-0.1004	-0.0042	-0.0018	-0.3580	-0.0030
15	-0.0066	-0.1290	-0.0468	-0.0594	-0.3293	-0.0086
17	-0.0074	-0.1392	-0.0364	-0.0441	-0.3185	-0.0072
18	-0.0035	-0.1344	-0.0099	-0.0082	-0.3150	-0.0033
19	-0.0066	-0.1560	-0.0420	-0.0523	-0.3288	-0.0090
21	-0.0067	-0.1412	-0.0405	-0.0545	-0.3192	-0.0095
23	-0.0081	-0.1636	-0.0482	-0.0650	-0.3272	-0.0100
24	-0.0038	-0.1479	-0.0140	-0.0136	-0.3289	-0.0024
25	-0.0036	-0.0584	-0.0089	-0.0234	-0.4555	-0.0071
26	-0.0045	-0.0489	-0.0162	-0.0102	-0.3062	-0.0032
27	-0.0073	-0.1575	-0.0528	-0.0667	-0.3473	-0.0093
29	-0.0060	-0.1111	-0.0184	-0.0181	-0.3069	-0.0082
31	-0.0082	-0.1932	-0.0548	-0.0723	-0.3513	-0.0105
33	-0.0052	-0.1161	-0.0147	-0.0130	-0.3036	-0.0068
34	-0.0031	-0.1447	-0.0057	-0.0072	-0.3037	-0.0020
35	-0.0020	-0.1454	-0.0021	-0.0030	-0.3074	-0.0023
37	-0.0061	-0.1107	-0.0150	-0.0147	-0.3043	-0.0089
38	-0.0017	-0.0124	-0.0030	-0.0038	-0.2932	-0.0024
39	-0.0037	-0.1203	-0.0152	-0.0133	-0.3200	-0.0030

No.	CH_4	CO	CO_2	H_2O	O_2	H_2
42	−0.0076	−0.1709	−0.0579	−0.0652	−0.3461	−0.0081
43	−0.0019	−0.0157	−0.0027	−0.0032	−0.2934	−0.0026
44	−0.0035	−0.1076	−0.0051	−0.0012	−0.3743	−0.0038
46	−0.0039	−0.0936	−0.0089	−0.0100	−0.3076	−0.0024
48	−0.0042	−0.1271	−0.0073	−0.0080	−0.3019	−0.0028
49	−0.0016	−0.0378	−0.0158	−0.0158	−0.2985	−0.0006
53	−0.0054	−0.1575	−0.0511	−0.0519	−0.3304	−0.0052
54	−0.0078	−0.1567	−0.0048	−0.0577	−0.3249	−0.0097
55	−0.0079	−0.1476	−0.0422	−0.0548	−0.3230	−0.0100
56	−0.0071	−0.1533	−0.0433	−0.0557	−0.3244	−0.0100
58	−0.0053	−0.1412	−0.0294	−0.0377	−0.3213	−0.0069
59	−0.0019	−0.1618	−0.0284	−0.0235	−0.3529	−0.0039
60	−0.0059	−0.1481	−0.0354	−0.0450	−0.3260	−0.0077
61	−0.0054	−0.2087	−0.0599	−0.0164	−0.3557	−0.0004
62	−0.0060	−0.0613	−0.0164	−0.0178	−0.3138	−0.0043
S	−0.0053	−0.1236	−0.0280	−0.0319	−0.3254	−0.0061

注：No.——碳原子的序号；S——算术平均值。

表 1.20 气体与次烟煤的吸附能（Ha）

No.	CH_4	CO	CO_2	H_2O	O_2	H_2
1	−0.0012	−0.0688	−0.0009	−0.0013	−0.2873	−0.0015
2	−0.0023	−0.0217	−0.0015	−0.0012	−0.2894	−0.0034
3	−0.0022	−0.0218	−0.0016	−0.0013	−0.2926	−0.0034
4	−0.0014	−0.0078	−0.0007	−0.0008	−0.2919	−0.0020
6	−0.0019	−0.0640	−0.0038	−0.0038	−0.2986	−0.0018
8	−0.0014	−0.0077	−0.0009	−0.0010	−0.2920	−0.0021
11	−0.0020	−0.0950	−0.0026	−0.0029	−0.3035	−0.0009
12	−0.0051	−0.1258	−0.0254	−0.0303	−0.3163	−0.0068
13	−0.0014	−0.0072	−0.0007	−0.0006	−0.2920	−0.0021
14	−0.0042	−0.1272	−0.0210	−0.0251	−0.3141	−0.0055
15	−0.0019	−0.0714	−0.0033	−0.0033	−0.2985	−0.0018
16	−0.0007	−0.0269	−0.0008	−0.0025	−0.4914	−0.0007
17	−0.0044	−0.1031	−0.0005	−0.0265	−0.3021	−0.0008
19	−0.0054	−0.1230	−0.0271	−0.0320	−0.3186	−0.0069
21	−0.0072	−0.1482	−0.0390	−0.0496	−0.3214	−0.0101
23	−0.0071	−0.1443	−0.0379	−0.0481	−0.3210	−0.0100
S	−0.0031	−0.0727	−0.0105	−0.0144	−0.3144	−0.0037

注：No.——碳原子的序号；S——算术平均值。

表 1.21　气体与高挥发分烟煤的吸附能（Ha）

No.	CH_4	CO	CO_2	H_2O	O_2	H_2
1	−0.0078	−0.1806	−0.0531	−0.0686	−0.3396	−0.0108
3	−0.0019	−0.1004	−0.0027	−0.0028	−0.3056	−0.0020
5	−0.0014	−0.0076	−0.0008	−0.0008	−0.2920	−0.0021
7	−0.0017	−0.0650	−0.0032	−0.0034	−0.2920	−0.0017
9	−0.0014	−0.0087	−0.0007	−0.0008	−0.2920	−0.0021
11	−0.0058	−0.1210	−0.0330	−0.0384	−0.3213	−0.0079
12	−0.0052	−0.0885	−0.0248	−0.0215	−0.3112	−0.0073
13	−0.0071	−0.1563	−0.0404	−0.0517	−0.3244	−0.0102
14	−0.0022	−0.0203	−0.0015	−0.0013	−0.2925	−0.0034
17	−0.0069	−0.1544	−0.0386	−0.0488	−0.3236	−0.0098
18	−0.0053	−0.1668	−0.0352	−0.0439	−0.3240	−0.0068
19	−0.0044	−0.1342	−0.0191	−0.0225	−0.3131	−0.0059
20	−0.0055	−0.1532	−0.0347	−0.0439	−0.3256	−0.0074
21	−0.0067	−0.1372	−0.0455	−0.0554	−0.3344	−0.0087
23	−0.0065	−0.1410	−0.0314	−0.0396	−0.3152	−0.0096
S	−0.0047	−0.1090	−0.0243	−0.0296	−0.3138	−0.0064

注：No.——碳原子的序号；S——算术平均值。

表 1.22　气体与低挥发分烟煤的吸附能（Ha）

No.	CH_4	CO	CO_2	H_2O	O_2	H_2
1	−0.0074	−0.1712	−0.0529	−0.0689	−0.3325	−0.0103
4	−0.0072	−0.1620	−0.0478	−0.0623	−0.3282	−0.0101
6	−0.0069	−0.1452	−0.0414	−0.0534	−0.3270	−0.0098
8	−0.0072	−0.1594	−0.0460	−0.0597	−0.3270	−0.0100
10	−0.0070	−0.1472	−0.0417	−0.0535	−0.3236	−0.0098
11	−0.0067	−0.1527	−0.0434	−0.0561	−0.3251	−0.0095
13	−0.0016	−0.0123	−0.0012	−0.0016	−0.2924	−0.0021
15	−0.0072	−0.1671	−0.0493	−0.0639	−0.3303	−0.0099
17	−0.0073	−0.1664	−0.0499	−0.0648	−0.3309	−0.0102
18	−0.0058	−0.1544	−0.0351	−0.0441	−0.3225	−0.0076
19	−0.0057	−0.1417	−0.0405	−0.0489	−0.3248	−0.0078
20	−0.0052	−0.1473	−0.0372	−0.0461	−0.3247	−0.0066
21	−0.0067	−0.1611	−0.0358	−0.0455	−0.3213	−0.0097
23	−0.0020	−0.0939	−0.0036	−0.0038	−0.3068	−0.0021
25	−0.0074	−0.1709	−0.0485	−0.0832	−0.3297	−0.0104
27	−0.0070	−0.1568	−0.0551	−0.0690	−0.3450	−0.0090
28	−0.0058	−0.1658	−0.0359	−0.0420	−0.3231	−0.0079
30	−0.0050	−0.1632	−0.0338	−0.0448	−0.3256	−0.0068
31	−0.0074	−0.1630	−0.0458	−0.0592	−0.3273	−0.0104
33	−0.0057	−0.1333	−0.0344	−0.0405	−0.3223	−0.0079

No.	CH$_4$	CO	CO$_2$	H$_2$O	O$_2$	H$_2$
34	−0.0056	−0.1347	−0.0340	−0.0399	−0.3181	−0.0078
35	−0.0051	−0.1257	−0.0324	−0.0375	−0.3158	−0.0072
S	−0.0060	−0.1452	−0.0384	−0.0495	−0.3238	−0.0083

注：No.——碳原子的序号；S——算术平均值。

表 1.23　气体与无烟煤的吸附能（Ha）

No.	CH$_4$	CO	CO$_2$	H$_2$O	O$_2$	H$_2$
1	−0.0058	−0.1621	−0.0435	−0.0546	−0.3226	−0.0081
2	−0.0061	−0.1912	−0.0509	−0.0666	−0.3262	−0.0085
3	−0.0069	−0.1672	−0.0432	−0.0570	−0.3322	−0.0101
5	−0.0069	−0.1498	−0.0518	−0.0648	−0.3396	−0.0089
7	−0.0069	−0.1799	−0.0471	−0.0614	−0.3361	−0.0097
9	−0.0076	−0.1896	−0.0557	−0.0722	−0.3483	−0.0105
11	−0.0057	−0.1506	−0.0421	−0.0521	−0.3220	−0.0080
12	−0.0062	−0.1918	−0.0512	−0.0669	−0.3220	−0.0085
13	−0.0065	−0.2142	−0.0584	−0.0743	−0.3365	−0.0090
15	−0.0057	−0.1432	−0.0399	−0.0498	−0.3200	−0.0080
17	−0.0079	−0.2138	−0.0598	−0.0778	−0.3631	−0.0109
18	−0.0086	−0.2202	−0.0755	−0.0987	−0.3668	−0.0120
20	−0.0058	−0.1366	−0.0403	−0.0488	−0.3250	−0.0080
21	−0.0058	−0.1630	−0.0423	−0.0530	−0.3222	−0.0081
22	−0.0057	−0.1500	−0.0421	−0.0521	−0.3221	−0.0080
23	−0.0063	−0.1878	−0.0513	−0.0664	−0.3294	−0.0087
24	−0.0075	−0.2060	−0.0535	−0.0688	−0.3543	−0.0103
25	−0.0060	−0.2362	−0.0448	−0.0563	−0.3285	−0.0082
26	−0.0089	−0.2344	−0.0802	−0.1039	−0.3781	−0.0123
27	−0.0076	−0.2011	−0.0555	−0.0719	−0.3531	−0.0105
29	−0.0059	−0.1830	−0.0421	−0.0517	−0.3281	−0.0080
31	−0.0058	−0.1624	−0.0436	−0.0547	−0.3227	−0.0081
33	−0.0075	−0.2011	−0.0551	−0.0715	−0.3523	−0.0105
34	−0.0061	−0.1967	−0.0505	−0.0641	−0.3300	−0.0085
35	−0.0065	−0.2138	−0.0582	−0.0761	−0.3362	−0.0090
36	−0.0061	−0.1971	−0.0506	−0.0642	−0.3287	−0.0085
37	−0.0059	−0.1821	−0.0420	−0.0516	−0.3283	−0.0080
38	−0.0079	−0.2135	−0.0597	−0.0776	−0.3631	−0.0109
39	−0.0057	−0.1423	−0.0398	−0.0496	−0.3198	−0.0080
40	−0.0075	−0.2015	−0.0552	−0.0717	−0.3521	−0.0105
42	−0.0076	−0.2014	−0.0555	−0.0720	−0.3530	−0.0105
44	−0.0063	−0.1881	−0.0514	−0.0665	−0.3286	−0.0087
45	−0.0086	−0.2190	−0.0746	−0.0976	−0.3665	−0.0120

No.	CH$_4$	CO	CO$_2$	H$_2$O	O$_2$	H$_2$
47	−0.0068	−0.1643	−0.0413	−0.0545	−0.3313	−0.0099
49	−0.0075	−0.2059	−0.0535	−0.0688	−0.3545	−0.0103
50	−0.0060	−0.2066	−0.0448	−0.0562	−0.3320	−0.0082
52	−0.0089	−0.2338	−0.0798	−0.1034	−0.3781	−0.0123
54	−0.0069	−0.1502	−0.0522	−0.0653	−0.3407	−0.0088
55	−0.0059	−0.1369	−0.0401	−0.0486	−0.3255	−0.0080
57	−0.0070	−0.1828	−0.0486	−0.0632	−0.3369	−0.0099
59	−0.0076	−0.1898	−0.0556	−0.0721	−0.3481	−0.0105
61	−0.0058	−0.1643	−0.0426	−0.0534	−0.3221	−0.0081
S	−0.0068	−0.1863	−0.0516	−0.0660	−0.3387	−0.0094

注：No.——碳原子的序号；S——算术平均值。

表 1.24　气体与褐煤的吸附距离(Å)和键级

No.	CH$_4$		CO		CO$_2$		H$_2$O		O$_2$		H$_2$	
	D	B	D	B	D	B	D	B	D	B	D	B
1	1.93	0.02	1.45	0.78	1.64	0.17	1.60	0.25	1.64	0.15	1.80	0.03
2	2.38	0.00	2.13	0.05	2.50	0.00	2.59	0.00	2.36	0.01	2.23	0.00
3	1.90	0.02	1.49	0.67	1.60	0.22	1.56	0.32	1.61	0.18	1.79	0.03
5	1.89	0.02	1.44	0.85	1.61	0.21	1.57	0.30	1.64	0.15	1.76	0.03
7	1.89	0.02	1.47	0.72	1.60	0.22	1.56	0.31	1.59	0.20	1.80	0.03
9	1.88	0.02	1.49	0.66	1.61	0.20	1.58	0.28	1.60	0.18	1.79	0.03
11	1.85	0.02	1.44	0.86	1.58	0.25	1.55	0.35	1.61	0.19	1.75	0.04
13	1.95	0.02	1.45	0.80	1.62	0.19	1.59	0.27	1.64	0.14	1.85	0.02
14	2.42	0.00	1.87	0.08	2.39	0.01	2.66	0.00	1.74	0.05	2.36	0.00
15	1.88	0.02	1.48	0.69	1.59	0.24	1.56	0.32	1.59	0.20	1.78	0.03
17	2.00	0.01	1.46	0.77	1.63	0.18	1.59	0.27	1.64	0.14	1.83	0.03
18	2.35	0.00	1.76	0.13	2.13	0.01	2.26	0.01	1.93	0.02	2.34	0.00
19	1.88	0.02	1.44	0.82	1.60	0.23	1.57	0.31	1.59	0.20	1.78	0.03
21	1.87	0.02	1.45	0.82	1.60	0.22	1.56	0.32	1.62	0.17	1.75	0.04
23	1.87	0.02	1.44	0.86	1.57	0.27	1.54	0.37	1.58	0.22	1.74	0.04
24	2.65	0.00	1.87	0.09	2.28	0.01	2.36	0.01	2.10	0.01	2.67	0.00
25	2.12	0.01	1.80	0.17	1.95	0.03	2.57	0.00	2.71	0.00	2.47	0.00
26	2.13	0.01	2.16	0.04	2.79	0.00	2.76	0.00	2.50	0.01	2.55	0.00
27	1.85	0.02	1.46	0.75	1.58	0.26	1.56	0.34	1.55	0.26	1.76	0.03
29	1.94	0.02	1.42	0.82	1.72	0.10	1.69	0.14	1.76	0.07	1.81	0.03
31	1.81	0.03	1.43	0.90	1.56	0.30	1.53	0.40	1.52	0.31	1.72	0.04
33	1.98	0.01	1.44	0.82	1.77	0.08	1.76	0.10	1.80	0.06	1.86	0.02
34	2.47	0.00	1.72	0.13	2.45	0.00	2.55	0.00	2.01	0.02	2.55	0.00
35	2.50	0.00	1.66	0.31	2.49	0.00	2.46	0.00	1.90	0.04	2.34	0.00
37	1.91	0.02	1.44	0.86	1.71	0.12	1.72	0.12	1.80	0.07	1.78	0.04
38	2.41	0.00	2.20	0.04	2.48	0.01	2.54	0.01	2.44	0.01	2.28	0.00

No.	CH₄		CO		CO₂		H₂O		O₂		H₂	
---	D	B	D	B	D	B	D	B	D	B	D	B
39	2.18	0.01	1.56	0.46	1.88	0.06	1.99	0.05	1.75	0.08	2.20	0.01
42	1.82	0.03	1.45	0.79	1.58	0.27	1.58	0.32	1.58	0.23	1.78	0.03
43	2.40	0.00	2.17	0.04	2.50	0.00	2.58	0.00	2.43	0.01	2.28	0.00
44	2.38	0.00	1.87	0.30	2.30	0.01	2.61	0.00	1.72	0.05	2.30	0.00
46	3.23	0.00	1.96	0.06	3.34	0.00	3.39	0.00	2.95	0.00	3.44	0.00
48	2.61	0.00	1.82	0.09	2.74	0.00	2.80	0.00	2.42	0.00	2.76	0.00
49	2.80	0.00	2.77	0.01	2.23	0.01	2.69	0.00	3.00	0.00	3.71	0.00
53	1.95	0.01	1.45	0.78	1.59	0.23	1.57	0.30	1.60	0.19	1.78	0.03
54	1.87	0.02	1.44	0.86	1.58	0.25	1.55	0.34	1.59	0.21	1.76	0.03
55	1.85	0.02	1.44	0.85	1.59	0.24	1.55	0.33	1.60	0.19	1.74	0.04
56	1.85	0.02	1.44	0.85	1.59	0.24	1.55	0.34	1.60	0.20	1.74	0.04
58	1.96	0.02	1.45	0.80	1.63	0.19	1.59	0.28	1.63	0.16	1.84	0.02
59	2.38	0.00	2.85	0.00	3.11	0.00	3.22	0.00	2.92	0.00	3.48	0.00
60	1.92	0.02	1.45	0.80	1.61	0.21	1.57	0.31	1.60	0.19	1.81	0.03
61	1.70	0.04	1.59	0.56	1.59	0.26	2.60	0.01	1.81	0.10	4.50	0.00
62	2.26	0.00	1.85	0.10	2.33	0.01	2.38	0.01	2.05	0.02	2.34	0.00
S	2.12	0.01	1.68	0.52	1.96	0.13	2.03	0.17	1.90	0.11	2.18	0.02

注：No.——碳原子的序号；D——气体与碳原子间形成的吸附距离；B——气体与碳原子间形成的键级；S——算术平均值。

表 1.25　气体与次烟煤的吸附距离（Å）和键级

No.	CH₄		CO		CO₂		H₂O		O₂		H₂	
---	D	B	D	B	D	B	D	B	D	B	D	B
1	2.93	0.00	2.14	0.02	3.10	0.00	3.20	0.00	2.40	0.00	2.80	0.00
2	2.18	0.01	1.93	0.09	2.31	0.01	2.45	0.00	1.97	0.02	2.04	0.01
3	2.20	0.01	1.93	0.09	2.31	0.01	2.43	0.00	2.27	0.01	2.04	0.01
4	2.43	0.00	2.28	0.03	2.67	0.00	2.75	0.00	2.60	0.00	2.29	0.00
6	2.89	0.00	2.07	0.02	2.90	0.00	2.95	0.00	2.60	0.00	2.88	0.00
8	2.40	0.00	2.26	0.03	2.63	0.00	2.71	0.00	2.55	0.00	2.26	0.00
11	2.63	0.00	1.85	0.07	2.67	0.00	2.74	0.00	2.10	0.01	2.58	0.00
12	1.97	0.01	1.47	0.73	1.67	0.15	1.63	0.23	1.66	0.13	1.85	0.02
13	2.40	0.00	2.26	0.03	2.65	0.00	2.75	0.00	2.57	0.00	2.27	0.00
14	2.03	0.01	1.47	0.74	1.68	0.15	1.63	0.23	1.67	0.13	1.89	0.02
15	2.85	0.00	2.00	0.03	2.88	0.00	2.93	0.00	2.53	0.00	2.84	0.00
16	2.75	0.00	2.25	0.03	2.80	0.00	2.81	0.00	2.67	0.00	2.50	0.00
17	2.01	0.01	1.62	0.43	3.45	0.00	1.63	0.23	2.20	0.01	3.20	0.00
19	1.96	0.01	1.48	0.70	1.65	0.17	1.62	0.24	1.65	0.14	1.83	0.03
21	1.85	0.02	1.44	0.85	1.60	0.23	1.56	0.32	1.61	0.19	1.74	0.04
23	1.86	0.02	1.45	0.83	1.60	0.22	1.57	0.31	1.61	0.18	1.75	0.04
S	2.33	0.01	1.87	0.30	2.41	0.06	2.34	0.10	2.17	0.05	2.30	0.01

注：No.——碳原子的序号；D——气体与碳原子间形成的吸附距离；B——气体与碳原子间形成的键级；S——算术平均值。

表 1.26　气体与高挥发分烟煤的吸附距离(Å)和键级

| No. | CH₄ | | CO | | CO₂ | | H₂O | | O₂ | | H₂ | |
	D	B	D	B	D	B	D	B	D	B	D	B
1	1.82	0.03	1.43	0.90	1.56	0.30	1.53	0.39	1.52	0.31	1.72	0.04
3	2.61	0.00	1.82	0.08	2.63	0.00	2.72	0.00	2.05	0.01	2.55	0.00
5	2.40	0.00	2.25	0.03	2.65	0.00	2.75	0.00	2.60	0.00	2.25	0.00
7	2.85	0.00	2.01	0.04	2.88	0.00	2.94	0.00	2.54	0.00	2.83	0.00
9	2.40	0.00	2.24	0.03	2.63	0.00	2.70	0.00	2.58	0.00	2.27	0.00
11	1.93	0.02	1.48	0.67	1.63	0.18	1.60	0.25	1.64	0.14	1.82	0.02
12	1.96	0.01	1.51	0.55	1.67	0.13	1.59	0.24	1.71	0.09	1.84	0.02
13	1.86	0.02	1.44	0.87	1.59	0.24	1.55	0.34	1.57	0.23	1.74	0.04
14	2.19	0.01	1.94	0.08	2.32	0.01	2.45	0.00	2.30	0.01	2.04	0.01
17	1.87	0.02	1.43	0.87	1.60	0.22	1.56	0.32	1.58	0.21	1.75	0.04
18	1.96	0.02	1.45	0.81	1.61	0.22	1.58	0.31	1.59	0.21	1.84	0.02
19	2.02	0.01	1.44	0.81	1.70	0.13	1.64	0.21	1.68	0.12	1.89	0.02
20	1.94	0.02	1.44	0.81	1.62	0.20	1.58	0.29	1.60	0.19	1.83	0.02
21	1.88	0.02	1.47	0.71	1.60	0.22	1.58	0.29	1.57	0.22	1.79	0.03
23	1.89	0.02	1.44	0.87	1.62	0.20	1.57	0.30	1.62	0.17	1.76	0.04
S	2.11	0.01	1.65	0.54	1.95	1.96	1.96	0.20	1.88	0.13	2.00	0.02

注：No.——碳原子的序号；D——气体与碳原子间形成的吸附距离；B——气体与碳原子间形成的键级；S——算术平均值。

表 1.27　低挥发分烟煤的吸附距离(Å)和键级

| No. | CH₄ | | CO | | CO₂ | | H₂O | | O₂ | | H₂ | |
	D	B	D	B	D	B	D	B	D	B	D	B
1	1.84	0.02	1.44	0.88	1.56	0.29	1.53	0.39	1.55	0.27	1.73	0.04
4	1.85	0.02	1.44	0.87	1.57	0.27	1.54	0.37	1.58	0.23	1.74	0.04
6	1.86	0.02	1.45	0.83	1.60	0.23	1.56	0.32	1.61	0.19	1.75	0.04
8	1.85	0.02	1.44	0.86	1.58	0.26	1.55	0.35	1.58	0.22	1.74	0.04
10	1.86	0.02	1.44	0.85	1.59	0.24	1.55	0.34	1.60	0.20	1.75	0.04
11	1.87	0.02	1.44	0.85	1.59	0.24	1.55	0.34	1.59	0.21	1.76	0.03
13	2.41	0.00	2.22	0.00	2.62	0.00	2.69	0.00	2.56	0.00	2.28	0.00
15	1.85	0.02	1.44	0.87	1.57	0.27	1.54	0.37	1.56	0.25	1.75	0.04
17	1.84	0.02	1.44	0.88	1.57	0.28	1.54	0.37	1.55	0.26	1.74	0.04
18	1.93	0.02	1.43	0.81	1.62	0.19	1.58	0.28	1.61	0.17	1.82	0.02
19	1.92	0.02	1.45	0.77	1.60	0.22	1.57	0.30	1.61	0.17	1.82	0.02
20	1.96	0.01	1.46	0.78	1.60	0.23	1.57	0.31	1.60	0.19	1.83	0.03
21	1.88	0.02	1.43	0.90	1.60	0.22	1.56	0.32	1.54	0.27	1.75	0.04
23	2.57	0.00	1.81	0.09	2.56	0.00	2.64	0.00	2.03	0.01	2.52	0.00
25	1.84	0.02	1.43	0.89	1.57	0.28	1.54	0.37	1.55	0.26	1.73	0.04
27	1.85	0.02	1.46	0.76	1.58	0.26	1.55	0.34	1.53	0.28	1.77	0.03
28	1.92	0.02	1.42	0.83	1.61	0.20	1.59	0.27	1.61	0.17	1.82	0.03

No.	CH$_4$		CO		CO$_2$		H$_2$O		O$_2$		H$_2$	
	D	B	D	B	D	B	D	B	D	B	D	B
30	1.97	0.01	1.44	0.85	1.60	0.24	1.56	0.34	1.59	0.21	1.84	0.02
31	1.84	0.02	1.43	0.89	1.58	0.26	1.54	0.36	1.57	0.23	1.73	0.04
33	1.93	0.02	1.46	0.74	1.62	0.19	1.59	0.26	1.63	0.15	1.82	0.02
34	1.94	0.02	1.44	0.78	1.62	0.19	1.59	0.26	1.65	0.13	1.82	0.03
35	1.96	0.01	1.44	0.76	1.63	0.17	1.60	0.24	1.67	0.12	1.84	0.02
S	1.94	0.02	1.49	0.76	1.68	0.22	1.66	0.30	1.65	0.19	1.83	0.03

注：No.——碳原子的序号；D——气体与碳原子间形成的吸附距离；B——气体与碳原子间形成的键级；S——算术平均值。

表 1.28　无烟煤的吸附距离(Å)与键级

No.	CH$_4$		CO		CO$_2$		H$_2$O		O$_2$		H$_2$	
	D	B	D	B	D	B	D	B	D	B	D	B
1	1.91	0.02	1.42	0.84	1.58	0.24	1.55	0.33	1.61	0.17	1.80	0.03
2	1.90	0.02	1.41	0.89	1.55	0.29	1.52	0.39	1.58	0.21	1.78	0.03
3	1.86	0.02	1.43	0.90	1.57	0.27	1.53	0.38	1.46	0.43	1.74	0.04
5	1.86	0.02	1.45	0.76	1.58	0.25	1.55	0.33	1.53	0.27	1.78	0.03
7	1.86	0.02	1.42	0.90	1.57	0.27	1.53	0.37	1.46	0.43	1.75	0.04
9	1.82	0.03	1.42	0.90	1.55	0.30	1.53	0.39	1.49	0.36	1.72	0.04
11	1.92	0.02	1.40	0.84	1.59	0.23	1.56	0.31	1.61	0.17	1.80	0.03
12	1.90	0.02	1.41	0.88	1.55	0.29	1.52	0.39	1.58	0.04	1.78	0.03
13	1.88	0.02	1.41	0.89	1.53	0.33	1.51	0.42	1.51	0.30	1.77	0.03
15	1.92	0.02	1.42	0.83	1.60	0.22	1.56	0.31	1.62	0.16	1.80	0.03
17	1.82	0.03	1.42	0.91	1.54	0.33	1.51	0.43	1.43	0.52	1.72	0.04
18	1.81	0.03	1.42	0.95	1.50	0.42	1.48	0.52	1.43	0.54	1.69	0.08
20	1.91	0.02	1.45	0.76	1.60	0.21	1.57	0.29	1.60	0.17	1.81	0.03
21	1.92	0.02	1.42	0.85	1.58	0.24	1.55	0.33	1.60	0.18	1.80	0.03
22	1.92	0.02	1.40	0.84	1.59	0.23	1.56	0.31	1.61	0.17	1.80	0.03
23	1.89	0.02	1.42	0.86	1.56	0.28	1.53	0.37	1.61	0.18	1.78	0.03
24	1.83	0.02	1.41	0.91	1.56	0.29	1.53	0.38	1.45	0.46	1.73	0.04
25	1.91	0.02	1.42	0.82	1.58	0.24	1.55	0.32	1.57	0.21	1.80	0.03
26	1.78	0.03	1.42	0.95	1.49	0.44	1.48	0.52	1.42	0.14	1.68	0.05
27	1.83	0.03	1.42	0.90	1.55	0.30	1.52	0.40	1.46	0.44	1.72	0.04
29	1.92	0.02	1.40	0.81	1.59	0.22	1.56	0.30	1.58	0.20	1.81	0.03
31	1.91	0.02	1.42	0.84	1.58	0.24	1.55	0.33	1.60	0.18	1.80	0.03
33	1.83	0.03	1.42	0.90	1.55	0.30	1.52	0.40	1.44	0.48	1.73	0.04
34	1.90	0.02	1.41	0.87	1.56	0.28	1.53	0.37	1.59	0.20	1.79	0.03
35	1.88	0.02	1.41	0.89	1.53	0.33	1.51	0.42	1.52	0.29	1.77	0.03
36	1.90	0.02	1.41	0.87	1.56	0.28	1.53	0.37	1.56	0.23	1.79	0.03
37	1.92	0.02	1.40	0.81	1.59	0.22	1.56	0.30	1.58	0.20	1.81	0.25

No.	CH$_4$		CO		CO$_2$		H$_2$O		O$_2$		H$_2$	
	D	B	D	B	D	B	D	B	D	B	D	B
38	1.82	0.03	1.42	0.91	1.54	0.33	1.51	0.43	1.43	0.52	1.72	0.04
39	1.92	0.02	1.42	0.83	1.60	0.21	1.56	0.31	1.63	0.15	1.81	0.03
40	1.83	0.03	1.42	0.90	1.55	0.30	1.52	0.40	1.45	0.46	1.73	0.04
42	1.83	0.03	1.42	0.90	1.55	0.30	1.52	0.40	1.46	0.44	1.73	0.04
44	1.89	0.02	1.42	0.86	1.56	0.28	1.53	0.37	1.58	0.21	1.78	0.03
45	1.79	0.03	1.42	0.95	1.50	0.42	1.48	0.52	1.43	0.54	1.69	0.05
47	1.86	0.02	1.43	0.89	1.58	0.25	1.53	0.37	1.46	0.44	1.75	0.04
49	1.83	0.02	1.41	0.91	1.56	0.29	1.53	0.38	1.44	0.48	1.73	0.04
50	1.91	0.02	1.40	0.83	1.58	0.24	1.55	0.32	1.51	0.28	1.80	0.03
52	1.78	0.03	1.42	0.95	1.49	0.44	1.48	0.52	1.42	0.59	1.68	0.05
54	1.86	0.02	1.45	0.76	1.58	0.25	1.55	0.33	1.53	0.28	1.77	0.03
55	1.93	0.02	1.45	0.76	1.60	0.21	1.57	0.29	1.60	0.17	1.81	0.03
57	1.86	0.02	1.42	0.90	1.56	0.28	1.53	0.38	1.44	0.46	1.75	0.04
59	1.83	0.03	1.42	0.92	1.55	0.30	1.52	0.40	1.50	0.36	1.72	0.04
61	1.92	0.02	1.42	0.85	1.58	0.24	1.55	0.33	1.60	0.18	1.80	0.03
S	1.87	0.02	1.42	0.87	1.56	0.28	1.53	0.38	1.52	0.31	1.76	0.04

注：No.——碳原子的序号；D——气体与碳原子间形成的吸附距离；B——气体与碳原子间形成的键级；S——算术平均值。

表 1.29　褐煤的静电荷变化

No.	CH$_4$	CO	CO$_2$	H$_2$O	O$_2$	H$_2$
1	−0.004	0.158	0.135	0.167	0.102	0.001
2	−0.004	−0.014	−0.009	−0.010	−0.008	−0.003
3	−0.001	0.160	0.153	0.184	0.114	0.003
9	−0.002	0.171	0.150	0.178	0.120	0.003
7	−0.003	0.149	0.167	0.175	0.119	0.002
5	−0.004	0.194	0.168	0.207	0.117	0.003
11	−0.002	0.168	0.182	0.217	0.128	0.004
13	−0.006	0.150	0.141	0.171	0.101	−0.001
14	−0.002	−0.036	−0.001	−0.001	−0.023	−0.002
15	−0.004	0.141	0.146	0.171	0.113	0.002
17	−0.004	0.156	0.143	0.183	0.102	0.000
18	−0.002	0.079	0.016	0.016	0.014	−0.001
19	−0.003	0.128	0.143	0.167	0.115	0.002
21	−0.003	0.188	0.170	0.213	0.123	0.003
23	−0.002	0.148	0.172	0.201	0.133	0.003
24	−0.002	0.055	0.012	0.014	0.008	−0.001
25	−0.004	0.050	0.044	0.004	0.003	0.000
26	−0.004	0.012	−0.004	−0.008	−0.007	0.000

No.	CH₄	CO	CO₂	H₂O	O₂	H₂
27	-0.003	0.001	0.133	0.149	0.123	0.002
29	-0.007	0.176	0.106	0.140	0.060	-0.001
31	-0.004	0.095	0.159	0.181	0.147	0.002
33	-0.005	0.215	0.097	0.124	0.059	-0.001
34	-0.002	0.064	0.009	0.010	0.008	0.000
35	-0.001	0.024	0.006	0.009	0.014	0.000
37	-0.004	0.259	0.131	0.152	0.067	0.003
38	-0.004	-0.014	-0.009	-0.011	-0.008	-0.003
39	-0.002	0.084	0.053	0.048	0.054	0.000
42	-0.003	0.077	0.125	0.134	0.093	0.002
43	-0.003	-0.013	-0.009	-0.010	-0.007	-0.003
44	-0.003	1.490	-0.004	-0.002	-0.032	-0.002
46	0.000	0.042	0.002	0.003	0.000	0.000
48	0.000	0.068	0.009	0.012	0.004	0.001
49	-0.001	-0.007	-0.019	-0.010	-0.002	0.000
53	-0.004	0.133	0.148	0.167	0.111	0.001
54	-0.004	0.157	0.169	0.201	0.127	0.002
55	-0.003	0.175	0.171	0.206	0.129	0.003
56	-0.003	0.237	0.166	0.199	0.126	0.004
58	-0.004	0.144	0.138	0.169	0.102	0.000
59	0.006	-0.005	0.013	0.012	0.005	0.001
60	-0.004	0.135	0.141	0.169	0.110	0.001
61	-0.001	0.071	0.121	0.013	0.040	0.000
62	0.000	0.052	0.016	0.019	0.011	0.001
S	-0.003	0.136	0.091	0.103	0.065	0.001

注：No.——碳原子的序号；S——算术平均值。

表 1.30 次烟煤的静电荷变化

No.	CH₄	CO	CO₂	H₂O	O₂	H₂
1	-0.005	-0.008	0.000	0.000	-0.004	0.000
2	-0.003	0.035	0.007	0.006	0.015	-0.001
3	-0.003	0.024	0.007	0.006	0.003	-0.001
4	-0.002	-0.007	-0.004	-0.006	-0.004	-0.002
6	0.000	0.024	0.008	0.010	0.004	0.001
8	-0.003	-0.007	-0.005	-0.006	-0.004	-0.003
11	0.000	0.035	0.005	0.006	0.003	0.000
12	-0.005	0.142	0.118	0.150	0.088	-0.001
13	-0.003	-0.006	-0.004	-0.005	-0.004	-0.002
14	-0.004	0.155	0.123	0.163	0.090	-0.001
15	0.000	0.031	0.008	0.010	0.005	0.001

No.	CH_4	CO	CO_2	H_2O	O_2	H_2
16	0.000	−0.006	−0.003	−0.004	−0.003	−0.001
17	−0.005	0.035	0.003	0.157	0.007	−0.001
19	−0.005	0.158	0.134	0.164	0.096	0.000
21	−0.003	0.173	0.168	0.204	0.128	0.003
23	−0.003	0.181	0.124	0.204	0.130	0.004
S	−0.003	0.066	0.043	0.066	0.034	0.000

注：No.——碳原子的序号；S——算术平均值。

表 1.31 高挥发分烟煤的静电荷变化

No.	CH_4	CO	CO_2	H_2O	O_2	H_2
1	−0.002	0.130	0.180	0.204	0.172	0.005
3	−0.001	0.067	0.006	0.008	0.006	0.000
5	−0.003	−0.005	−0.004	−0.005	−0.003	0.000
7	0.000	0.030	0.007	0.009	0.004	0.001
9	−0.002	−0.005	−0.004	−0.006	−0.003	−0.002
12	−0.005	0.173	−0.122	0.157	0.073	0.000
14	−0.003	0.035	0.006	0.005	0.002	−0.001
17	−0.002	0.167	0.171	0.208	0.150	0.004
18	−0.004	0.101	0.040	0.164	0.117	0.000
19	−0.005	0.140	0.117	0.159	0.088	−0.001
20	−0.003	0.110	0.130	0.156	0.106	0.001
21	−0.003	0.129	0.137	0.157	0.121	0.002
23	−0.004	0.199	0.175	0.224	0.140	0.003
S	−0.003	0.098	0.072	0.111	0.075	0.001

注：No.——碳原子的序号；S——算术平均值。

表 1.32 低挥发分烟煤的静电荷变化

No.	CH_4	CO	CO_2	H_2O	O_2	H_2
1	−0.002	0.138	0.182	0.206	0.152	0.005
4	−0.002	0.154	0.180	0.207	0.141	0.005
6	−0.002	0.172	0.165	0.199	0.125	0.004
8	−0.002	0.155	0.173	0.201	0.138	0.005
10	−0.003	0.173	0.172	0.207	0.132	0.004
11	−0.002	0.168	0.169	0.201	0.134	0.004
13	−0.002	−0.005	−0.005	−0.006	−0.004	−0.002
15	−0.001	0.143	0.176	0.201	0.146	0.005
17	−0.001	0.153	0.184	0.211	0.158	0.005
18	−0.005	0.130	0.136	0.166	0.110	0.000
19	−0.004	0.126	0.140	0.165	0.105	0.001
20	−0.004	0.126	0.144	0.168	0.110	0.001

No.	CH_4	CO	CO_2	H_2O	O_2	H_2
21	−0.003	0.184	0.184	0.226	0.193	0.004
23	−0.001	0.072	0.008	0.010	0.008	0.000
25	−0.002	0.150	0.183	0.210	0.157	0.005
27	−0.001	0.113	0.147	0.166	0.142	0.004
28	−0.005	0.115	0.140	0.164	0.011	0.000
30	−0.004	0.121	0.156	0.184	0.124	0.001
31	−0.002	0.157	0.180	0.213	0.149	0.004
33	−0.004	0.137	0.132	0.158	0.099	0.000
34	−0.005	0.141	0.140	0.170	0.097	0.000
35	−0.005	0.138	0.132	0.160	0.087	0.000
S	−0.003	0.135	0.146	0.172	0.114	0.005

注：No.——碳原子的序号；S——算术平均值。

表 1.33　无烟煤的静电荷变化

No.	CH_4	CO	CO_2	H_2O	O_2	H_2
1	−0.004	0.088	0.149	0.171	0.104	0.001
2	−0.003	0.078	0.169	0.187	0.122	0.002
3	−0.003	0.167	0.194	0.232	0.247	0.003
5	−0.002	0.117	0.143	0.164	0.142	0.003
7	−0.003	0.146	0.185	0.218	0.229	0.004
9	−0.002	0.116	0.176	0.197	0.187	0.004
11	−0.004	0.061	0.145	0.169	0.103	0.001
13	−0.002	0.082	0.178	0.192	0.156	0.003
15	−0.005	0.095	0.145	0.173	0.100	0.000
17	−0.001	0.111	0.191	0.215	0.231	0.005
18	0.000	0.119	0.231	0.242	0.257	0.007
20	−0.004	0.128	0.138	0.158	0.104	0.001
21	−0.004	0.104	0.161	0.187	0.115	0.001
22	−0.004	0.061	0.145	0.169	0.103	0.001
23	−0.003	0.093	0.160	0.177	0.112	0.002
24	−0.002	0.107	0.173	0.199	0.217	0.004
25	−0.003	0.079	0.143	0.166	0.120	0.002
26	−0.002	0.105	0.227	0.235	0.251	0.008
27	−0.001	0.115	0.183	0.207	0.204	0.005
29	−0.003	0.069	0.139	0.162	0.117	0.002
31	−0.004	0.088	0.149	0.171	0.108	0.001
33	−0.002	0.116	0.184	0.209	0.225	0.004
34	−0.004	0.080	0.162	0.183	0.124	0.001
35	−0.003	0.082	0.178	0.190	0.152	0.002
36	−0.004	0.080	0.162	0.183	0.128	0.001

No.	CH₄	CO	CO₂	H₂O	O₂	H₂
37	−0.004	0.069	0.138	0.162	0.117	0.001
38	−0.001	0.111	0.083	0.214	0.232	0.005
39	−0.004	0.096	0.145	0.174	0.096	0.001
40	−0.002	0.116	0.184	0.209	0.221	0.004
42	−0.002	0.114	0.182	0.206	0.213	0.004
44	−0.003	0.092	0.160	0.177	0.120	0.002
45	0.001	0.121	0.232	0.243	0.258	0.007
47	−0.003	0.174	0.191	0.234	0.251	0.003
49	−0.002	0.108	0.173	0.199	0.221	0.004
50	−0.003	0.074	0.143	0.166	0.151	0.002
52	0.001	0.105	0.227	0.234	0.253	0.007
54	−0.002	0.117	0.143	0.163	0.141	0.003
55	−0.003	0.127	0.135	0.158	0.104	0.002
57	−0.003	0.141	0.185	0.216	0.238	0.004
59	−0.001	0.117	0.177	0.200	0.183	0.005
61	−0.004	0.104	0.162	0.187	0.115	0.001
S	−0.003	0.104	0.168	0.193	0.168	0.003

注：No.——碳原子的序号；S——算术平均值。

(5) 计算结果的 Morse 函数拟合

Morse 函数常用来描述分子间势能变化。其优点是形式简单、参数少、物理图像清晰、直观；缺点是当两个原子间距趋于零时，相互作用势趋于有限值，而实际上应趋于无穷大。Morse 函数对双原子分子可以保证足够的拟合精度，有文献表明对 CH_4 气体分子也可以保证足够的拟合精度。我们采用 Morse 函数拟合结合能曲线的方法，定量地对煤表面模型中典型位点与气体相互作用进行讨论。Morse 函数式为

$$U(R) = -D_e \left[1 - e^{\beta(R_e - R)} \right]^2 + D_e \tag{1.24}$$

式中，$U(R)$ 为气体吸附势能函数；D_e 为势能最小值；β 为与 Morse 函数形状有关的常数，β 值大说明分子间在较近的距离才能发生作用，β 值小说明在较远的距离就可以发生作用；R 为气体分子与吸附固体表面的距离；R_e 为势能最小值的分子间距离。

首先以量子化学计算得到的结合能曲线为依据，估计 D_e、R_e 及 β 值，再通过尝试法调整这三个参数使 Morse 函数的曲线与量子化学计算得到的结合能曲线达到最佳相关性。典型的拟合图形见图 1.42。从图中计算点与拟合曲线良好的吻合程度可以看出，Morse 函数可以方便地拟合气体与拟定的煤表面模型吸附作用的结合能曲线，从而得到有关吸附过程的定量参数。从拟合过程中最后的尝试值可以得到相关参数，气体与煤模型分子(无烟煤 5 号碳原子)作用的 Morse 函数拟合参数见表 1.34。

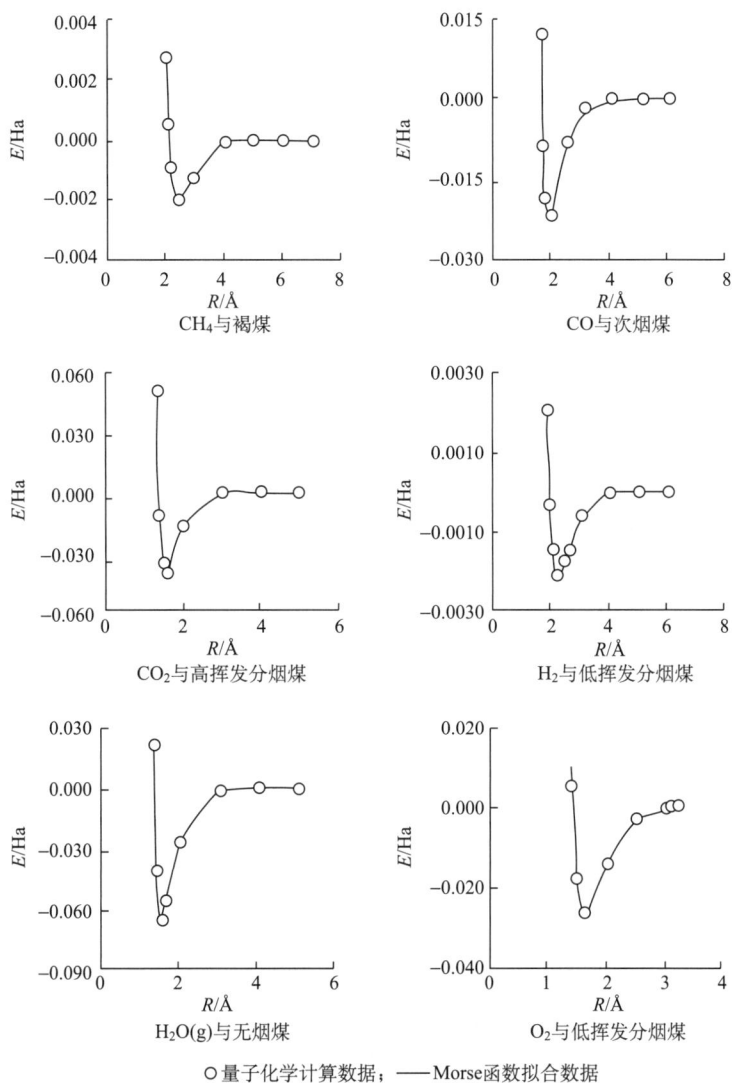

○量子化学计算数据；——Morse函数拟合数据

图 1.42　Morse 函数拟合气体与煤表面的结合能曲线

表 1.34　气体与煤模型分子(WYM-No. 5)作用的 Morse 函数拟合参数

气体	D_e/Ha	R_e/Å	β
CH_4	−0.00690	1.86	2.30
CO	−0.14983	1.45	2.70
CO_2	−0.05179	1.28	3.03
H_2O	−0.06483	1.55	3.10
O_2	−0.33962	1.50	3.72
H_2	−0.00893	1.78	2.30

3. 计算结果讨论

（1）吸附能

从 5 种煤表面模型分子复合体对 6 种气体的单点能计算,我们通过结合能曲线得到了气体与各碳原子位点的吸附能。为了反映整体分子模型的吸附特性,对各位点吸附能进行了平均,以期反映整体的分子性质。这种处理方法可以概括为"多点计算,整体平均"。参与平均的位点均为碳原子,其他原子(如氧原子等)对分子整体性质的影响则认为通过它们对碳原子的影响来反映。从表 1.3 中数据可以看出,O_2 与各种煤阶的煤表面的吸附作用均明显地比其他气体大得多,这可能与 O_2 的比较特殊的电子结构(两个氧原子通过一个 σ 键和两个三电子 π 键结合)有关系;其次是 CO;再次是 CO_2 与 $H_2O(g)$,这两种气体与煤表面的吸附作用相差不大;吸附作用最小的是 H_2 和 CH_4,这两种气体的吸附作用非常接近。从吸附的作用位点来看,气体与芳环碳原子之间的吸附作用大于与非芳环碳原子之间的吸附作用。通过 Morse 函数对结合能曲线的拟合,可以得到更精确的吸附能,但不会影响图线的趋势。从典型结合能曲线的拟合情况看,各种气体的吸附能大小及变化趋势与上述分析相符。

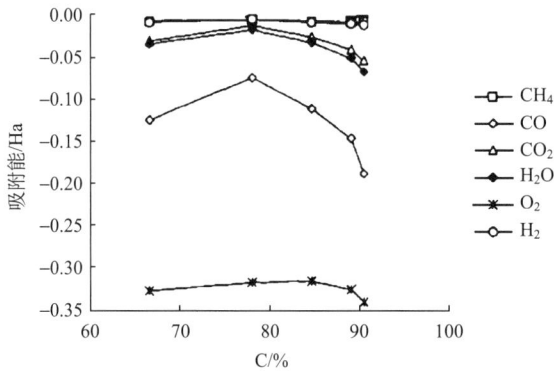

图 1.43　气体在煤表面的平均吸附能

图 1.43 中的横轴为煤的碳含量,纵轴为吸附能。通过煤表面模型分子的碳含量可以把 5 种模型分子在横轴定位,把这些模型分子对应于各种气体的平均吸附能在图中标出,并按照同种气体连线,可以得到图 1.43 中的图形。从图中可以看出,各种气体的吸附能的大小随着煤中碳含量的增加,在 C 80％附近有一个最高点。对于煤阶的变化,这种形状的曲线我们是熟悉的。煤的许多物理性质和化学性质都有这种特点。对于吸附作用比较强的 O_2 和 CO,这种变化趋势尤其明显;而吸附作用很弱的 H_2 和 CH_4 其吸附能本身很小,其变化趋势被掩盖了。

（2）吸附距离和键级

吸附距离和键级可以从对应于最大结合能的煤表面模型与气体的复合结构单点计算的输出文本中得到。从吸附距离和键级表中可以看出:CO 与各种煤阶的煤表面的吸附距离均明显地比其他气体小,这可能与 CO 的比较特殊的电子结构(:C≡O:)有关系;吸附距离较大一些的是 O_2；再大的是 CO_2，$H_2O(g)$，H_2 和 CH_4，这四种气体与煤表面的吸附距离较为接近(图 1.44)。从气体与煤表面形成的键级来看，CO 形成的键级最大，有些已经达到 0.8，可认为达到了化学吸附作用的强度(图 1.45)。CO_2，H_2O 和 O_2 与煤表面模型形成的键级相差不多，不超过 0.4，相对来说 $H_2O>CO_2>O_2$，达到了物理吸附作用的强度。H_2 和 CH_4 与褐煤形成的键级最小，其键级几乎为零，为弱的分子间作用强度。各种气体与芳环碳原子的吸附能绝对值和键级比与非芳环碳原子形成的大，且吸附距离小。从吸附的作用位点来看，气体与芳环碳原子之间的吸附距离小于与非芳环碳原子之间的吸附距离。

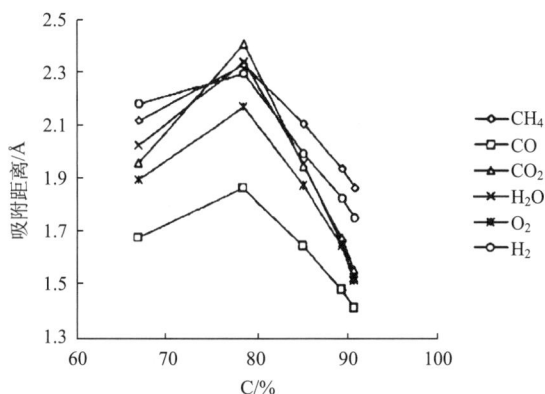

图 1.44　气体在煤表面的平均吸附距离

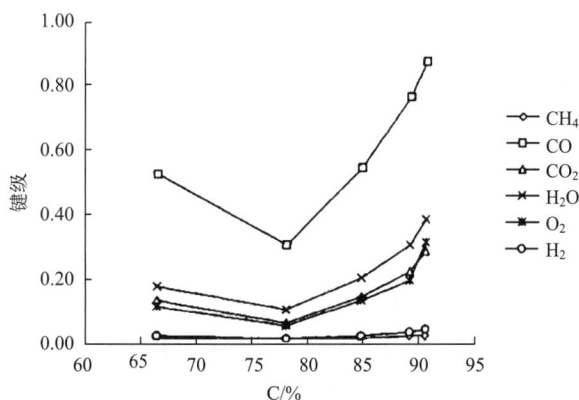

图 1.45　气体与煤表面形成的平均键级

　　通过煤表面模型分子的碳含量可以把 5 种模型分子在横轴定位(以横轴为煤的碳含量，纵轴分别为吸附距离和键级)。可以看出，各种气体的吸附距离随着煤中碳含量的增加在 C 80% 附近有一个最高点，而反映吸附作用的键级则有一个最低点。这种变化趋势与吸附能的变化所反映的关于气体与煤表面作用的强度是一致的。对于吸附作用比较强的 CO，这种变化趋势尤其明显。对于键级这一指标来说，吸附作用很弱的 H_2 和 CH_4，因键级本身数值很小，其变化趋势被掩盖了；而对于吸附距离这一指标，各种气体与煤表面作用的情况都可以比较敏感的得到反映。

（3）净电荷的变化

从表 1.32 中可以看出：各煤阶煤表面在吸附了 CH_4 和 H_2 后，煤表面碳原子的净电荷的变化幅度很小，仅在 10^{-3} 数量级上。而对于 CO，CO_2，H_2O 和 O_2，吸附后煤表面碳原子的净电荷变化幅度相当且明显比吸附了 CH_4 和 H_2 后变化幅度大，达到了 10^{-2} 数量级。芳环碳原子的净电荷变化尤其明显，在 0.2 左右，非芳环碳原子有少许碳原子的净电荷变化则很小。从表观上看，各吸附气体对煤表面模型分子的净电荷的影响与吸附能、吸附距离和键级的变化是基本一致的。从微观上分析，净电荷的这种变化趋势可能与气体的极性有关，也与分子的电子结构有关。

（4）计算结果与实验结果的比较

通过计算得到的煤表面模型分子与甲烷气体的吸附能绝对值在 $0.0007 \sim 0.0107Ha$（$2 \sim 28kJ/mol$）间，平均吸附能绝对值为 $0.0056Ha$（$14.6kJ/mol$）。Lukovits 用 Lennard Jones 经验势函数（12-6 型）计算了 CH_4 与石墨表面（002）的相互作用，结果为 $D_e=11.8kJ/mol$，$R_e=0.354nm$，其中石墨为每层 133 个碳原子，共 4 层，总碳原子数为 532 个；而 Phillips 等的计算结果为 $D_e=13.8kJ/mol$，$R_e=0.328nm$。这些吸附能绝对值与本次研究计算的基本一致，但是吸附距离相差较大。陈昌国等使用石墨表面（002）模型，采用量子化学从头算法计算得到甲烷分子与煤表面的最大吸附能仅为 $2.65kJ/mol$。

前人采用 IS-100 型等温吸附仪对煤与纯甲烷气体、纯二氧化碳气体的等温吸附进行了研究。在恒温条件下，二氧化碳吸附等温曲线在甲烷气体吸附等温曲线之上，煤对二氧化碳吸附能大于甲烷气体。这与本次研究计算所得出的结果相一致。Busch 等测定了 CO_2、CH_4 在不同煤阶的法国煤上的吸附比率，测定数据见表 1.35。从表 1.35 中可以看出，CO_2 在不同煤阶煤表面的吸附量均大于 CH_4。这与量子化学计算的结果相一致。Clarkson 等使用吸附速率模型计算也得出 CO_2 在煤上的吸附比 CH_4 大的结论。徐龙君等关于煤对气体的吸附量研究表明：同种煤在相同压力下对不同气体的吸附量不同与气体的临界度不同有关。气体压力增大时，煤对瓦斯中的单一纯组分吸附的活性为：$He<H_2<N_2<Ar<CH_4<CO_2$，但无论在甲烷中混入何种气体后，煤对 CH_4 的吸附量总是小于纯 CH_4 的吸附量，并且游离相和吸附相中 CH_4 的浓度与气体混合物的质量、数量组成以及各组分的吸附势有关。李建武等关于煤对 CH_4 和 H_2O 吸附性质的分析认为，具有极性的水分子与煤分子间的 van der Waals 力较无极性的甲烷分子与煤分子间的 van der Waals 力更强，同时水分子之间也可以通过偶极子运动结合起来，因此水与煤的结合比甲烷更为紧密，这些水常常和甲烷竞争被吸附的位置，因而煤表面对 H_2O 的吸附大于对 CH_4 的吸附。

表 1.35 CO_2、CH_4 在法国不同煤阶上的吸附比率

	Beulah Zap	Wyddak	Illinois 6[#]	Upper Freeport	Pocahontas 3[#]
$R/\%$	0.25	0.32	0.46	1.16	1.68
吸附比率	1.15	2.69	3.16	1.61	1.69

气体在煤表面的吸附量决定于煤的物理吸附性质（如孔径分布等）和化学吸附特性（如吸附能）。比较不同气体组分在相同煤阶上的吸附，由于吸附质相同其物理性质也相同，吸附的大小将主要决定于吸附气体的性质和作为吸附质的煤的化学性质。关于煤表面的量子化学计算的结果只适用于反映煤表面的化学性质，所以针对相同煤样得到的关于吸附能力的结论与理论计算所描述的吸附能力是可以相互对比的。煤的吸附、解吸作用与气体和煤的界面作用原理直接相关。

（三）煤层气吸附、解吸机理分析

1. 研究现状

煤吸附甲烷是属于气-固吸附体系，在该体系中同时存在着两个相反的过程：一方面气体分子在表面力场的作用下，在吸附剂表面聚集，这个过程叫吸附；另一方面由于热运动，已吸附的气体分子会逃离吸附剂表面，这个过程叫解吸（或脱附）。吸附和解吸是互逆的两个过程，当这两个过程速率相等时，即吸附速率等于解吸速率时，称为吸附平衡。吸附平衡和化学平衡一样也是动态平衡，平衡时，吸附和解吸过程仍在不断地进行。

1909 年 Freundlich 和 Zsigmondy 提出气体吸附的毛细管填充理论，并得到半经验的 Freundlich 吸附等温方程；1914 年 Polanyi 和 Fowler 认为吸附剂表面的多层分子层密度不断减少是由于吸附分子作用力逐渐削弱所致，提出吸附的位势理论；1916 年，基于对单层分子吸附进行的研究，Langmuir 提出著名的 Langmuir 吸附等温方程；1938 年，Brunauer、Emmett 和 Teller 三人在多层分子吸附理论的基础上推出有名的 BET 方程，该方程得到广泛应用。后来，人们从这几种典型吸附理论出发，进行了一系列的修正。

（1）Langmuir 模型及其发展

Langmuir 吸附模型是基于均匀表面、吸附活性位点能量相等、相互独立、一对一的吸附方式假设基础上的理想吸附模型。除少数吸附剂-吸附质体系外，多数体系都存在反 Langmuir 行为。为此，研究者进行了多种修正，并创立了相应的吸附理论，如多组分 Langmuir 吸附方程、多位 Langmuir 吸附方程、Langmuir-Freundlich 方程等。

（2）Polanyi 吸附势理论

Polanyi 吸附势理论是位势理论的定量化表示。吸附就是吸附分子掉进固体表面势场中的过程，如同星球周围的大气层。势能 ε_X 即代表"把吸附质分子从表面带离 X 的距离吸附力所做的功"，次过程引起的吸附质自由能的增加为式（1.25）。由吸附质状态方程可给出"覆盖度" ρ 与 P 的关系。这样可由吸附等温线转化为 ρ-φ 曲线，即特征曲线。

$$\varepsilon_X = \int_p^{p_x} v \mathrm{d}p \tag{1.25}$$

式中，v 为吸附量。

1947 年，按照吸附势理论，Dubinin 和 Radushkevich 提出由吸附等温线的中、低压段测微孔体积的解析式（即 DR 方程）。1949 年，Dubinin 等和 Pirerce 同时分别独立地提出极细孔的填充吸附机理，填充过程与毛管凝聚不同，是通过孔壁上层层筑膜来实现的。Ⅰ

型等温线的平台为吸附质充满的标志。1971 年，Dubinin 和 Astakhov 以非高斯孔径分布为基础提出 DA 方程式[式(1.26)]。其中 q 表示平衡吸附量；q_s 表示微孔全充满时的吸附量，大小可以表示孔容的大小。

$$q = q_s \exp\left[-(RT/E\ln P)^n\right] \tag{1.26}$$

1978 年，Stoeckli 等指出 DR 方程仅适用于微孔尺寸分布窄的活性炭，对微孔不均匀聚集的强活化活性炭，其整个等温线是各个孔组的贡献的总和，其中的每个孔组都以其特有的特征值遵循 DR 方程。微孔填充度 $\theta(\theta=W/W_0)$ 是吸附势 $A=RT\ln(P_0/P)$ 和吸附质特性常数 β 的函数，即 $\theta=\varphi(A/\beta)$。在孔隙呈 Gaussin 分布时得到 DR 方程[式 (1.27)—(1.28)]。后来，Dubinin 及其他学者又进一步发展和完善了微孔填充理论，提出了许多别的吸附等温式方程，如 DP、DSR、DS 方程等。

$$W = \sum_l W_{0,j} e^{-B_j\left(\frac{T}{\beta}\right)^2 \lg^2(p_0/p)} \tag{1.27}$$

$$\theta = \exp\left[-k\,(A/\beta)^2\right] \tag{1.28}$$

（3）BET 模型

1938 年，Brunauer、Emmett 和 Teller 三人提出多分子层吸附理论，并导出经典的 BET 吸附等温式[式(1.29)]，其应用范围为相对压力 $P/P_0\leqslant0.35$。然而，BET 理论在推导时假定被吸附分子之间并无作用力，但同时又假定引起多分子层吸附的是上下层分子之间的 van der Waals 引力，有不合理之处。

$$V = V_m ct/(1-x)\left[1-(n+1)X^n+nX^n\right]/\left[1+(c-1)X-cX^{n+1}\right] \tag{1.29}$$

式中，V_m 为最大吸附量。

（4）毛细管填充理论

毛细管填充理论是基于热力学 Kelvin 方程[式(1.30)]的分析模型，即毛细凝聚所需压力与孔的尺寸密切相关。这样毛细凝聚压力与吸附剂孔尺寸之间就建立起了一种联系。只是 Kelvin 方程原则上只能描述中孔中的吸附行为。(r_i-t_i) 为圆柱形孔的孔芯半径。半径为 r_i 的孔内壁吸附膜厚度 t_i 可由 de Boer 和赫塞尔提出的公式求出。

$$\ln P_r = -2\gamma V_{m,l}/\left[RT(r_i-t_i)\right] \tag{1.30}$$

$$r_i - t_i = RT\ln P_r/(2\gamma V_{m,l}) \tag{1.31}$$

$$t_i = -0.355\,(5/\ln P_r)^{1/3} \tag{1.32}$$

式中，γ 为吸附剂特征参数。

（5）分形吸附理论

对于大多数天然的或合成的表面活性物体，其孔隙分布、表面形貌均存在非均匀性，具有统计分形特征。这种表面形貌或几何的不规则性，必然导致能量分布的不规则性。在这种复杂的分形环境中发生的行为也必然有其特异的分形行为。吸附是一种相互作用，包括所考虑的吸附质分子与流动相中其他分子、与固定相的各种分子间的相互作用。作用的大小取决于体系的结构性质和外界条件。由于吸附剂具有分形特征，吸附质在其上的吸附势能曲线也将随分形尺度的变化而变化。

Pfeifer 等认为，在吸附等温线的较低压力段，为多层吸附建立的早期阶段，膜-气界面受 van der Waals 引力控制。此时 Freundlich 方程中 $\nu=(D-3)/3$；吸附势 $A=-\triangle G=RT\ln(P*/P)$；相对吸附量 $\theta=n/n_0$，其中 n_0 为微孔吸附容量；而 θ 是 A 的函数，即 $\theta=\theta(A)$，称为特征吸附曲线；将平行孔隙半宽 X 用圆柱形孔半径 r 代替，由 Dubinin 提出的方程为

$$\theta(A)=\int_{r_S}^{r_M}\exp(-mr^2A^2)J(r)\mathrm{d}r \tag{1.33}$$

式中，$J(r)$ 为微孔孔径分布函数；m 为经验常数 c 和吸附质特征系数 β 的平方的比值，$m=c/\beta^2$。对许多多孔体其孔径具有分形分布特征，即满足归一化条件的孔径分布函数。

将式 $m=c/\beta^2$ 代入(1.33)，并在 $(0,\infty)$ 下积分，得到 FHH 方程(1.35)。

$$J(r)=\frac{3-D}{r_{\max}^{3-D}-r_{\min}^{3-D}}r^{2-D} \tag{1.34}$$

$$\theta(A)=KA^{D-3} \text{ 或 } \theta(A)\propto A^{D-3} \tag{1.35}$$

式中，$r_{\max}$、$r_{\min}$ 分别为最大与最小孔径；D 为孔径分布的分维；K 是一定吸附质-吸附剂体系的特性常数。

根据可吸附表面随吸附层数的增加，吸附表面逐渐收缩变小或吸附位点逐渐减少，Fripiat 等得到了分形 BET 模型，使经典 BET 模型的适应范围扩大到 $P/P_0\leqslant0.80$；马正飞等对上述分形 BET 模型进行了改进，所得的模型在整个吸附压力范围内对实验数据拟合都能得到很好的结果。

2. Langmuir 等温吸附理论的基本假设

1）固体具有吸附能力是因为固体表面的原子力场没有饱和，有剩余价力。这种力所能达到的范围只相当于分子直径的大小。当气体分子碰撞到固体表面上时，其中一部分就被吸附并放出吸附热，但是气体分子只有碰撞到尚未被吸附的空白表面上才能够发生吸附作用，当固体表面上已盖满一层吸附分子之后，表面力场得到饱和，吸附也即达到饱和。因此吸附是单分子层的。

2）已吸附在固体表面上的分子，当其热运动的动能足以克服表面力场的位垒时，又重新回到气相，即发生解吸，并且吸附分子的解吸概率不受邻近其他吸附分子的影响，也不受吸附位置的影响，即被吸附分子之间互不影响，并且表面是均匀的，吸附热为一常数。

3）吸附是一个可逆过程。气体在固体表面上的吸附是气体分子的吸附与解吸两种相反过程达到动态平衡的结果。

在上述基本假设的基础上，Langmuir 从动力学的观点，推导出了吸附平衡时吸附量与气体压力之间的关系式。

若用 θ 表示固体表面被气体分子覆盖的百分数，则 $(1-\theta)$ 表示表面尚未被覆盖的百分数。由于气体的吸附速率与气体的压力成正比，并且只有当气体碰撞到空白表面时才可能被吸附，即与 $(1-\theta)$ 成正比，因此，吸附速率为 $k_1P(1-\theta)$，k_1 是吸附速率常数。被吸附分子脱离表面重新回到气相中的解吸速率与表面覆盖度有关，即与 θ 成正比，因此，解吸速率为 $k_{-1}\theta$，k_{-1} 是解吸速率常数。等温下，吸附平衡时，吸附速率等于解吸速

率。即

$$k_{-1}\theta = k_1(1-\theta) \tag{1.36}$$

$$\theta = \frac{k_1 P}{k_{-1} + k_1 P} \tag{1.37}$$

设 $b = k_1 / k_{-1}$,则

$$\theta = \frac{bP}{1 + bP} \tag{1.38}$$

若用 V 表示单位质量固体表面上的吸附量,V_m 表示单位质量固体表面上的饱和吸附量,即单位质量固体表面盖满一层吸附分子时的量。则

$$V = V_m\theta = V_m \frac{bP}{1 + bP} \tag{1.39}$$

或

$$\frac{P}{V} = \frac{1}{bV_m} + \frac{P}{V_m} \tag{1.40}$$

以上均称为 Langmuir 吸附等温式。b 是吸附平衡常数,b 值的大小代表了固体表面吸附气体能力的强弱程度。V_m 和 b 在一定的温度下对一定的吸附剂和吸附质来说是常数。

可以看到:

1)当压力足够低或吸附很弱时,$bP \ll 1$,$V \approx bPV_m$,V 与 P 成直线关系。

2)当压力足够高或吸附很强时,$bP \gg 1$,$V \approx V_m$,吸附达到饱和,固体表面已被吸附物分子占满,形成单分子层,再提高气体压力吸附量也不能再增加。

3)当压力适中时,V 与 P 的关系为曲线,如图 1.46 中曲线弯曲部分。

Langmuir 吸附等温式能很好地符合图示,它是一个理想的吸附等温式,可以较好地说明化学吸附或气固吸附力特别强的物理吸附,Langmuir 方程形式简单、使用方便、易于应用,而且两个吸附常数 a 和 b 的物理意义比较明确,是计算吸附量的基础。a 称为 Langmuir 体积,代表最大吸附能力,其物理意义是:在给定的温度下,煤吸附甲烷达到饱和时的吸附量,又称"饱和吸附量";人们有时用 a 值的大小来反映煤的吸附性能;b 值与吸附剂、吸附质的特征及温度有关;$b = 1/P_L$,P_L 为 Langmuir 压力,为解吸速度常数与吸附速度常数的比值,反映煤的内表面对气体的吸附能力。因此,国内外学者都用 Langmuir 方程来计算煤层气吸附量。但是,由于 Langmuir 单分子层理论中假设固体表面是均匀的,固体表面分子的剩余价力所及范围只相当于一个分子直径的距离,只能形成单分子层,因此具有一定的局限性。

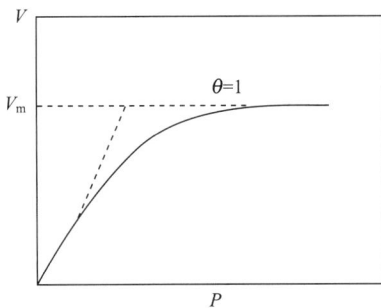

图 1.46 Langmuir 吸附等温式的图示

3. BET 吸附等温式及多分子层吸附理论

由于大多数固体对气体的吸附不一定是单分子层吸附,尤其是物理吸附,往往是多分

子层吸附,此时其吸附等温线不符合 Langmuir 等温式。为了解释此类吸附等温线,1938年,Brunauer、Emmett 和 Teller 在 Langmuir 理论的基础上,提出了多分子层吸附理论,推导出吸附等温式 BET。

多分子层吸附理论接受了 Langmuir 理论中关于吸附作用是吸附和解吸两个相反过程达到平衡的概念,以及固体表面是均匀的,吸附分子的解吸不受四周其他分子的影响等观点。同时有以下假设:

1)吸附是多分子层的,表面吸附了一层分子之后,由于被吸附气体本身的 van der Waals 力,还可以继续发生多分子吸附。

2)第一层吸附与以后各层的吸附有本质的区别。第一层是气体分子与固体表面分子直接作用引起的吸附,而第二层以后则是气体分子间相互作用产生的吸附,第一层的吸附热也与以后各层不同,而第二层以后各层的吸附热都相同,接近于气体凝聚热。

3)在一定温度下,当吸附达到平衡时,气体的吸附量 V 等于各层吸附量的总和。

根据上述观点,经过比较复杂的数学运算,Brunauer、Emmett 和 Teller 推出等温下,吸附平衡时,有如下关系:

$$V = \frac{V_m C P}{(P_0 - P)\left[1 + (C-1)\dfrac{P}{P_0}\right]} \tag{1.41}$$

式中,V 为平衡压力 P 时的吸附量,mL/g;V_m 为固体表面盖满单分子层时的吸附量,mL/g;P_0 为实验温度下气体的饱和蒸气压,Pa;C 为与吸附热有关的常数,它反映固体表面和气体分子间作用力的强弱程度。

BET 公式通常只适用于 P/P_0 约在 $0.05 \sim 0.35$ 范围,这是因为在推导公式时,假定是多层的物理吸附,当 P/P_0 小于 0.05 时,压力太小,建立不起多层物理吸附平衡,甚至连单分子层物理吸附也尚未完全形成,这样表面的不均匀性就显得突出,不能忽略。当 P/P_0 大于 0.35 时,由于毛细凝聚变得显著起来,因而破坏了多层物理吸附平衡,此时 BET 公式应予以修正。

BET 等温式可以说明多种类型的吸附等温线,比 Langmuir 理论前进了一步,但由于 BET 理论没有考虑固体表面的不均匀性以及同层分子之间的相互作用,因而也只有部分适用性,不能解释所有的等温线。

4. 对煤吸附甲烷的理论模型探索性研究

首先,煤对甲烷吸附不完全符合 Langmuir 模型,但煤吸附甲烷的等温线显示出 Langmuir 吸附等温线的特征(而具有 Langmuir 吸附等温线特征的不一定是单分子层吸附)。在微孔或以微孔为主的固体中发生多层吸附、毛细孔凝聚、微孔充填时,吸附等温线也往往显示出 Langmuir 曲线的低压型,只要有明显的吸附饱和现象出现,其吸附等温线都表现为Ⅰ型。然而,Langmuir 方程形式简单、使用方便、易于应用,而且两个吸附常数 a 和 b 的物理意义比较明确,是计算吸附量的基础。

其次,煤对甲烷的吸附无论在实验条件还是在储层环境条件下都符合高压吸附的基本条件,属于高压吸附。

再次,在煤的基本结构研究与量子化学研究的基础上结合前人实验研究的结果来看,煤对不同气体吸附的能力不同,不同气体在煤基存在竞争吸附的现象,然而煤层气是以甲烷为核心成分的混合气体,同时煤基孔隙大小不一、类型多样,加之煤层气是一种在煤经过变质作用与后期构造变动保存于储层、而非后期运移的自生气,受控因素与条件多样。

基于以上原因,我们结合前人已有的研究成果,调整思路,设计合理的实验方案有重点地进行研究。

(1) 研究思路

煤的变质作用过程是一个连续的过程(伴随着挥发分的降低或 $R_{\max}^{o}$ 的升高),不同的煤盆地或同一盆地煤的变质程度不一,不能纵向类比。同样,煤的形成过程受温度、压力、流体、时间等条件的影响在实验室无法模拟形成。然而通过化学方法我们可以对煤进行改性,使其在现有样品的基础上进行变质程度的"连续"变化。从而在相同的条件下了解其吸附、解吸规律及吸附、解吸机理,技术路线如图 1.47 所示。

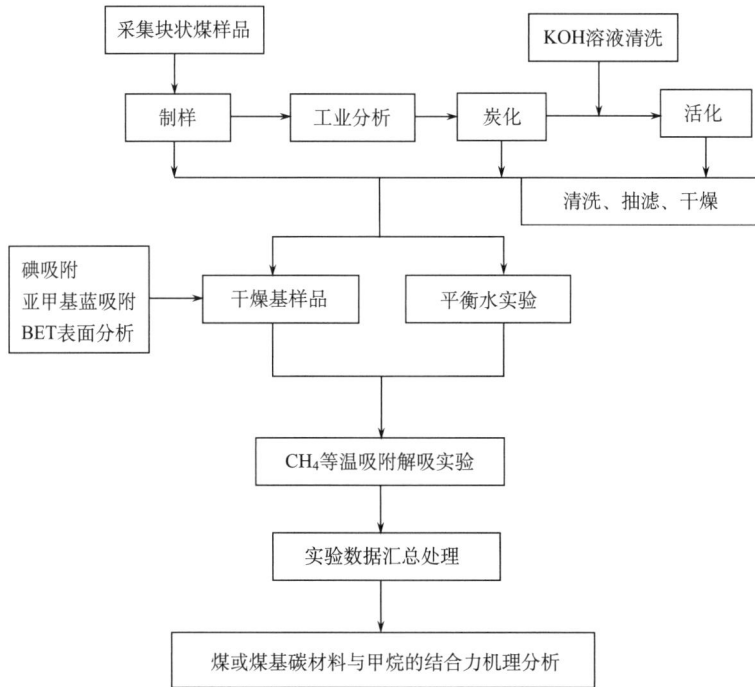

图 1.47　甲烷吸附、解吸研究技术路线

(2) 实验设计

1) 以同一盆地相同构造部位(沁水盆地南部)煤样为研究重点进行等温吸附、解吸实验;

2) 以重点地区煤样的化学改性样品进行等温吸附、解吸实验。

"原煤样—炭化煤样—活化煤样"对应煤变质程度提高的改性。

样品表征:

实验样品对碘和亚甲基蓝的吸附值(表1.36)以及BET表面分析结果如下：

表1.36　样品对碘和亚甲基蓝的吸附值

样品	碘吸附值/(mg/g)	亚甲基蓝吸附值/(mg/g)	BET比表面积/(m²/g)
煤样	234.83	28.81	0.4933
炭化样	254.65	29.42	1.233
活化样	667.84	69.53	459.4

对三组样品进行X衍射分析，煤样的001峰为浑圆状，而炭化样的001峰收缩变尖，活化样的001峰为反"V"字形，从形态结构上讲，煤的分子结构从原生煤逐渐产生支链脱离、稠环烃核集中的过程，可以看做是碳排列的有序与晶格化。对应于比表面积增大、孔隙分布均匀化、孔隙发育逐渐微小化发展。吸附作用变为低压增强较快、高压增强较慢(高压遏制)的特点。

3）不同成因、变质程度一致煤样的吸附、解吸特征比较实验。

宁夏石嘴山无烟煤(太西煤，J₂)——热液变质作用为主；

湖南冷水江无烟煤(测水组，C₁)——深成变质作用为主；

沁水南寺河无烟煤(太原组，C₃)——深成＋热液变质作用。

4）全国其他地区主要煤种等温吸附、解吸实验。

（3）实验结论

实验结果见图1.48和图1.49。

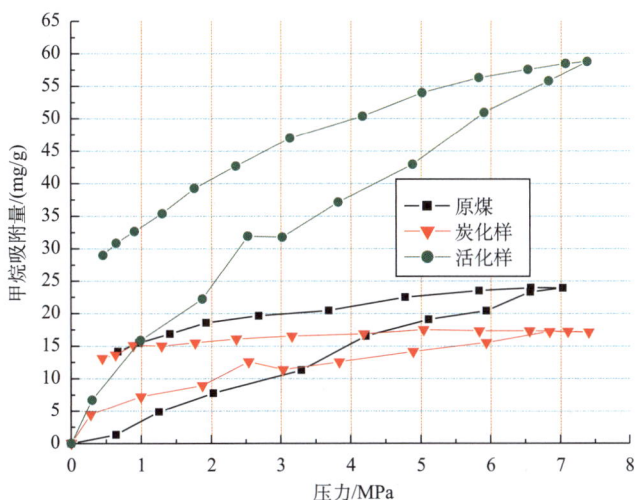

图1.48　寺河WYM（平衡水分）与化学改性煤基等温吸附、解吸结果

（4）吸附模型的提出

Langmuir吸附模型是基于均匀表面、吸附活性位点能量相等、相互独立、一对一的吸附方式假设基础上的理想吸附模型。除少数吸附剂-吸附质体系外，多数体系都存在反

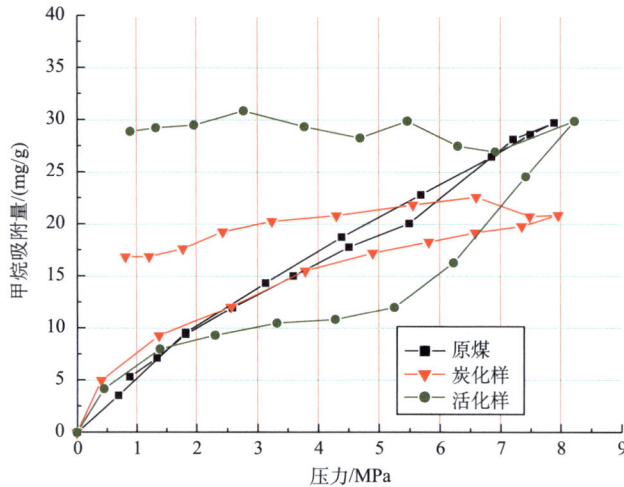

图 1.49　寺河 WYM（空气干燥基）与化学改性煤基等温吸附、解吸结果

Langmuir 行为。如 Polanyi 通过实验发现苯在活性炭和石墨上的净微分吸附热 $q^{st}-q^L$ 随相对吸附容量 n/n_0 的增加而减少的现象。实际上，纯气体或混合气体对 Langmuir 模型的偏差应是吸附剂复杂的表面结构环境、各组分与吸附剂表面亲和力的大小以及吸附剂表面亲和势在能量级次上的复杂分布共同作用的结果。鉴于此，进行了多种修正，并创立了相应的吸附理论。

吸附表面的不均匀性导致了表面各部位能量的不均匀性。在表观上可发现等容吸附热随覆盖度的增加不均匀地减少。已发现的实验现象和经量子计算得到的结果表明：多孔体中孔径越小，吸附质-吸附剂相互作用势场的叠加效应越大，它们之间的相互作用势能就越大，吸附就越稳定。在吸附发生时吸附质分子会优先在这些孔中发生吸附，则吸附热就会出现前述现象。因此，我们认为可以将这种表面的不均匀性及其所导致的表面各部位能量的非均衡分布作为表面等能量活性吸附位点的不均匀性分布的结果。按 Langmuir 等温吸附模型，吸附过程中，吸附质分子依然随机占据吸附剂的空吸附位点，只是孔径越小，等能量吸附位点分布越丰。而且吸附剂越不均匀，这种等能量吸附位点随孔径减小而增多的现象就越显著。设想在吸附质浓度（或压力）由小到大时，它将优先占据孔径由小到大的孔中的等能量吸附位点，即吸附质浓度（或压力）恰如探测孔径的一种"探针"。

基于上述思想，参考 Freundlich 等温吸附式 $\Gamma=kP^{\frac{1}{n}}(n>1)$，提出如下修正的 Langmuir 等温吸附模型：

$$\frac{1-\theta}{\theta}=kP_r^{-\alpha} \quad \text{或} \quad \theta=\frac{kP_r^{-\alpha}}{1+kP_r^{-\alpha}} \tag{1.42}$$

式中，k 为与 Langmuir 等温方程中的吸附常数 b 呈正相关的常数。通过对式（1.42）两端取对数，获得其线性化方程。

$$\ln\frac{1-\theta}{\theta}=\ln k-\alpha\ln P_r \tag{1.43}$$

吸附方程为

$$\frac{V}{V_{\mathrm{m}}} = 1 + kP_r^{-\alpha} \tag{1.44}$$

对图 1.48、图 1.49 中吸附数据按照式(1.43)进行直线拟合,得出甲烷在不同的吸附质原煤样、炭化样、活化样的等温吸附 Langmuir 修正方程(表 1.37、表 1.38)。

表 1.37 甲烷在不同平衡水吸附质表面的等温吸附规律

煤　样	$(1-\theta)/\theta - P_r$	R^2
平衡水原煤	$(1-\theta)/\theta = 2.5874\,P_r^{-0.66543}$	0.8933
平衡水炭化原煤	$(1-\theta)/\theta = 6.6658\,P_r^{-0.77461}$	0.9154
平衡水活化原煤	$(1-\theta)/\theta = 13.2267\,P_r^{-0.89452}$	0.9528

表 1.38 甲烷在不同干燥基吸附质表面的等温吸附规律

煤　样	$(1-\theta)/\theta - P_r$	R^2
原煤 干燥基	$(1-\theta)/\theta = 2.7778\,P_r^{-0.63661}$	0.9013
干燥基 炭化原煤	$(1-\theta)/\theta = 10.5572\,P_r^{-0.65323}$	0.9256
干燥基 活化原煤	$(1-\theta)/\theta = 18.3657\,P_r^{-0.58635}$	0.9387

在所测定的压力范围内(0 到约 8MPa),原煤、炭化样、活化样的平衡吸附等温线均可用修正的 Langmuir 等温吸附模型进行模拟。当吸附剂$(1-\theta)/\theta = 1$ 或 $\theta = 1/2$ 时,设吸附质的压力为 $\Pi_{1/2}$,此值应为相应吸附体系的特征值。由式(1.38),容易得出式(1.45)。

$$K = \Pi_{1/2}^a \tag{1.45}$$

从而可以求出不同吸附体系的特征压力,对这个特征压力我们没有进行详细探讨。甲烷的吸附量为 $V = \theta V_{\mathrm{m}}$。通过其他煤种等温吸附、解吸实验数据所获得的修正 Langmuir 吸附模型数据拟合,发现检验值 R^2 皆大于 0.85 (表 1.39)。K 值在焦煤附近最高(图 1.50)。

表 1.39 甲烷在煤样表面的等温吸附规律

煤　样	$(1-\theta)/\theta - Pr$	R^2
吉林珲春 HM	$(1-\theta)/\theta = 0.9765P_r^{-0.33854}$	0.8613
新疆阜康 CYM	$(1-\theta)/\theta = 1.0672\,P_r^{-0.32458}$	0.9332
陕北福利煤矿 CYM	$(1-\theta)/\theta = 1.4468P_r^{-0.37258}$	0.9434
黄陵二号井 CYM	$(1-\theta)/\theta = 1.4756P_r^{-0.39237}$	0.8765
山西河东柳林 JM	$(1-\theta)/\theta = 2.8608P_r^{-0.46284}$	0.8942
韩城象山煤矿 SM	$(1-\theta)/\theta = 1.9435P_r^{-0.59845}$	0.8664
韩城桑树坪 PM	$(1-\theta)/\theta = 2.0364P_r^{-0.46354}$	0.9156
赵庄长兴煤矿 PM	$(1-\theta)/\theta = 1.9845P_r^{-0.34256}$	0.9871
寺河煤矿 WYM	$(1-\theta)/\theta = 2.5874\,P_r^{-0.66543}$	0.8933
成庄煤矿 WYM	$(1-\theta)/\theta = 2.4788P_r^{-0.64121}$	0.9016

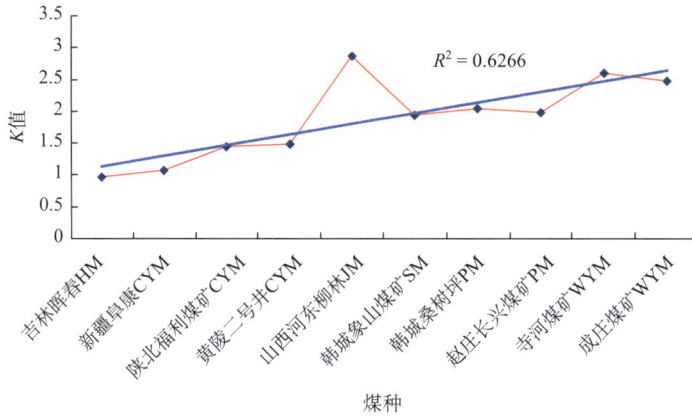

图1.50　不同煤矿井田 K 值分布图

图1.50为不同煤种的 K 值变化(煤种按照目前所掌握的变质序列顺序排列)。

综上所述,①煤基炭化、活化改性后的表面含氧基团数,特别是极性较强、酸性大的基团明显减少,表现出表面的非极性。由于甲烷的非极性和同系物间的相溶性,有利于甲烷的吸附。②提出将不规则多孔固体表面的不均匀性及其所导致的表面各部位能量的非均衡分布看作表面等能量活性吸附位点的不均匀性分布的观点;将吸附质浓度(或压力)作为探测孔径的一种"探针",当它由小到大时,会优先占据孔径由小到大的孔中的等能量吸附位点,为此提出了修正的 Langmuir 等温吸附模型。

(5)解吸模型的提出

解吸过程是一动力学过程,与 CH_4 与煤基结合的力的作用方式关系不大。假定空隙均匀的煤对甲烷的饱和吸附量为 Q_{max},在 t 时刻吸附量 Q 的变化量 dQ 与其吸附空位($Q_{max}-Q$)成正比,即

$$dQ = k(Q_{max} - Q)dt \qquad (1.46)$$

积分后:
$$Q = Q_{max}[1 - \exp(-kt)] \qquad (1.47)$$

解吸速率:
$$dQ/dt = Q_{max} \cdot k \cdot \exp(-kt) \qquad (1.48)$$

这与化学动力学中的一级反应完全一样。其中 k 为速率常数,其倒数称为半衰期 τ,即 $\tau = 1/k$。实际上煤中的孔隙是大小不等的,其吸附(解吸)速率也各不相同,因此,要想拟合实验结果是肯定不行的,事实也早已证明了这一点。但如果认为煤的吸附、解吸量是由不同孔隙吸附、解吸量的加和[(式1.49)],根据数学中的级数理论,只要式中 $m \to \infty$,实验测得的吸附(解吸)速率曲线原则上都能满足上式。从曲线拟合的角度上看,拟合参数已不再是两个,而是 $2m$ 个($Q_{max}(i), k_i$)。

$$Q = \sum_{i=0}^{m} Q_i = \sum_{i=0}^{m} Q_{max}(i)k_i(1 - e^{-k_it}), dQ/dt = \sum_{i=0}^{m} Q_{max}(i)k_i e^{-k_it} \qquad (1.49)$$

式中,$Q_{max}(i)$ 为某一孔径的饱和吸附解吸分量,k_i 为相应孔径的吸附解吸速率常数。

Aapyhn 曾根据复杂放射性衰变过程的原理定性地提出过类似的方程(即取 $m=3$)。他们认为这是吸附(解吸)动力学过程的多阶段性所造成的,且 $\tau_0 > \tau_1 > \tau_2 > \tau_3$。$\tau$ 的数量级概念为 τ_3 为几分钟,τ_2 为1小时,τ_1 为10小时,τ_0 为若干天。并且将 τ_i 与煤中的不同孔隙相联

系，τ_0对应于微孔，τ_1对应于中孔，τ_2对应于大孔，τ_3则对应于煤表面上的吸附与解吸。

在高压吸附中，煤层（粒）吸附（解吸）甲烷大致可分为两部分。一部分是甲烷在煤层（粒）外表面敞开大孔表面上的吸附（解吸），其量为$Q_0(t)$。因这部分表面直接与周围环境相通，所以甲烷可以直接和环境相交换。另一部分是甲烷在煤层（粒）内部孔隙表面上的吸附（解吸）。这部分甲烷必须经过扩散过程才能和环境进行交换，故其量计为$Q_d(t)$，因此，煤层（粒）吸附（解吸）甲烷的总量$Q(t)$应为两部分之和，即$Q(t)=Q_0(t)+Q_d(t)$。扩散控制模型认为甲烷在煤表面上的吸附（解吸）属一物理过程，瞬间便可完成，即$Q_0(t)=Q_0$（常数）。甲烷在煤层（粒）中的扩散过程是影响煤层（粒）吸附（解吸）速率的主要因素。扩散控制模型充分考虑了煤层（粒）外表面的吸附（解吸）作用，更为合理。

根据扩散理论，甲烷在煤孔隙中的运动主要受甲烷浓度（压力）差的制约。假设煤为均质的各向同性的球形颗粒，且瓦斯流动遵循质量不变定律、连续性原理，忽略浓度和时间对扩散系数的影响，可得球坐标下的 Fick 扩散第二定律[式(1.50)]（设 D 为扩散系数，$\dfrac{\partial C}{\partial t}$为流体浓度随时间的变化率）。

$$\frac{\partial C}{\partial t}=D\left(\frac{\partial^2 C}{\partial r^2}+\frac{2}{r}\frac{\partial C}{\partial r}\right) \tag{1.50}$$

求解上式可得瓦斯吸附（解吸）量与时间的关系。

$$Q_d(t)=Q_{d\infty}\left[1-\frac{8}{\pi}\sum_{m=1}^{\infty}\frac{1}{m^2}\exp(-m^2 Bt)\right] \tag{1.51}$$

式中，m 为经验常数c 和吸附质特征系数β 的平方的比值；B 为分形维数；π 为孔隙常数。

上式等价于(1.34)，即

$$Q_d(t)=Q_{d\infty}\sqrt{1-\exp(-Bt)} \tag{1.52}$$

相应的速率方程为

$$\frac{dQ(t)}{dt}=\frac{Q_{d\infty}}{2}\frac{B\exp(-Bt)}{\sqrt{1-\exp(-Bt)}} \tag{1.53}$$

显然，解吸速率只与扩散过程有关。另还可得到一定甲烷压力下饱和的解吸量

$$Q_{\infty}=Q_0+Q_{d\infty} \tag{1.54}$$

为了证实扩散控制模型，我们对晋城寺河 3 号煤层 WYM 平衡水煤样、韩城象山 SM 平衡水煤样、韩城桑树坪 PM 平衡水煤样等温吸附、解吸实验中的数据采集过程进行了分析，以确定解吸过程的解吸参数为目标进行了拟合，R^2皆大于 0.8。

综上所述，①扩散控制模型能很好地描述甲烷在煤基中的解吸过程，相关系数大于 0.8；②初始解吸量 Q_0 几乎为极限解吸量 Q_{∞} 的一半，而 Q_0 几乎在瞬间完成；③常数 B 大约都在 $10^{-5}\,\text{s}^{-1}$ 数量级，如按照 $B=\dfrac{\pi^2 D}{R_0^2}$ 计算，$D=10^{-14}\,\text{m}^2/\text{s}$，其值十分小，可见甲烷在煤样中的扩散速度十分缓慢。

在吸附体系中吸附与脱附是动态平衡过程，而实际的解吸需求目标是 CH_4 分子在煤基中要达到最大量的解吸，因此只有对这种平衡进行干扰。影响平衡系统的因素有温度（反应热）、压力（压差变化）、甲烷与煤基的性质（相似相吸、吸附差异-凝结状、煤基酸化优势）、孔结构特征和环境水分等。

第二章 煤岩多孔介质渗流特性研究

一、煤层气渗流的影响因素分析

由于煤储层渗透率特低,煤层中煤层气渗流困难,以至于煤层气井产量普遍较低。因此,在深入研究煤层气渗流机理之前,有必要对制约煤层气渗流的主要因素进行研究,特别是有效覆压、气体压力、流体特征、温度等因素对煤层气渗流特征的影响。

(一)基本实验方法

1)煤粉试样制备:取同样的煤样,经破碎筛分出 60～80 目,烘干 24 小时,称重后装入可压实的夹持器,调整煤粉的压实程度,使其密度与煤体试样密度接近。

2)煤层试样制备:将取自沁水煤田晋城区块主力煤层的煤样在钻床上钻成直径为 25mm、长 4～6cm 的圆柱体煤层试样,取样方式为水平样试样,以研究水平方向的渗透率。试样外表可见层理及天然微裂缝,整体较致密。

3)实验装置:煤层气渗流条件实验采用中国石油大学(北京)渗流机理实验室引进的 OPP-1 型高压孔渗仪,试样夹持器为拟三轴压力型,其测试原理详见图 2.1,主要实验步骤按石油行业标准相关测定方法进行。

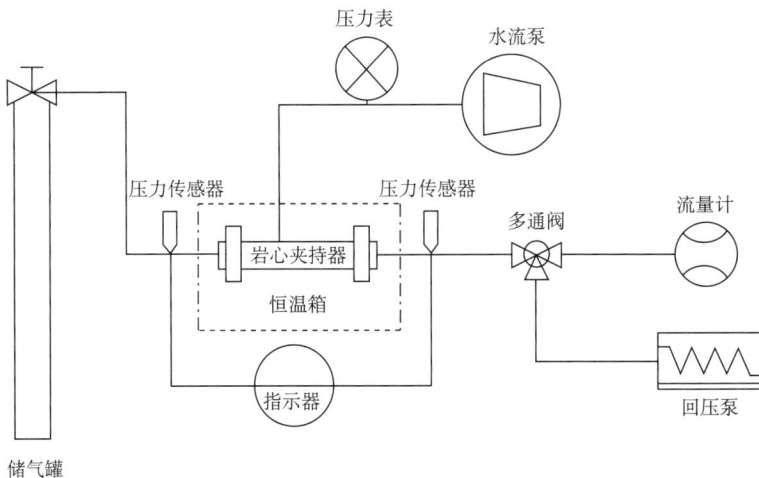

图 2.1 气体渗流实验流程图

（二）渗流条件实验

1. 有效覆压对煤层试样渗透率影响实验

有效覆压对煤层试样渗透率影响实验方法为：设定气体压力为定值，改变有效围压，研究有效围压对渗透率的影响。将试样烘干后装入高压孔渗仪试样夹持器。接通 N_2，保持试样入口 N_2 气体压力在 0.2MPa 左右，分别将有效围压设定在 0.6MPa、1.0MPa、1.6MPa、2.4MPa、3.2MPa、5MPa、7.5MPa 和 10MPa，分别测定各有效围压条件下试样的渗透率（图2.2）。

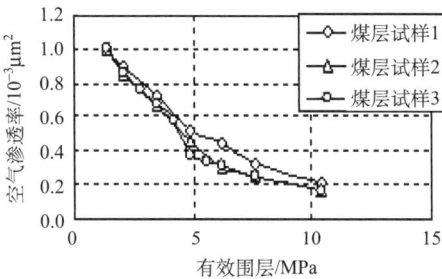
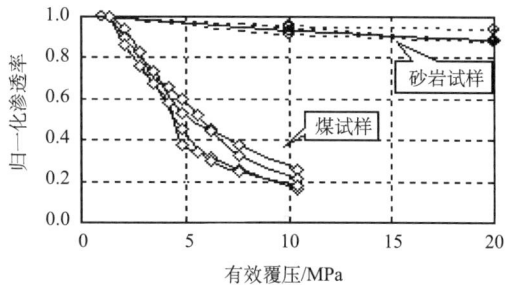

图 2.2 有效围压对煤层样品渗透率的影响　　图 2.3 有效围压对煤层样品和常规砂岩
　　　　　　　　　　　　　　　　　　　　　　　　　　　储层样品渗透率的影响

测定结果表明：随有效围压增加，煤层试样渗透率降低，这是由于在较高的有效覆压作用下，煤层试样受到压缩，孔隙变小、微裂缝闭合；有效围压在 2～5MPa 范围渗透率变化较快，超过 5MPa 之后变化相对较缓慢。

与常规砂岩试样相比，煤层试样的应力敏感性更强（图2.3）。在有效围压 10MPa 条件下，砂岩试样的渗透率是初始值（围压 1MPa）的 90%～95%，而煤层试样的渗透率只有原始值的 18%～25%。

2. 气体压力对煤层试样渗透率的影响

气体压力对煤层试样渗透率的影响实验方法为：设有效围压为定值，分别测定不同气体压力下的渗透率，研究气体压力变化对煤层样品渗透率的影响。

将试样烘干后装入 OPP-1 高压孔渗仪试样夹持器。接通 N_2 气体，使有效围压保持在 2.0MPa 左右，调节 N_2 气源压力，分别测定气体压力为 0.6MPa、1.0MPa、1.6MPa、2.4MPa、3.2MPa、5.0MPa、7.5MPa、10.0MPa 条件下的渗透率。然后再测定有效围压分别为 4.0MPa 和 6.0MPa 条件下煤层样品的渗透率随气体压力的变化。测定结果如图 2.4 所示。

实验表明，随着气体压力的升高，煤层

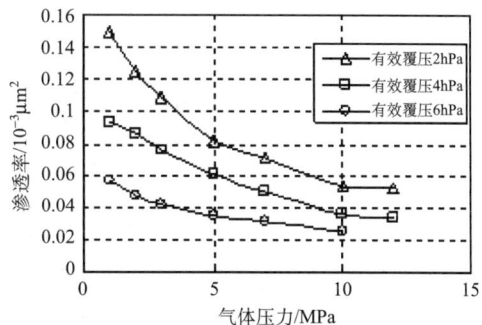

图 2.4 气体压力对煤层样品渗透率的影响

试样有效渗透率降低,当 1/P 趋于零时,其在纵轴的截距为克氏渗透率,即符合 Klinkenberg 效应。

3. 温度对煤层试样渗透率的影响

温度对煤层试样渗透率的影响实验:围压保持 14MPa 不变,在室温(20℃)和 50℃下测定同一试样的渗透率,实验结果(图 2.5)表明,温度对煤层试样渗透率有较大影响,50℃下渗透率比常温下高。说明升温改变了煤层试样的渗透性能,其原因可能有几方面:

1)高温下气体分子运动加剧,分子自由程缩短,故测定的渗透率变大。

2)高温下气体在孔隙表面的吸附量减小,吸附层减薄,有效流动半径增加。由不同温度下的吸附等温线可知,高压下吸附量差别大,因而渗透率差别也大;低压下吸附量差别较小,因而渗透率差别小。

3)高温下煤层水饱和度降低,故渗透率增加。

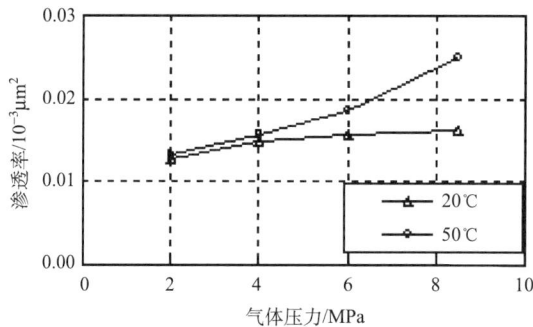

图 2.5　不同气体通过煤层样品的渗流特征曲线

4. 不同气体通过煤层试样的渗透率比较

实验结果显示(图 2.6),气测渗透率大小与气体的种类有关,即与分子量相关。气体分子量越低,则该气体通过时渗透率越高。用甲烷所测得煤层试样渗透率最高,CO_2 所测渗透率最小,N_2 所测渗透率居于中间。当然,这类实验必然存在着煤对不同气体的吸附性差异带来的影响。

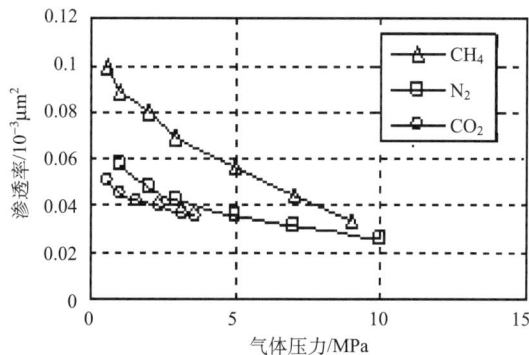

图 2.6　不同气体通过煤层样品的渗流特征曲线

二、多孔煤介质中煤层气渗流实验

（一）渗流实验方法

为深入探索煤层气的渗流机理，本课题开展了相应的实验室实验。根据渗流实验的需要，煤样采自山西太原西山矿区采煤工作面；采样方法为采煤工作面刻槽取样法；采集样品规格为 400mm×400mm×400mm 的煤块，煤阶为焦煤（R^o＝1.23%，水分为 0.85%，灰分为 10.44%，挥发分为 21.59%）。在实验室，通过手工切割的方法将采集的块煤样品制备成可供渗流实验的长方体样柱，样柱尺寸为：长度 11.336cm×宽度 6.034cm×高度 3.524cm。

（二）煤样样柱渗流实验

（1）当围压为 5MPa，实验流体渗出口压力 F_{down}＝0.10MPa 时，煤样样柱渗流实验结果如表 2.1 和图 2.7 所示。

表 2.1　煤样样柱渗流实验成果（围压 5MPa，出口压力 0.10MPa）

压差 /MPa	气体流量 /(cm³/s)	压力梯度 /(MPa/m)	压差 /MPa	气体流量 /(cm³/s)	压力梯度 /(MPa/m)
0.3972	0.0142	3.504	1.8774	1.0582	16.562
0.8931	0.0790	7.878	2.4160	3.1888	21.330
1.3865	0.2882	12.231	2.8990	6.5963	25.573

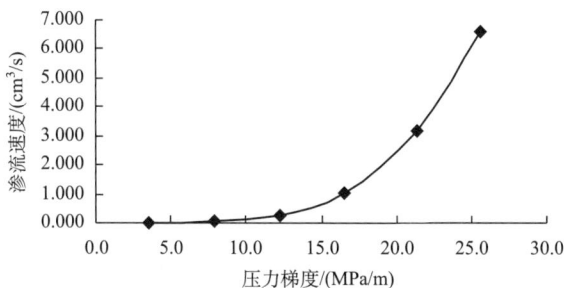

图 2.7　煤样样柱渗流速度与压力梯度关系图
实验围压 5MPa，实验流体渗出口压力 0.10MPa

（2）当围压为 10MPa，实验流体渗出口压力 F_{down}＝0.10MPa 时，煤样样柱渗流实验结果如表 2.2 和图 2.8 所示。

表 2.2　煤样样柱渗流实验成果(围压 10MPa,出口压力 0.10MPa)

压差 /MPa	气体流量 /(cm³/s)	压力梯度 /(MPa/m)	压差 /MPa	气体流量 /(cm³/s)	压力梯度 /(MPa/m)
0.42	0.007	3.701	3.89	0.0612	34.32
0.91	0.008	8.031	4.87	0.123	42.98
1.92	0.010	16.91	5.85	0.479	51.60
2.38	0.017	21.02	6.84	1.833	60.35

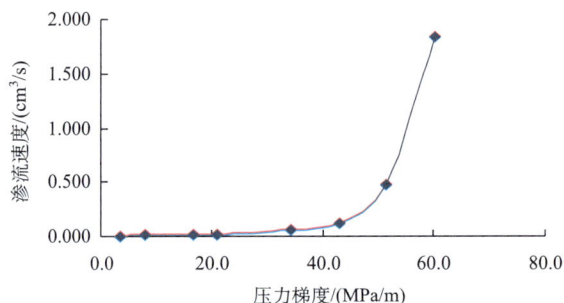

图 2.8　煤样样柱渗流速度与压力梯度关系图

实验围压 10MPa,实验流体渗出口压力 0.10MPa

(3) 当围压为 10MPa,实验流体渗出口压力 $F_{down} = 0.10$MPa 时,煤样样柱渗流实验结果如表 2.3 和图 2.9 所示。

表 2.3　煤柱渗流实验成果(围压 15MPa,出口压力 0.10MPa)

压差 /MPa	气体流量 /(cm³/s)	压力梯度 /(MPa/m)	压差 /MPa	气体流量 /(cm³/s)	压力梯度 /(MPa/m)
0.385	0.014	3.394	3.866	0.023	34.10
0.915	0.0137	8.075	4.868	0.034	42.94
1.932	0.0127	17.043	5.84	0.049	51.51
2.874	0.016	25.36	6.866	0.076	60.57

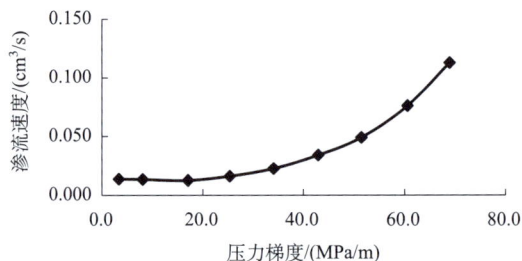

图 2.9　煤样样柱渗流速度与压力梯度关系图

实验围压 15MPa,实验流体渗出口压力 0.10MPa

三、煤储层渗透率现场测试分析

TL-003 井是中联公司在沁南的第一口煤层气产气井,排采的主要目标煤层为 3 号和 15 号,实行分层压裂。不同时间先后分别进行过分压合排、单层单排等多种产层组合方式,井的生产历史可归纳为:

1) 1998 年 3 月 16 日—1999 年 3 月 16 日合层排采,其后修井并停产 265 天;

2) 2000 年 12 月 4 日—2003 年 10 月 23 日重新合层排采后,单井日产气量比修井前差很多;

3) 2003 年 10 月 28 日—2004 年 3 月 9 日,决定封 15 号,仅采 3 号,探讨单层产气的贡献,结果发现封 15 号前后单井日产气量变化不大,并再次封井 105 天;

4) 2004 年 6 月 22 日—2005 年 10 月 1 日,因中国、加拿大两国政府间合作,在该井探讨注 CO_2 提高煤层气采收率,其间有过短暂的几次修井,但对产量影响不大,增能注气后单井日产气量持续增加。

TL-003 井从开始排采到 2005 年 10 月 1 日历时 1966 天(合 5.4 年),累计产水近 $5.5×10^4 m^3$,累计产气 $188×10^4 m^3$,其中最高产气量达 $7000 m^3/d$,平均约 $956 m^3/d$。其产气变化趋势与工程作业工序对应变化特点见图 2.10。

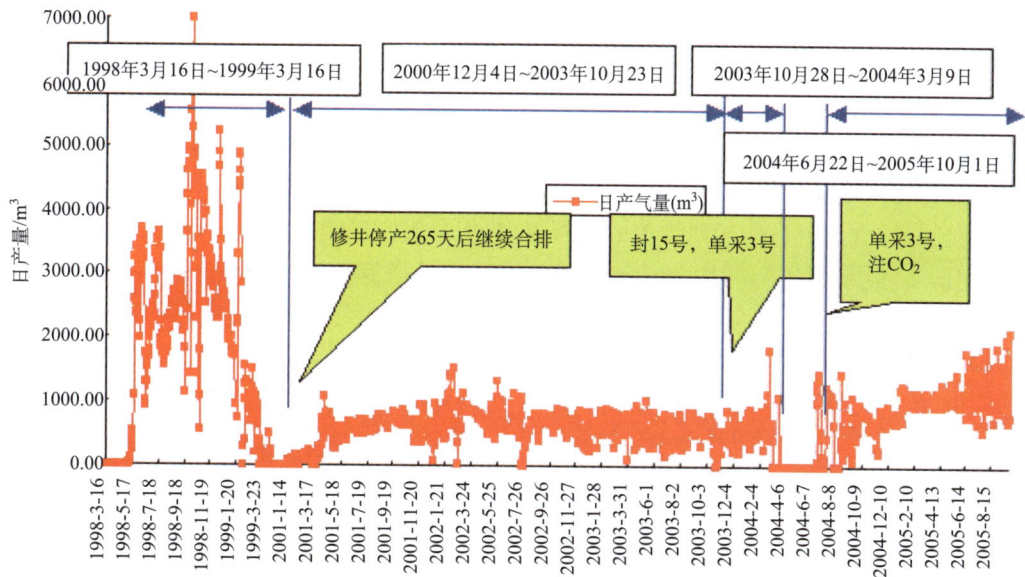

图 2.10　TL-003 井产气变化趋势示意图

从 TL-003 井的产气变化趋势可以看出,在相同地质条件下一个井的产能变化趋势与所采取的工艺技术措施有很大关系:

1) 先合排 365 天之后,从产气日开始计算其单井平均日产气量为 $2123 m^3$,日产水量为 $38 m^3$,后关井 265 天;

2) 开井后继续采取合排方式,但产量骤减,其单井日产气量为 $580.9 m^3$,单井日产水

量为 37m³,说明关井对煤层气产能影响较大;

3) 对其实施封 15 号,单采 3 号,单层排采 134 天,其单井日产气量为 557m³/d,单井日产水量为 0.7m³/d,产能与两层合采时没有大的变化,但从排采曲线上来看还有上升的趋势,说明 15 号一直对单井产气量贡献不大;

4) 2004 年 6 月对 3 号煤层采取注 CO_2 的方式提高采收率,其单井日产气量为 987.8m³,单井日产水量为 0.44m³,产量呈明显上升趋势。

据不完全了解,全国截止到目前为止,1400 口煤层气井中,只有 2 口井曾经进行过生产前和生产中的渗透率测试,其中 TL-003 井在 1998 年生产前(或压裂前)煤层静态渗透率测试值为 $0.95 \times 10^{-3} \mu m^2$,压后变为 $3.19 \times 10^{-3} \mu m^2$,排采 6 年后到 2004 年 5 月再次进行测试时的煤层渗透率增加为 $12.6 \times 10^{-3} \mu m^2$,渗透率同比增加了 2.9 倍,从沁南大多数单井的煤层气产量分析结果来看,其储层渗透率值随着生产进展总体趋势是增加的,所以才一直维持了较好的单井和井组产量。

四、多孔煤介质中煤层气渗流规律及机理分析

1. 渗流速度与压力梯度曲线特征分析

煤层气渗流机理实验结果(图 2.7、图 2.8 和图 2.9)表明,煤层气的渗流不符合标准的达西渗流特征。实验结果显示,无论实验围压多大,煤样的煤层气渗流速度与压力梯度不是直线关系,而是典型的向下弯曲的非线性关系,且存在显著的启动压力梯度问题。

由图 2.7、图 2.8 和图 2.9 可以清晰地看出,实验围压越小,启动压力梯度越大。当压力梯度大于启动压力梯度后,随压力梯度增加,大致呈二次曲线增加,随压力梯度进一步增加,渗流速度快速增加。

造成煤层气渗流呈非达西渗流的因素很多,但最关键的因素有二:一是煤储层属于典型的超低渗储层(图 2.11),因此具有低渗储层特有的渗流特征:低速非线性渗流受启动压力梯度影响;二是煤具有很强的吸附能力,在煤层气渗流过程中,受煤层气再吸附的影响,煤的孔隙、裂隙中存在吸附边界层。

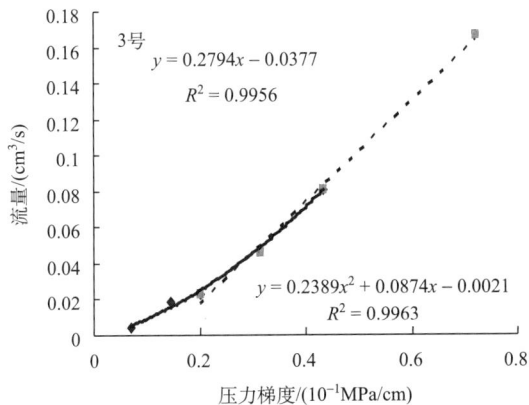

图 2.11 超低渗透砂岩岩心渗流速度与压力梯度关系图

2. 吸附边界层对煤层气渗流规律的影响

固相表面吸附边界层的形成是由于固体表面与其附近的分子或原子之间的作用力。流固边界层厚度对渗流特征的影响因素包括：

1）毛管半径的影响。同一驱动压力梯度下，毛管半径越小，边界层厚度越大。

2）驱动压力梯度的影响。驱替压力梯度的增加使流体有效边界层厚度减少，当驱动压力梯度达到一定程度时，边界层为固化层，厚度的减少不再明显。

3）流体黏度的影响。其他条件一定，压力梯度相同，黏度越大，边界层厚度越大。

4）组分的影响。流体中的极性组分越多，吸附边界层厚度越大。

在渗流环境中的流体包括体相流体和边界流体，其中体相流体为性质不受界面现象影响的流体；边界流体为性质受界面现象影响的流体。如图 2.12 所示。

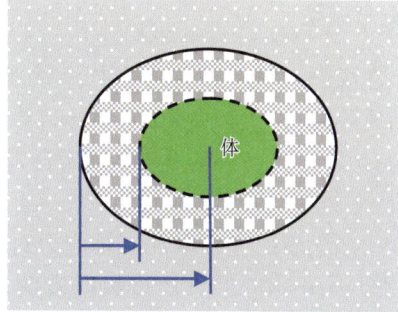

图 2.12　煤储层孔隙中体相流体和边界流体示意图

吸附边界层的影响与渗透率关系为负相关：渗透率越小，边界层的影响越大；渗透率越大，边界层的影响越小。

吸附边界层对渗透率的影响为负相关：吸附边界层越大，渗透率越低。

3. 多孔煤介质中煤层气渗流机理分析

根据超低渗储层低速非线性渗流理论、启动压力梯度理论和吸附边界层理论以及煤层气渗流机理实验结果，煤层气渗流特征可用下述公式进行描述：

$$v = A\left(\frac{\Delta P}{L}\right)^2 + B\left(\frac{\Delta P}{L}\right) + C \tag{2.1}$$

式中，v 为渗流速度（cm/s）；$\Delta P/L$ 为压力梯度（10^{-1}MPa/cm）；A 为吸附边界层因子；B 为与流体黏度、渗流面积相关的参数；C 为启动压力梯度，10^{-1}MPa/cm。

五、煤储层自调节效应的概念模型和数学模型

在煤层气的排采卸压过程中，一方面流体压力降低，煤层气从煤基质内解吸出来，引起煤基质收缩，扩大了裂隙，从而导致煤层渗透率提高；另一方面，由于流体压力降低，使得煤储层的有效应力加大，使孔、裂隙闭合，煤层渗透率降低。两者的综合作用结果，决定了煤层气井初始生产阶段煤层中渗透率的变化规律，因而从某种程度上决定了煤层气井的连续生产情况。在煤层气排采卸压过程中，上述渗透率的正负效应都与煤岩的弹性应变特征紧密相关。

岩石的力学性质主要指岩石的变形特征和强度特性。岩石的变形特征常用应力-应变来表示，强度特性用抗压、抗拉、抗剪强度或杨氏模量、泊松比等来体现。一般岩石的全

程应力-应变曲线通常由压密阶段、线弹性阶段、非线性变形阶段和残余强度阶段（裂隙非稳定发展阶段）组成。煤层气开发过程中，主要涉及煤岩前两个阶段。

煤储层由固、液、气三相介质组成。自然煤样、水饱和煤样和水、气饱和煤样的三轴力学实验，是研究煤基质的弹性形变特征及其在煤层气排采卸压过程中煤储层变形的重要方法之一。

1. 概念模型

在煤层气排采卸压过程中，一方面流体压力降低，煤层气从煤基质内解吸出来，引起煤基质收缩，扩大了裂隙，从而导致渗透率提高；另一方面，由于流体压力降低，使得煤储层的有效应力加大，使孔、裂隙闭合，渗透率降低。两者的综合效应，称为煤基质自调节效应。

很多学者研究了增加三轴应力对煤样渗透率的影响（Somerton et al.，1975；Durucan and Edwards，1986）。实验数据表明煤样的渗透率随有效应力的增加而呈指数形式减小。后来 McKee 等（1987）和 Seidle 等（1992）进行了这方面的理论研究，但他们研究的前提都是假设固体颗粒是不可压缩的。

煤基质任何体积的变化都会影响到裂隙的直径，以及煤岩中气体流动的特点。基于此，Gray（1987）提出由解吸作用引起的煤基质的收缩使裂隙增大，从而引起煤的渗透率的增加。

总之，在排水降压进行煤层气的生产时，压力降低，使有效应力增大，煤基质收缩，从而使裂隙闭和，煤层气的渗透率就会下降，但如果煤基质收缩量大于有效应力对渗透率的影响，则渗透率就会增大。

煤基质收缩对裂隙渗透率的影响首先被 Gray（1987）量化。从此，大批学者进行了依赖于孔隙压力的渗透率的研究，并且提出了很多模型。

Harpalani 和 Schraufnagel（1990）研究了煤中煤层气解吸的作用。证实了煤层气解吸时，存在着明显的煤基质收缩现象。为了确定气体解吸引起的渗透率的变化，他们针对三种不同气体的解吸特点明确了压力-渗透率关系，并且将结果进行了数字分析。随压力的减小，煤层气解吸，引起的渗透率的变化符合如下公式：

$$K = \frac{3.3}{P} + 0.076 + 0.206P^2 \tag{2.2}$$

式中，K 为渗透率，P 为气体压力，单位是 psi。可以看到，一旦压力降到解吸压力，煤基质收缩就会引起渗透率的显著增加，导致气体产量的增加。

ARI 公司 Sawyer 等（1990）研究了一个双重介质、三维储层的模型，来模拟煤储层中煤层气的传输和生产。以应力引起孔隙度和渗透率的变化为基础，根据 Schwerer 和 Pavone（1984）提出的孔隙体积的可压缩性，Sawyer 等研究出了模型，模拟气体生产时内部应力的变化和煤基质收缩-渗透率的变化。具体模型如下：

$$\phi = \phi_i (1 + c_p (P - P_i)) - c_m (1 - \phi_i) \frac{\Delta P_i}{\Delta C_i} (C - C_i) \tag{2.3}$$

$$k = k_i \left(\frac{\phi}{\phi_i} \right)^3 \tag{2.4}$$

模型被用在 COMET 3D 模拟器中,它最普遍的使用还是应用在煤层气的模拟器中。Palmer 和 Mansoori 在 1996 年提出:

$$\phi_{new} = \phi_{orig} + C_m(P - P_i) + C_0\left[\frac{K}{M} - 1\right](C - C_i) \tag{2.5}$$

总之,所有的研究表明,随着煤层气的解吸,煤基质收缩,使裂隙增大,导致煤渗透率的增大。这种增大依赖于初始应力条件和煤的收缩特性。研究还表明,煤基质的收缩进一步减小了通过垂直割理的水平有效应力,从而使渗透率显著增大。煤基质和裂隙系统的变化是解吸作用引起的,因此,解吸作用对储层渗透率有着很重要的影响,并直接影响着单井产量。

利用实验数据,采用 Harpalani 和 Schraufnagel (1990) 的模型[式(2.3)]来计算渗透率,得到的结果如图 2.13 所示。

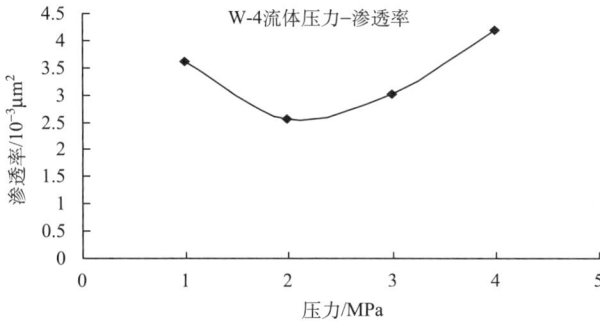

图 2.13　渗透率随流体压力变化图

综上可以很明显地看出,渗透率的变化会随着应力和煤基质的体积而变化,从而影响着煤岩中气流的性质。在煤层气的排采卸压过程中,煤岩的岩石力学性质及其在排采卸压生产中的变化规律,是煤层气生产中最敏感参数渗透率变化的决定因素。

2. 数学模型

（1）有效应力

流体有效应力变化时,引起孔隙度的变化,有效应力增加时,孔裂隙被压缩,在煤层气排水卸压时,流体压力的改变引起有效应力改变。

$$\Delta\sigma_e = P_j - P_i \tag{2.6}$$

$$\Delta\phi_e = C_v(P_j - P_i) \tag{2.7}$$

（2）煤基质解吸收缩

在煤层气排水卸压时,煤层气解吸出来,引起煤基质收缩。实验证明,煤基质收缩与Langmuir 公式一致。

$$\varepsilon_v = \frac{\varepsilon_{max}P_i}{P_j + P_{50}} - \frac{\varepsilon_{max}P_j}{P_i + P_{50}} \tag{2.8}$$

（3）综合效应

煤层气卸压过程中，两个效应同时发生，排水后流体压力降低，有效应力增大，引起孔裂隙变小，渗透率变小，同时，由于煤层气解吸，引起煤基质收缩，孔裂隙变大，引起渗透率变大，在排水卸压过程中，渗透率的动态变化由这正负效应的总和决定，两者的综合效应为

$$-\phi_j = \phi_i - \Delta\phi_e + \varepsilon_v = \phi_i + C_v(P_j - P_i) + \left(\frac{\varepsilon_{max}P_j}{P_j + P_{50}} - \frac{\varepsilon_{max}P_j}{P_i + P_{50}}\right) \qquad (2.9)$$

渗透率的变化：

$$\frac{k_j}{k_i} = \left(\frac{\phi_j}{\phi_i}\right)^3 = \left[\frac{\phi_i - \Delta\phi_e + \varepsilon_v = \phi_i + C_v(P_j - P_i) + \left(\frac{\varepsilon_{max}P_j}{P_j + P_{50}} - \frac{\varepsilon_{max}P_i}{P_i + P_{50}}\right)}{\phi_i}\right]^3$$

$$(2.10)$$

排采卸压过程中，由煤基质自调节效应引起的渗透率的动态变化，主要受到体积压缩系数 C_v 以及吸附膨胀/解吸收缩两个参数 ε_{max} 和 P_{50} 的影响，由于煤层气吸附膨胀/解吸压缩而引起的形变与 Langmuir 方程一致，所以可以通过实验来求得关于吸附膨胀/解吸压缩所引起形变值的另一种 Langmuir 方程。ε_{max} 和 P_{50} 与煤岩的弹性力学特征紧密相关，与弹性模量 E、泊松比 ν、抗压强度以及煤层气等温吸附特征、煤岩组分、煤阶等有关。

第三章 沁水盆地地质特征、储层精细描述和煤层气潜力评价

一、区域地质条件

（一）沁水盆地概况

沁水盆地位于山西地台的南部，东邻华北盆地，西接鄂尔多斯盆地。沁水盆地是向斜构造盆地，被出露的寒武系、奥陶系高山或高地所环绕，西缘的霍山(海拔 2.0～2.5km)是区域性高地势区。盆地内多为上古生界及中、新生界构成的低山、丘陵，少部分为平原区。盆地表现为一个巨型浅碟状构造，盆缘具系列相互平行的小型褶曲，向轴部缓慢倾斜，盆底相对平坦。总体构造在受到一系列地史上相互切割的构造作用整合后而定型，这些构造包括东西向的秦岭褶皱带、北北东-南南西向的山西地台和太行山断裂、北北东-南南西向的华北复合盆地等。盆内构造细分为北北东-南南西和北东东-南西西两个主要走向。

区内共发育有 13 个煤层，包括 1 号、2 号、3 号、5 号、6 号、7 号、8 号、9 号、14 号、15 号、16 号和 17 号，但其中仅 3 号和 15 号煤层全区稳定，两层煤平均厚度 8m。煤系地层主要表现为山西组典型的砂岩和泥岩组合、太原组的砂泥岩及石灰岩组合。山西组和太原组分别发育有 3 号和 15 号煤层。

（二）区域地质与构造演化

山西东南部沁水盆地位于中朝准地台二级构造单元内，在吕梁隆起带东侧、太行复背斜西侧、五台隆起带以南、中条隆起带以北，是中生代形成的大型复式向斜盆地(图 3.1)。与广大华北地区一样，研究区在寒武纪至中奥陶世时，地壳稳定沉降，在古老结晶基底上形成了浅海相碳酸盐盐为主的沉积。中奥陶世以后，由于加里东地壳运动，使华北地台整体隆起，致使研究区缺失了晚奥陶世至早石炭世的沉积。到中石炭世，海西运动使本区地壳再次沉降，沉积了石炭二叠纪海陆交互相含煤地层，奠定了形成煤层气的物质基础。沁水盆地自中石炭世开始接受沉积后，先后经历了四次构造运动，即海西期、印支期、燕山期和喜马拉雅期运动，这几次构造运动均对沁水盆地产生了显著的影响。

海西运动使盆地持续沉降接受沉积。整个运动对盆地表现为地壳呈整体缓慢变动形式，没有给盆地造成明显的断裂和褶曲。

在印支运动的早期，本区受侯马-沁水-济源东西走向为中心的凹陷控制，地壳沉降速率加大，沉积了厚达数千米的三叠纪河湖相碎屑岩，厚度由北向南增厚。三叠纪末期的印支运动使华北地台逐渐解体，沁水盆地开始整体抬升，遭受风化剥蚀，结束了从石炭纪至三叠纪的连续沉积历程。

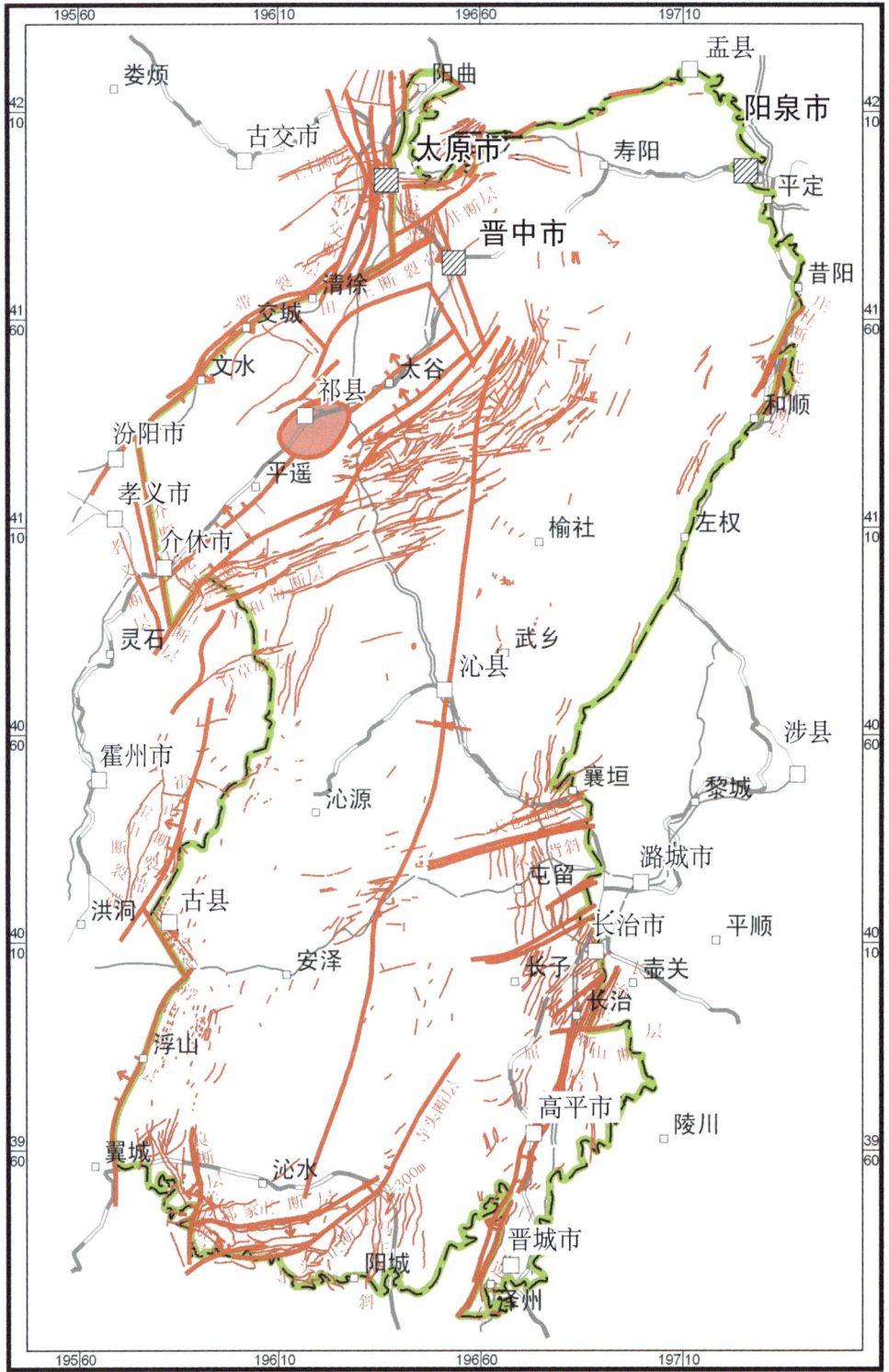

图 3.1 沁水盆地构造纲要图

燕山运动期,华北板块受太平洋和欧亚板块的挤压,在自西向东挤压应力作用下,石炭系、二叠系及三叠系等地层随山西隆起的上升而抬升、褶皱,形成了轴向近南北的沁水复式向斜,向斜轴走向呈北北东向,并伴随形成一系列北东、北东东及北西向的短轴背、向斜及规模不等的断裂构造。在沁水复向斜两翼进一步翘起时,向斜轴部地区相对沉陷。至燕山晚期沁水盆地的形态已基本定型。同时,该期区内莫霍面上拱,局部有岩浆岩侵入,形成不均衡的高地热场,使煤变质程度进一步加深。由于该变质作用是在煤层被抬升、褶皱、剥蚀,上覆静岩压力逐渐减小的情况下进行的,因而对割理及煤的外生裂隙的生成起到了促进作用。

喜马拉雅运动使燕山运动形成的褶曲及断裂构造进一步深化。区域受鄂尔多斯盆地东缘走滑拉张应力场作用,在山西隆起区产生北西-南东向拉张应力,发育了山西地堑系,区内形成了榆次—介休一带的晋中断陷,沉积了上千米的新近系、第四系陆相碎屑岩,其他地区石炭系、二叠系和三叠系等地层继续遭受剥蚀,使煤层埋深小于2000m的地区占盆地总面积的86%,成为国内少有的煤层埋深适中、分布面积大、连续性好的含煤区,并在北部和东南部因拉张而形成北东向正断裂,致使沁水盆地定型于现今状态。喜马拉雅期的拉张应力有利于煤层割理、裂隙的开启及张性裂隙的生成,有利于渗透率的提高,尤其在割理及裂隙比较发育的次级褶皱轴部和北东向断裂附近。在沁南地区形成了东西向—北东向断层组成的弧形断裂带,其中的寺头正断层构成了沁南煤层气田的西部边界。

由于煤层沉积后挤压应力作用并不强烈,而且自燕山晚期以来主要以拉张应力为主,使煤层保持了较好的原生结构,割理裂隙得以保留并在局部地区得到强化;同时,由于构造相对简单,没有造成大面积的断裂逸散,从而形成了良好的煤层气保存的构造条件。

二、煤层气地质特征

(一)含气地层及分布

沁水盆地南部主要含煤层系分别为石炭系—二叠系的太原组—山西组,煤层厚度较大、分布较稳定、吨煤含气量高,煤层气资源丰度高、资源量大,成煤后期改造与全国其他地区相比也较弱,原煤结构保存良好。资料表明,研究区太原组和山西组含煤层岩系共发育煤层6~11层,其中山

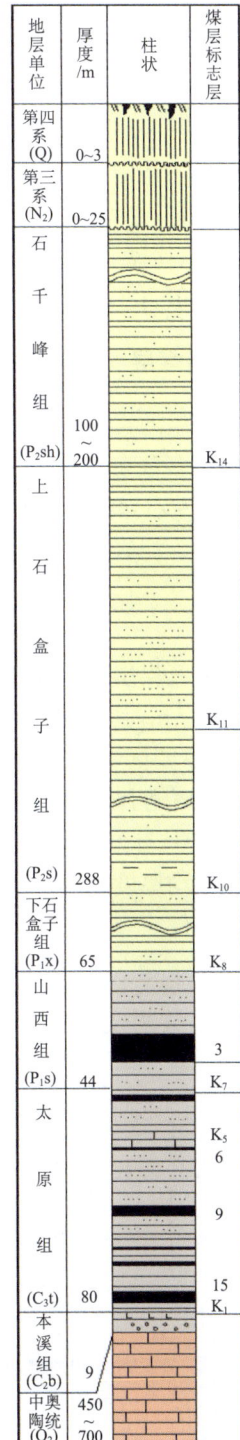

地层单位	厚度/m	柱状	煤层标志层
第四系(Q)	0~3		
第三系(N₂)	0~25		
石千峰组(P₂sh)	100~200		K₁₄
上石盒子组(P₂s)	288		K₁₁ / K₁₀
下石盒子组(P₁x)	65		K₈
山西组(P₁s)	44		3 / K₇
太原组(C₃t)	80		K₅ / 6 / 9 / 15 / K₁
本溪组(C₂b)	9		
中奥陶统(O₂)	450~700		

图3.2 沁水盆地南部
枣园地区综合柱状图

西组的 3 号煤和太原组的 15 号煤层,是进行煤层气勘探的主要目的层;9 号煤局部可采,目前未作煤层气主要勘探目的层。研究区地层综合柱状图如图 3.2。

1. 山西组煤层

山西组含煤一般为 3 层,煤层编号自上而下为 1 号、2 号、3 号。主要可采煤层为 3 号,具有煤层稳定、厚度大、含硫量低(俗称香煤)、灰分含量低的特点。1 号、2 号煤层因横向分布极不稳定,不具工业开采价值。当前开采 3 号煤层,主要特征是 3 号煤层发育于山西组的下部,平均厚 5.0～6.0m。上距 K_8 砂岩 34m 左右,下距 K_7 砂岩 4～5m。顶板主要由泥岩、粉砂岩、粉砂质泥岩等致密岩石组成,局部为细、中粒砂岩。底板多为泥岩和粉砂岩。一般含 1～3 层夹矸,岩性为碳质泥岩和泥岩。

2. 太原组煤层

太原组通常含煤 10 层,其中 15 号分布稳定。15 号煤层发育于太原组下段的顶部,煤层厚度多数在 2.50～5m,有的地区可达 6.5m,因含硫较高,俗称"臭煤"。上距 K_2 灰岩多在 1m 左右,煤层顶板多为薄层碳质泥岩、泥岩与含钙泥岩,K_2 灰岩常为其直接顶板。底板主要为泥岩、碳质泥岩。

3. 小结

研究区煤层厚度较大,且分布稳定(表 3.1)。3 号煤层厚度多数在 4.5～7m,有的地区达到 8.5m,其横向上连续且稳定,有时有冲刷变薄现象,无明显分岔现象,保持原生结构,其中枣园区 3 号煤净煤平均厚度 5.9m (15 孔),潘庄区 3 号煤净煤平均厚度 5.6m (76 孔);15 号煤层其横向上连续,个别地方有冲刷现象,但煤层结构较为复杂,稳定性较 3 号煤层差,有分岔现象,其中枣园区 15 号煤净煤平均厚度 3.6m (15 孔),潘庄区 15 号煤净煤平均厚度 2.8m (76 孔)。总体而言,研究区内煤层具有厚度较大且分布基本稳定的有利条件。

表 3.1　沁水盆地南部部分钻井煤层厚度统计表

钻　井	煤层厚度/m		合计厚度/m	备　注
	3 号	15 号		
TL-002	4.4	4.5	8.9	煤层气勘探井
TL-003	6.45	1	7.45	煤层气勘探井
TL-004	6.2	3.1	9.3	煤层气勘探井
TL-006	6.1	5.2	11.3	煤层气勘探井
TL-007	5.2	4.4	9.6	煤层气勘探井
TL-008	5.9	1.45	7.35	煤层气勘探井
TL-009	7.0	4.9	11.9	煤层气勘探井
TL-010	5.4	4.5	9.9	煤层气勘探井
TL-011	6.7	2.8	9.5	煤层气勘探井
FZ-001	6.5	4.5	11	煤层气生产试验井
FZ-002	6.3	3.25	9.55	煤层气生产试验井

钻 井	煤层厚度/m		合计厚度 /m	备 注
	3 号	15 号		
FZ-004	6.7	5.2	11.9	煤层气生产试验井
FZ-005	6.26	4.87	11.13	煤层气生产试验井
FZ-006	7.2	4.2	11.4	煤层气生产试验井
FZ-007	6.5	4.2	10.7	煤层气生产试验井
FZ-008	6.09	6.0	12.09	煤层气生产试验井
FZ-009	6.2	4.1	10.3	煤层气生产试验井
FZ-010	5.08	4.45	9.53	煤层气生产试验井
FZ-011	6.0	4.85	10.85	煤层气生产试验井
FZ-012	6.2	4.0	10.2	煤层气生产试验井
FZ-015	6.2	5.25	11.45	煤层气生产试验井
FZ-016	6.2	5.0	11.2	煤层气生产试验井
FZ-017	6.2	4.65	10.85	煤层气生产试验井
晋 1-2	5.4	3.2	8.6	煤层气勘探孔
晋试 5 井	5.4	5.2	10.6	煤层气勘探孔
晋试 6 井	6.0	5.8	11.8	煤层气勘探孔
晋试 2 井	6.4	3.8	10.2	煤层气勘探孔
晋试 3 井	6.0	2.0	8	煤层气勘探孔

（二）大地构造背景

区域范围内构造形态呈现出多样性特征,既有以晋-获褶断带和武-阳凹陷为代表的新华夏构造体系,又有以绛县-驾岭构造带为代表的纬向构造体系及以太岳山为代表的经向构造体系,还有拟议中的晋东南“山”字形构造体系。研究区内的构造形变均不同程度的受上述构造体系的影响或制约。东部边界的晋-获褶断带和西部边界的寺头断层具有明显的新华夏构造体系特征,南北向的小型褶皱显然受经向构造体系的影响,同时又是晋东南“山”字形构造体系的组成部分(脊柱)。受纬向构造体系的影响,研究区南端的地层抬升,煤系地层裸露地表。到目前为止,在气田区发现并证实的最大断层是寺头正断层和后城腰正断层,还有一些规模较小的断层,断层走向主要呈北北东向和近南北向。总的来说,区域构造特征比较简单,这一点对在该区进行煤层气勘探比较有利。

（三）岩 浆 活 动

本区虽未发现大规模岩浆岩,但南部正处北纬 $35°\sim38°$ 的燕山期岩浆活动带,而且区外均有岩浆岩体存在,如西南部塔儿山一带有燕山期岩浆岩体。岩浆与热液作用有关,故推断本区有较大的隐伏岩体存在,从而也造成了区内煤变质程度增高,甲烷含量也高。据杨起等报道(1988),南部阳城、高平、陵川、晋城等地有正磁异常区分布,ΔTa 为 100~250γ,这预示着在这个地区可能存在隐伏体,可能具有岩基规模,与吕梁山已知花岗岩异常对比,南部隐伏体的深度在 500~1500m。另据煤田勘探资料,阳泉二矿 2~9 号孔在 9号煤板见到蚀变闪长岩脉。这也为推测隐伏体的存在提供了有利的证据。

总之,沁水盆地南部岩浆活动不甚发育,燕山运动和喜马拉雅运动期间,由于较大规模的岩浆侵入活动,大地热流背景值升高,本区石炭-二叠纪煤层在原来深成变质作用的基础上,又叠加了区域岩浆热变质作用,致使煤化作用大大加强,这也是我国沁水盆地南部浅埋藏高变质无烟煤不同于国外大埋深高变质无烟煤的重要原因之一。

(四)区域构造形成与演化

与华北广大地区一样,研究区在寒武纪至中奥陶世时,地壳稳定沉降,在古老结晶基底上形成了浅海相碳酸盐为主的沉积。中奥陶世以后,由于加里东地壳运动,使华北地台整体隆起,致使研究区缺失了晚奥陶世至早石炭世的沉积。到中石炭世,海西运动使本区地壳再次沉降,沉积了石炭二叠纪海陆交互相含煤地层,奠定了形成煤层气的物质基础。石炭、二叠系煤系地层沉积后,历经印支、燕山和喜马拉雅三次构造运动改造。

在印支运动的早期,本区地壳沉降速率加大,形成厚度巨大的早三叠世至晚三叠世地层,自印支运动晚期的三叠纪末期开始,华北地台逐渐解体,盆地开始整体抬升,遭受风化剥蚀,结束了从石炭纪至三叠纪的连续沉积历程。

早中侏罗世,华北板块受太平洋和欧亚板块的挤压,发生了强烈的燕山运动。燕山运动使本区出现显著的构造分异,盆地在早侏罗世开始形成,并在中侏罗世一度接受沉积,然后盆地再度抬升,地层遭受剥蚀。此期本区岩浆活动活跃,并在晚侏罗世至早白垩世达到高潮,使变质程度进一步加深。由于该变质作用是在煤层被抬升、褶皱、剥蚀,上覆静岩压力逐渐减小的情况下进行的,因而对割理及煤的外生裂隙的生成、保存等均产生了有别于深成变质作用的影响。

在喜马拉雅运动的早、中期,本区继承了燕山期的古地理面貌,绝大部分地区一直遭受剥蚀。至喜马拉雅运动中晚期的新近纪,本区构造分异加剧,区内受鄂尔多斯盆地东缘走滑拉张应力场作用,在山西隆起区产生了北西-南东向拉张应力,发育了山西地堑系,区内形成了榆次、介体一带的晋中断陷,沉积了新近系、第四系陆相碎屑岩,其他地区石炭系、二叠系和三叠系等地层继续遭受剥蚀,并在北部和东南部因拉张而形成北东向正断裂,致使盆地定型于现今状态。除晋中断陷、寿阳和屯留地区接受沉积外,盆地大部分地区继续遭受风化剥蚀,使煤层埋深小于 2000m,成为国内少有的煤层埋深适中、分布面积大、连续性好的含煤区。同时,喜马拉雅运动使盆地构造应力松弛,有利于煤层割理、裂隙的开启及张性裂隙的生成,有利于渗透率的提高,尤其在割理及裂隙比较发育的次级褶皱轴部和北东向断裂附近。

(五)水文地质特征分析

沁水盆地四面环山,石炭、二叠纪煤系在周围出露,东、西、北部为供水区,盆地边缘水位标高高于盆地内部,大气降水通过岩层孔隙从边部向内部渗流。

沁水盆地含水层按含水介质可分为三个类型:寒武系至中奥陶统碳酸盐岩含水层组;石炭、二叠系碎屑岩夹碳酸盐岩含水层组;第四系松散岩类含水层组。它们构成互不联系的水动力系统。

石炭、二叠系碎屑岩夹碳酸岩含水层组为构造裂隙及石灰岩裂隙含水层,主要含水段为 K_5、K_2 石灰岩及砂岩,煤层为构造裂隙含水层。由于其孔隙度、渗透率低,连通性不好,所以水的活跃程度不高,不是富水层。

石炭、二叠系含水层组上下均有良好的隔水层,其下为太原组 15 号煤至本溪组底泥岩、铝质泥岩隔水层,阻隔了奥陶系岩溶裂隙水与煤系地层之间的水力联系。其上除煤系地层内部的泥岩外,有下石盒子组的泥页岩夹致密砂岩隔水层,所以石炭、二叠系含水层形成独立的水动力系统是具备条件的。而且沁参 1 井分层测试资料也说明了这一点,从矿化度、氯根及水压头高度看与上、下地层存在明显的差别,石炭、二叠系含水层水矿化度低于下部、高于上部,水压头高程高于下部、低于上部。

可以看出,水动力条件可以明显的分为南北两个区,分界线在盆地中部的灵山—沁县—蟠龙一带。

1. 北区

北区,太行山北部、东山、霍山为供水区,泄水区在东北部的娘子关泉一带。此区边部水压坡降大,水势随埋深增加而迅速降低,中间广大地区水势平缓,石炭、二叠纪地层水总矿化度在 $2000 \sim 3000\text{mg/L}$ 左右,水型以碳酸氢钠型为主,中间大范围地区为弱径流区及滞流区。

2. 南区

南区主要以太行山南段、霍山为供水区,泄水区在阳城东南。边部水压坡降也较大,但比北区幅度小,中间广大地区水势平缓,总矿化度在 $2500 \sim 3400\text{mg/L}$ 左右,水型以碳酸氢钠型为主。

沁水盆地属干旱地区,边部供水量有限,盆地内部水势平缓,水活跃程度不高。实际资料说明,煤层气含量高,一般都在 $10\text{m}^3/\text{t}$ 以上,高的可达到 $30\text{m}^3/\text{t}$ 左右,井的产水量不大,一般日产水量 $10 \sim 20\text{m}^3$,地层水矿化度 3000mg/L 以上。

总体上看,沁水盆地内部广大地区,地层水矿化度不高,多数都以弱交替和滞流为主,对煤层气保存有利。

(六) 应 力 分 析

我国东部地区中新生代经历了多期构造运动,对沁水盆地的煤层气造成了不同程度的影响。印支运动主要发生在中晚三叠世,使三叠系与古生界地层,甚至中上元古界一起发生褶皱、断裂,形成一系列轴向近东西的穹状背斜与短轴向斜,挤压方向近南北方向。沁水盆地构造活动以整体抬升为主,三叠系地层遭受不同程度的剥蚀,整体呈现东隆西拗的格局。

侏罗纪—第三纪是华北地台解体与强烈差异活动时期,构造活动在华北地区以北西西-南东东向挤压为主,使得许多褶皱构造呈北东—北北东向展布。沁水盆地亦以北东—北北东向褶皱构造为主,在东、西边部形成北东向断层。构造活动以挤压抬升和褶皱作用为主,盆地内的褶皱主要在这个时期形成。盆地周边的太行山隆起、阜平隆起、吕梁山隆起也主要在此时期形成。

喜马拉雅运动发生在第三纪—第四纪,印度板块向北推移,与欧亚板块碰撞挤压,华北地区在近南北向挤压、近东西向拉张作用下,太行山以东地区形成断陷,沁水盆地西部的汾渭地堑、晋中地堑等为新生代以来形成的断陷系,北东—北北东向正断层发育,沁水盆地东部也发育了一系列北北东向的正断层。

三、煤层赋存规律及煤岩煤质特征

(一)煤层空间展布规律

沁水盆地主要煤层主要赋存在太原组和山西组,煤系煤层总厚度变化在3.65~18.5m之间。其平面展布规律在南北方向上,总体是由北向南煤层增厚,在东西方向上,总体是由西向东煤层变厚。就地区而言,在寿阳地区,主要煤系煤层总厚度在0~16m之间,平均10.64m。在阳泉地区,出现一个局部厚煤区,煤层平均厚度为13.71m。在和佐-襄垣地区,主要煤系煤层总厚度在8.7~15.79m之间,平均11.21m。在屯留-长子地区,煤层厚度差异比较大,主要煤系煤层总厚度在3.65~18.5m之间,平均厚度在11.05m。在这一地区的西北部有一个低值区,最小厚度仅为3.65m。在高平-樊庄区,主要煤系煤层总厚度在9.7~14.97m之间,平均11.51m左右。在沁源地区,主要煤系煤层总厚度变化比较明显,北部地区的煤层厚度明显高于南部地区,厚度变化范围在4.35~11.79m之间,平均5.79m。在晋城地区,主要煤系煤层总厚度在10.24~15.3m之间,平均13.03m。在沁北-霍东地区,主要煤系煤层总厚度相对来说比较薄,一般在4~9m之间,平均8.98m。沁水盆地主要煤系煤层总厚度分布如图3.3所示。

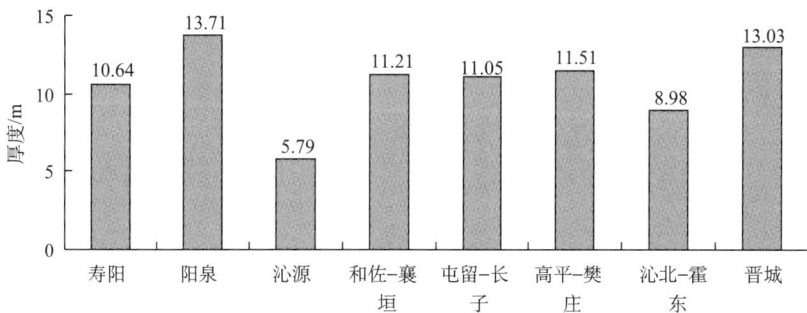

图3.3 沁水盆地煤系煤层总厚度分布

1. 太原组15号煤层厚度分布特征

太原组煤层总厚度变化范围在0~16.9m之间。总体上表现为北厚南薄(图3.4)。从太原组煤层等厚线图(图3.5)可以看出,在沁水盆地东北部寿阳、和佐一带,以及沿着盆

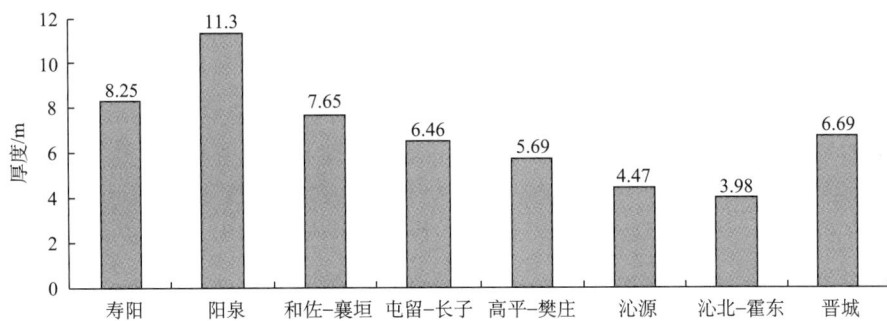

图 3.4 沁水盆地太原组煤层总厚度分布直方图

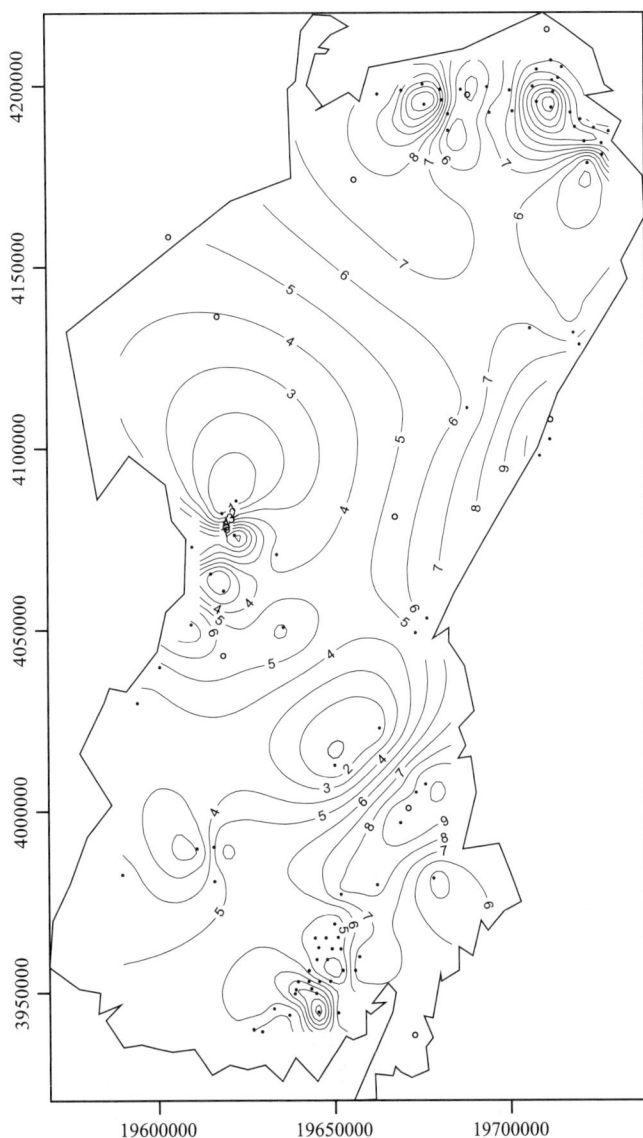

图 3.5 太原组煤层总厚度等值线图(厚度单位:m)

黑点表示资料点

地东部及东南部煤层露头带附近,太原组煤层厚度大于 6m。就其地区而言,在寿阳地区,煤层厚度变化范围在 3.44～16.89m 之间,平均厚度在 8.25m。在阳泉地区,煤层厚度变化范围在 8.3～16.7m 之间,平均厚度在 11.3m。在和佐-襄垣地区,煤层厚度变化在 4.6～11.36m 之间,平均厚度在 7.65m。在屯留-长子地区,煤层厚度变化在 0.77～10.68m 之间,平均厚度在 6.46m。在高平-樊庄地区,煤层厚度变化在 3～8.52m 之间,平均厚度在 5.69m。在沁北-霍东地区,煤层厚度变化在 1～6.25m 之间,平均厚度在 3.98m。在沁源地区,煤层厚度变化在 0～10.39m 之间,平均 4.47m;在晋城地区,煤层厚度变化在 3.1～11.56m 之间,平均 6.69m。

太原组主要可采煤层(15 号煤)厚度变化在 0～10.3m 之间(图 3.6)。其平面展布规律(图 3.7)总体上表现为北厚南薄,在盆地的北部地区,总体上表现为东厚西薄,在盆地南部地区,这种趋势不明显。就地区而言,在寿阳地区,煤层的厚度变化在 0.27～5m,平均厚度也在 3.5m 左右。在阳泉地区,煤层厚度变化在 4.18～10.3m 之间,平均厚度在 5m 左右。在和佐-襄垣地区,煤层厚度变化在 0.5～8.05m 之间,平均厚度在 3.0m 左右。在屯留-长子地区,煤层变化范围在 0.84～6.4m 之间,平均厚度在 3.5m 左右。在高平-樊庄地区,煤层厚度变化在 1.15～5.53m 之间,平均厚度为 2.5m 左右。在沁源地区,煤层厚度变化在 0～4.67m 之间,平均厚度在 2m 左右。在沁北-霍东地区,煤层平均厚度在 1.8m 左右。在晋城地区,煤层厚度在 1.08～3.94m 之间,平均厚度在 2.6m 左右。

2. 山西组 3 号煤层厚度分布特征

山西组煤层总厚度变化范围一般在 0～8m 之间。其平面展布规律总体上表现为北薄南厚(图 3.8)。从煤层等厚线图(图 3.9)上可以看出,和佐区、沁源区东部至潞安一带、以及霍东区有 3 个厚煤带分布。就地区而言,在寿阳和阳泉地区,煤层厚度变化在 0～4.78m 之间,平均厚度在 2.4m 左右。在和佐-襄垣地区,煤层厚度变化在 1.43～6.13m 之间,平均厚度在 3.56m 左右。在屯留-长子地区,煤层厚度变化在 3.13～7.37m 之间,平均厚度在 5.19m 左右。在高平-樊庄地区,煤层厚度变化在 3～7.63m 之间,平均厚度在 5.82m 左右。在沁北-霍东地区,煤层厚度变化在 1.05～7.75m 之间,平均厚度在 5.0m 左右。在沁源地区,煤层厚度变化在 0～4.23m 之间,平均厚度仅 1.32m。在晋城地区,煤层厚度变化在 4.45～7.25m 之间,平均厚度 6.34m 左右。

山西组主要主采煤层(3 号煤)厚度变化在 0～8m 之间。其总体变化趋势与太原组主要可采煤层(15 号煤)呈现出相反的趋势,是由北向南煤层厚度逐渐变厚,并且在盆地南部,由西向东煤层变厚的趋势比较明显(图 3.10 和图 3.11)。就不同地区来说,地区间煤层厚度差异比较大。在寿阳地区,煤层厚度在 0～5m 之间,平均厚度仅 1.5m 左右。在和佐-襄垣地区,煤层厚度在 0.3～2.75m 之间,平均厚度在 1.6m 左右。在屯留-长子地区,煤层厚度在 1.2～8 之间,煤层厚度变化范围大,但主要集中在 5m 左右,平均厚度在 5m 左右。在高平-樊庄地区,煤层厚度在 1.5～6.92m 之间,平均厚度在 5.5m 左右。在沁北-霍东地区,越往东南,煤层越厚,煤层厚度在 0.15～3.69m 之间,平均厚度在 2m 左右。在沁源地区,煤层相对比较薄,厚度在 0～1.73m 之间,平均厚度在 1m 左右。在晋城地区,越往东,煤层越厚,煤层厚度一般在 2.7～7.59m 之间,平均厚度在 6m 左右。

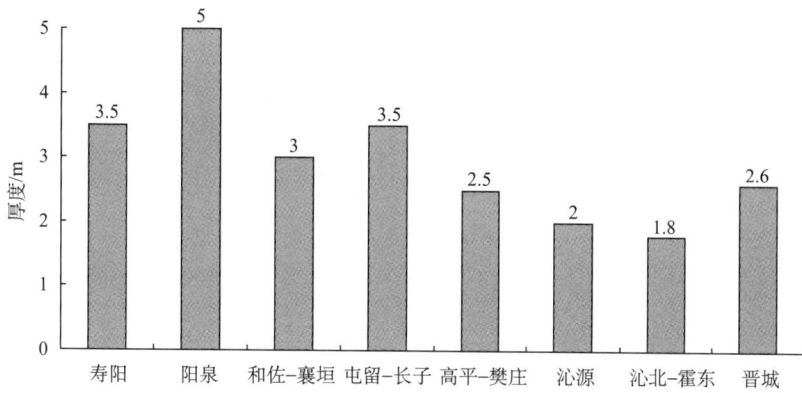

图 3.6　沁水盆地 15 号煤厚度分布直方图

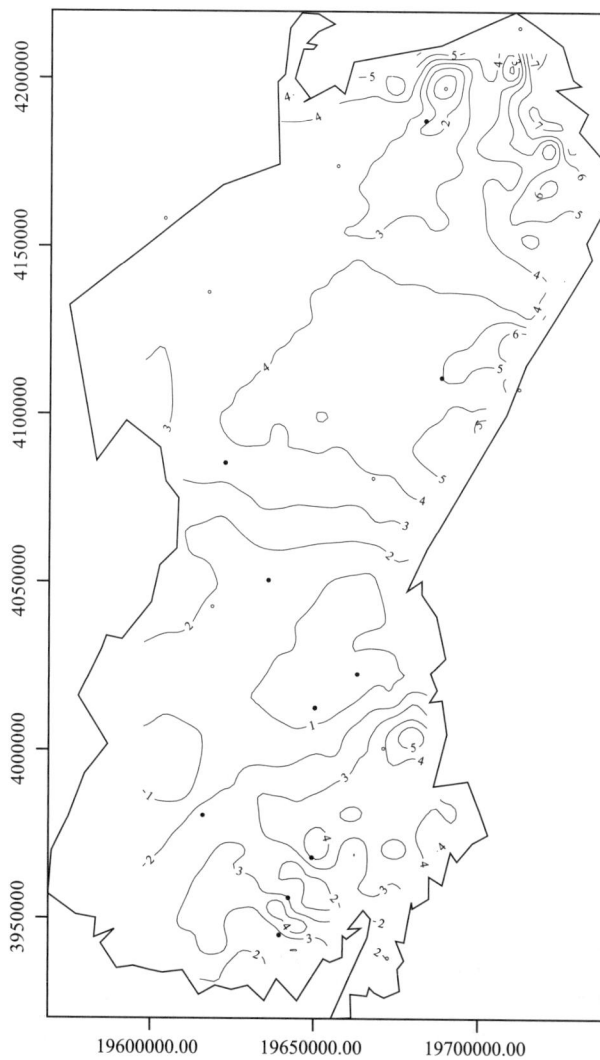

图 3.7　沁水盆地太原组 15 号煤层厚度等值线图(厚度单位:m)

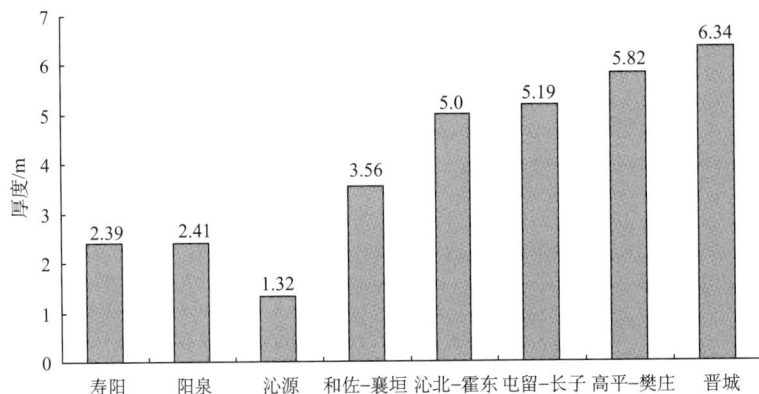

图 3.8 沁水盆地山西组煤层总厚度分布直方图

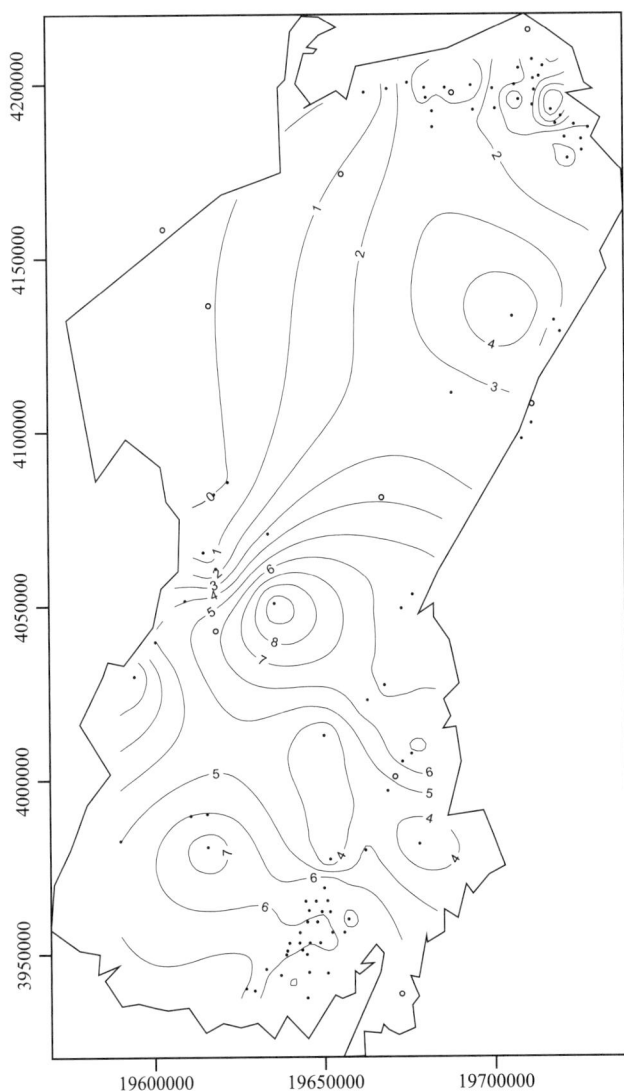

图 3.9 沁水盆地山西组煤层总厚度等值线图(厚度单位:m)

黑点代表资料点

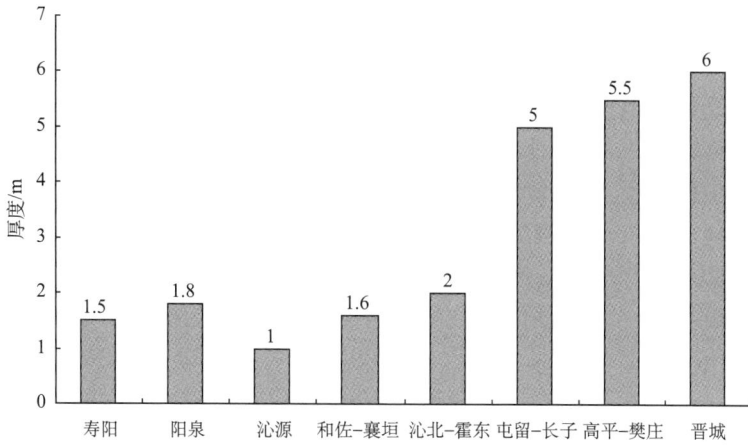

图 3.10　沁水盆地山西组主采煤层 3 号煤厚度分布直方图

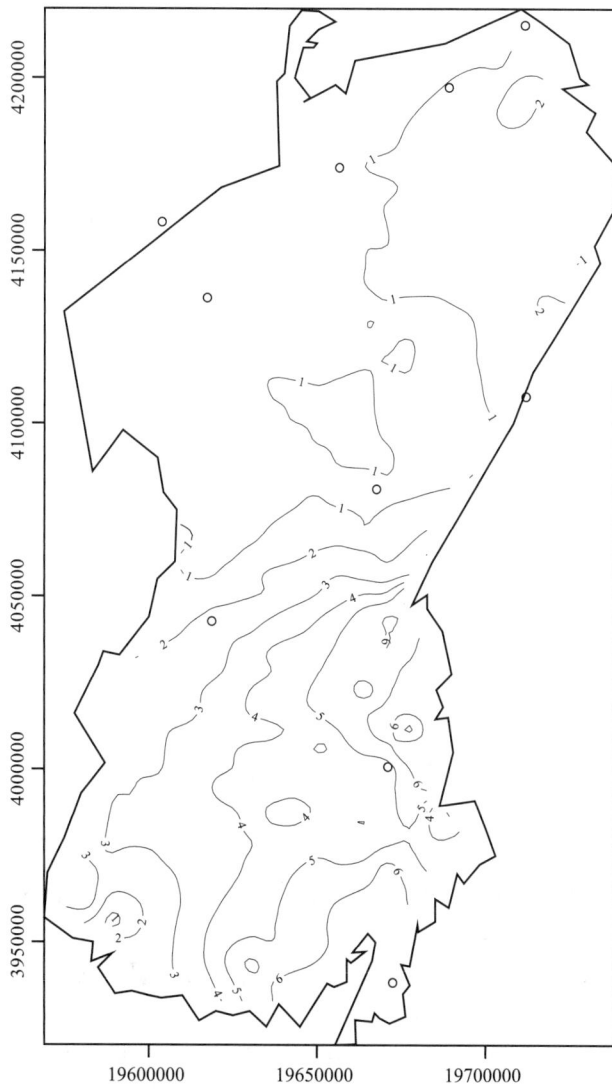

图 3.11　沁水盆地山西组主采煤层 3 号煤厚度等值线图(厚度单位:m)

3. 煤层发育的地质控制因素

煤层发育受很多地质条件的控制,最重要的是构造运动和沉积环境对成煤的控制。前者包括构造活动的强度和频率,后者包括沉积时的岩相古地理条件、古地貌、古植被、古气候、泥炭沼泽类型和沼泽中水体深度以及地球化学条件等等。根据对太原西山石炭二叠纪地层的古地磁测定,研究区当时位于赤道以北14.8°附近的热带和亚热带地区,属于潮湿多雨气候,这种气候条件有利于聚煤作用发生,石炭二叠纪在本区发生了较强的聚煤作用。控制煤层厚度的直接因素主要为当时的古构造背景和古地理条件。

(1)构造运动对成煤的控制

华北地区石炭二叠纪煤系沉积是在构造环境相对比较稳定的地质条件下进行的。在漫长的聚煤过程中,明显影响沁水盆地含煤地层沉积的构造运动有两次,即从晚石炭世开始沉降,接受沉积和太原早期华北板块由北降转为南降的过程。前者形成南薄北厚的格局,但这一时期本区并没有沉积具有经济价值的煤层。在太原早期,华北出现"翘板"式构造运动,北部抬升南部下降,从此海水主要由东南向西北挺进。这种构造变动造成本区地势平坦的态势,即由北深—平衡—南深,并且以整体缓慢变动为特征,这为本区创造了一个宁静的成煤条件,使15号煤层全区发育,并且厚度比较大,分布相对比较稳定。

(2)沉积环境对聚煤作用的控制

为了进一步分析沉积环境对煤层厚度的控制作用,将煤层等厚线图与古地理图叠置在一起,从而可以看出沉积环境与聚煤作用关系(图3.12和图3.13)。

从图3.12可以看出,太原组煤层厚度大于6m的地带位于沁水盆地东北部寿阳、和佐一带,以及沿着盆地东部及东南部煤层露头带附近。这些地带多与砂岩富集带相吻合,寿阳、和佐一带是当时的下三角洲平原地区,有利于聚煤作用的发生,所以该地煤层厚度相对比较大,东南部晋城一带障壁砂坝砂岩比较富集,亦是聚煤作用有利地带,因此形成了较厚的煤层。太原组沉积环境与聚煤作用关系图表现为,本区煤层总体上由北向南煤层厚度由大变小,是因为当时古地理环境北部水体相对较浅,有利于泥炭沼泽持续发育,从而形成较厚煤层;而南部潟湖相带水体相对较深,不利于泥炭沼泽的持续发育,所以煤层厚度相对较小;东南部则因障壁砂坝发育而水体局部变浅,亦发育有利于聚煤作用发生的泥炭沼泽。

从图3.13可以看出,山西组煤层厚度较大的地区有和佐区、沁源区东部至潞安一带、以及霍东区三个厚煤带,而这三个厚煤带都位于三角洲分流间湾地区。尤其以位于下三角洲平原分流间湾的霍东区及晋城一带煤层厚度最大。这是因为南部三角洲平原分流间湾区水体深度适中,适于泥炭沼泽持续发育,因此能够聚集厚度较大的煤层;北部分流河道发育地区,或者由于分流河道的动荡,或者由于水体深度不适合于泥炭沼泽持续发育,因此形成的煤层相对较薄,这也是研究区山西组煤层北薄南厚的主要原因。

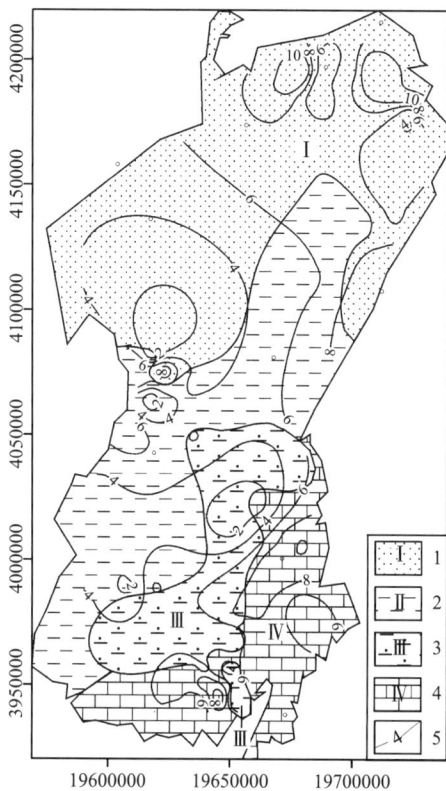

图 3.12 太原组沉积环境与聚煤作用关系图

1. 下三角洲平原；2. 潟湖；3. 障壁砂坝；

4. 滨外碳酸盐陆架；5. 煤厚(m)及等值线

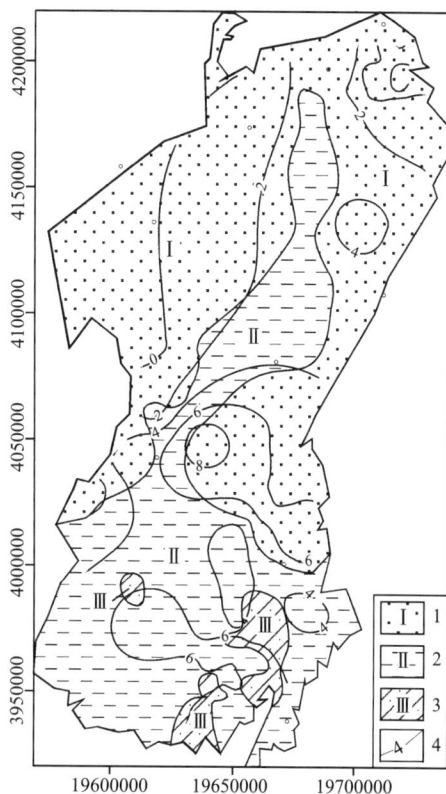

图 3.13 山西组沉积环境与聚煤作用关系图

1. 下三角洲平原分流河道；2. 下三角洲平原分流间湾；

3. 三角洲前缘河口坝；4. 煤厚(m)及等值线

（二）煤 岩 煤 质

沁水盆地各煤层基本上由腐殖煤构成。其宏观煤岩组分以亮煤为主,暗煤次之,镜煤和丝炭较少;其煤岩类型以半亮型煤和半暗型煤为主。山西组和太原组煤岩类型以半亮煤和半暗煤为主,但是,太原组主要煤层的暗煤和丝煤含量比山西组少,相应地太原组主要煤层的光亮煤和半光亮煤比山西组高。在横向上,山西组和太原组的主要可采煤层由北往南,光亮型煤和半光亮型煤含量增加,半暗淡型煤含量逐渐降低。

煤中有机物质是煤层气生成的物质基础,其镜质组含量基本决定了煤岩生气能力。表3.2为研究区煤岩化验分析结果。可以看出,3号煤层镜质组含量介于48.1%～98.2%,平均77.99%,惰质组含量介于1.8%～51.9%,平均22%,壳质组含量甚微;15号煤层镜质组含量介于49.84%～97.80%,平均79.21%,惰质组含量介于2.08%～50.16%,平均20.03%,壳质组含量甚微。无机物含量3号煤为10.22%～25.53%,平均13.51%,15号煤为2.38%～30.33%,平均12.56%,均属于中低灰煤。这种中-低灰分含量、高镜质组含量和低壳质组含量组成表明,原始有机质主要来源于陆源高等植物。这种特点的煤层具备形成原生割理裂隙的物质构成特点,相对提高了煤层气渗流能力通道,镜质组中的大量微孔也为煤层气提供了储集空间;无机物含量低使煤层有足够大的煤基质颗粒内表面用来吸附气体,从而保证煤层中能够赋存大量的煤层气资源。

表 3.2　沁南煤层气田煤岩化验分析数据表

井名	煤层	显微组分/%			元素分析/%				原子比	
		镜质组	惰质组	壳质组	C	H	N	O	H/C	O/C
TL-001	3#	93.59	6.41		91.69	3.77	1.54	3	0.49	0.025
TL-002	3#	93.88	6.42		90.51	4.05	1.51	3.93	0.537	0.033
	15#	93.96	6.04		90.28	4.15	1.69	3.68	0.552	0.031
TL-003	3#	98.20	1.80		92.69	3.26	2.79	1.26	0.422	0.01
	15#	95.95	4.05		95.05	2.95	1.19	0.82	0.372	0.006
TL-004	3#	58.50	41.50		93.25	3.38	0.71	2.66	0.435	0.021
	15#	67.11	32.89		92.14	3.48	0.44	3.94	0.453	0.032
TL-005	3#	65.00	35.00		92.07	3.95	1.65	2.33	0.515	0.019
TL-006	3#	48.10	51.90		93.34	3.11	0.84	2.71	0.4	0.022
	15#	49.84	50.16		94.65	2.82	0.44	2.09	0.358	0.017
TL-007	3#	59.15	40.85		93.65	2.98	0.64	2.73	0.382	0.022
	15#	67.30	32.70		94.65	2.82	0.29	2.24	0.358	0.018
TL-008	3#	96.89	3.00	0.11	93.51	3.45	0.62	2.42	0.443	0.019
	15#	97.80	2.08	0.12	93.83	3.27	0.33	2.57	0.418	0.02
TL-009	3#	57.51	41.83	0.66	93.07	3.29	0.8	2.84	0.424	0.023
	15#	76.93	23.07		93.24	3.41	0.78	2.57	0.429	0.021
TL-011	3#	94.40	5.60		92.66	3.1	1.21	3.03	0.401	0.025
	15#	90.75	9.25		93.28	3.08	1.3	2.34	0.396	0.019

另外,3号煤和15号煤的宏观煤岩类型主要为半亮煤和半暗煤,夹亮煤和暗煤条带,而且总体上表现出15号煤层比3号煤层煤岩类型好的特点,这一点与宏观煤心观察结果一致。宏观煤岩类型越好,其产气能力就越高。煤的这种显微组成变化和宏观煤岩类型与该区原始沉积环境的变迁相关。

沁水煤层气田的煤级比较高,主要为贫煤—无烟煤,具有较高的生气能力,其主要煤层的煤质分析结果见表3.3。其中山西组的煤级以贫煤、瘦煤和无烟煤为主,其次还有焦煤、肥煤和气煤,太原组煤级分布基本上同山西组,但气煤比山西组面积小。

表 3.3　沁水盆地主要煤层煤质分析结果

地区	时代	煤层	水分/%	灰分/%	挥发分/%	$S_{t,d}$/%	C/%	H/%
寿阳	P_1s	3	1.08	13.2	12.36	0.6	90.57	4.09
	C_3t	15	1.86	25.49	14.76	2.45	89.47	4.29

地区	时代	煤层	水分/%	灰分/%	挥发分/%	$S_{t.d}$/%	C/%	H/%
襄垣	P_1s	3		17.7	11.74	0.34		
	C_3t	15		28.1	10.95			
阳泉	P_1s	3	1.16	22.22	11.52	0.54		
		6	1.36	17.84	9.15	0.68		
	C_3t	8	1.26	20.18	9.3	0.78		
		9	1.11	29.87	9.19	0.85		
		15	1.29	20.32	8.68	2.1		
屯留-长子	P_1s	3	0.85	16.6	12.5	0.31	91.4	4.23
	C_3t	9		27.1	13.7	2.66	90.9	4.34
		13		16.2	12.3	2.46	91.5	3.98
		15	1.01	27.9	14.4	3.61	90.8	3.97
沁源	P_1s	3	0.87	16.6	17.54	0.47	90.59	4.91
	C_3t	13		20.6	17.5	3.61		
		15		17.7	17.2	3.42	89.4	4.35
晋城	P_1s	3	2.19	13.6	7.0	0.35	93	3.09
	C_3t	9	2.26	20.51	6.03	4.88		
		15	2.18	17.4	6.6	2.53	93.4	2.98

山西组和太原组的主要煤层的灰分、挥发分、水分都比较低,具体来说有以下特征:

(1) 挥发分

山西组煤层挥发分在 7%～38.92% 之间(个别地区例外),平均为 17.23%;太原组煤层的挥发分一般在 8%～21% 之间,平均为 14.36%,在这一点上,显然山西组煤比太原组煤的挥发分高。在空间上挥发分具有南低北高和东低西高的分布趋势。在南部和东部地区,挥发分处于 5%～15% 之间,但局部地区,如屯留稍高。在沁水—阳城—晋城一带,一般小于 10%,挥发分产率低,在 5.8%～15.24% 之间,而且从北向南挥发分产率由高变低,这一点与煤的演化程度自北向南逐渐增高相吻合,因为煤的演化程度越高,其挥发分就越低,挥发分含量与镜质组反射率呈比较好的正相关,其相关系数在 0.85 以上。

(2) 灰分

太原组煤的灰分在 4.8%～25.49% 之间,平均为 13.26%,而以霍县、沁源最高。山西组煤的灰分一般在 2.6%～24.15%,平均为 11.11%,略低于太原组,其总体趋势是西高东低。原煤灰分产率比较低,除个别样品外,基本上都在 10%～16% 之间,纵向上 15 号煤层的煤质略好于 3 号煤层,但平面变化规律不明显,反映区内主煤层总体煤质好的特点,有利于产气和储集气体。

（3）硫分

煤中硫分含量的高低受成煤环境的影响。气田区内主要煤层硫含量横向上分布规律不明显，但在垂向上全区基本一致，即下部煤层的硫含量普遍高于上部煤层。就主煤层来说，山西组主煤层全硫含量低于1%，平均在0.31%～0.47%之间；太原组主煤层全硫含量大于1%，变化于1.88%～4.28%之间，平均为2.7%。在沁源、长治、安泽、阳城和陵川一带，硫分高达4%以上，为高硫煤。煤中硫分在大多数地区以硫化物硫为主，局部地区以有机硫为主。

（4）水分

水分分析在地表条件下进行，不代表地下状况，对煤质评价不起重要作用。各主要可采煤层煤质分析表明，原煤水分变化平均在0.83%～2.26%之间，其中霍西、潞安一般在1%左右，阳泉＞1%，晋城大于2%。

（5）碳含量和氢含量

精煤元素分析表明，山西组平均碳含量为86.12%～92.23%，太原组的碳含量为85.39%～93.37%。碳含量在垂向上变化不明显，但横向上都有一定的变化规律。东部和南部地区主煤层的碳含量较高，一般大于90%，在阳城—晋城一带达93%以上。西北部地区相对较低。一般为85%～90%，其他煤层的碳含量亦有相似的分布趋势。山西组主煤层的平均氢含量3.04%～5.71%，太原组主煤层的平均氢含量2.85%～5.36%。在垂向上平均氢含量随埋深增加而降低，在横向上都表现为自东南向西北方向氢含量增高。

（三）煤层变质程度

本区煤层的深成变质作用占有相当重要的地位。自下二叠统煤层沉积结束以后至三叠纪末或侏罗纪初，由于地壳持续沉降接受沉积，煤系上覆地层不断加厚，温度逐渐升高，压力不断加大，此时煤变质作用以深成变质为主。燕山运动期间，由于强烈的构造运动和岩浆活动，形成沁水南端的高变质煤带。据潘庄一号、二号井田的地温资料，地温梯度平均为1.64℃/100m～1.77℃/100m，最大仅为2.5℃/100m，煤系上覆地层厚度按1000m计算，历史最高地温也仅25℃左右。这说明本区的高变质煤是在深成变质作用的基础上，叠加了岩浆热变质等多种地质因素作用的综合结果。煤层受热历史阶段划分见表3.4。

表3.4　煤层受热阶段划分表

阶段	时代	构造运动	煤变质特征	古地热场特征	地温梯度
1	C-T	印支	深成变质	正常	3℃/100m
2	J	燕山早期	深成变质	正常	3℃/100m
3	K	燕山中期	叠加岩浆热变质	异常	5.5℃/100m
4	N	喜马拉雅期	煤变质结束	正常	2.03～3℃/100m
5	Q	喜马拉雅期	煤变质结束	低于正常	2.03～3℃/100m

1. 煤的演化程度

众所周知,煤层气与一定的煤化阶段有着紧密联系,煤的挥发分产率和镜质组反射率是反映煤化程度的有效指标,其中又以反射率应用效果最好。镜质组反射率作为衡量煤化程度的最好标志,能直接地反映煤系物质的生烃过程。按一般规律,煤层的生烃过程基本顺序为:液态烃(油)→湿气→干气。三者的关系不是截然的接续转换过程,而是叠覆延续过程。从资料分析,山西区煤层的生气门限值可确定为 $R_{o,max}=1.0\%$,生气门限温度为 128.58℃。煤层生气死亡线为 $R_{o,max}=3\%\sim3.5\%$,相应的古地温为 223.5～236.82℃。煤层生气窗为 $R_{o,max}=1.0\%\sim3.5\%$,古地温在 128.58～236.82℃之间。生气高峰在 $R_{o,max}=1.35\%\sim2.0\%$ 间,相应古地温在 154.51～188.47℃。说明山西区煤层的生气高峰阶段主要在焦煤和瘦煤变质阶段。

煤的挥发分与镜质组反射率具有显著的负相关关系,即随着煤化程度的增高,挥发分减小,镜质组反射率增高。将所收集的挥发分数据换算为镜质组反射率数据,其结果见表 3.5。图 3.14 和图 3.15 是根据表 3.5 中挥发分计算出的镜质组反射率值和部分实测反射率值绘制的太原组和山西组主要可采煤层的镜质组反射率等值线图。结果表明,整个沁水盆地石炭-二叠系主煤层 $R_{o,max}$ 在 0.85%～4.78% 之间。其中寿阳地区为 0.85%～2.92%,

表 3.5　沁水盆地不同区段煤层挥发分和镜质组反射率的区间值和差值的变化

（据李静、李建武,1997 资料,有补充）

地区或井位	挥发分/%		反射率/%	
	区间值	差值	区间值	差值
寿阳	10.87～9.74	1.13	2.37～2.46	0.09
西山	16.38～13.86	2.54	1.81～2.13	0.32
沁源	19.87～16.46	3.41	1.60～1.95	0.30
沁水	11.61～13.04	1.45	4.03～4.19	0.16
阳城	7.44～5.33	2.11	4.35～4.75	0.40
晋城			5.24～5.32	0.08
潘庄			4.03～4.19	0.16
潘庄 1 井	6.20～5.58	0.62	3.93～4.09	0.15
潘庄 2 井	5.68～5.20	0.48	3.80～3.92	0.12
樊庄普查	6.48～5.90	0.57	3.40～3.51	0.10
左权	23.17～19.24	3.93	1.39～1.57	0.18
屯留	15.82～14.12	1.70		
高平	11.73～7.81	3.92	2.55～2.77	0.22
和顺	14.93～9.65	5.28		
昔阳	8.67～7.60	1.07	2.77～3.04	0.27
阳泉	9.27～6.98	2.29	2.35～2.85	0.50
寿阳	12.40～10.56	1.84	1.94～2.09	0.25
韩庄			2.11～2.40	0.29
盂县	13.50～12.50	1.00		
东山	15.96～13.48	2.48	1.63～1.77	0.14

樊庄地区为3.1%～3.85%,潘庄一号井为2.55%～4.78%,潘庄二号井为3.29%～4.38%,同时对这些地区的大部分孔来说,同一矿区15号煤层的$R_{o,max}$比3号煤层的$R_{o,max}$高出0.2%～

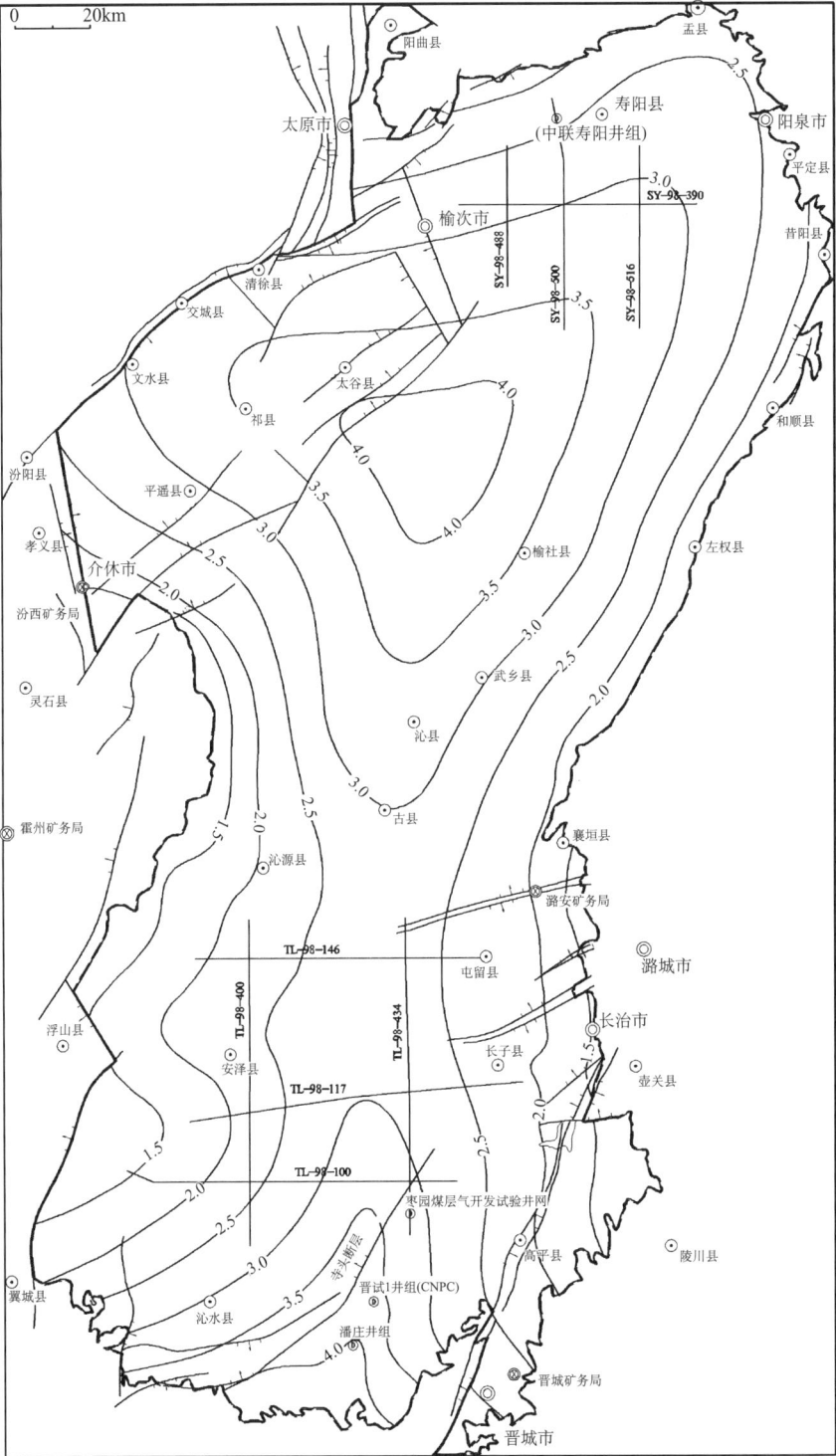

图3.14 山西组3号煤层的镜质组反射率等值线图(单位:%)

0.3‰。依据所提供的数据和计算所得到的数据绘制出 3 煤层和 15 煤层的镜质组反射率等值线图。由图 3.14、图 3.15 可见,3 号煤层和 15 号煤层的 $R_{o,max}$ 在南北向首先表现为由北往南逐

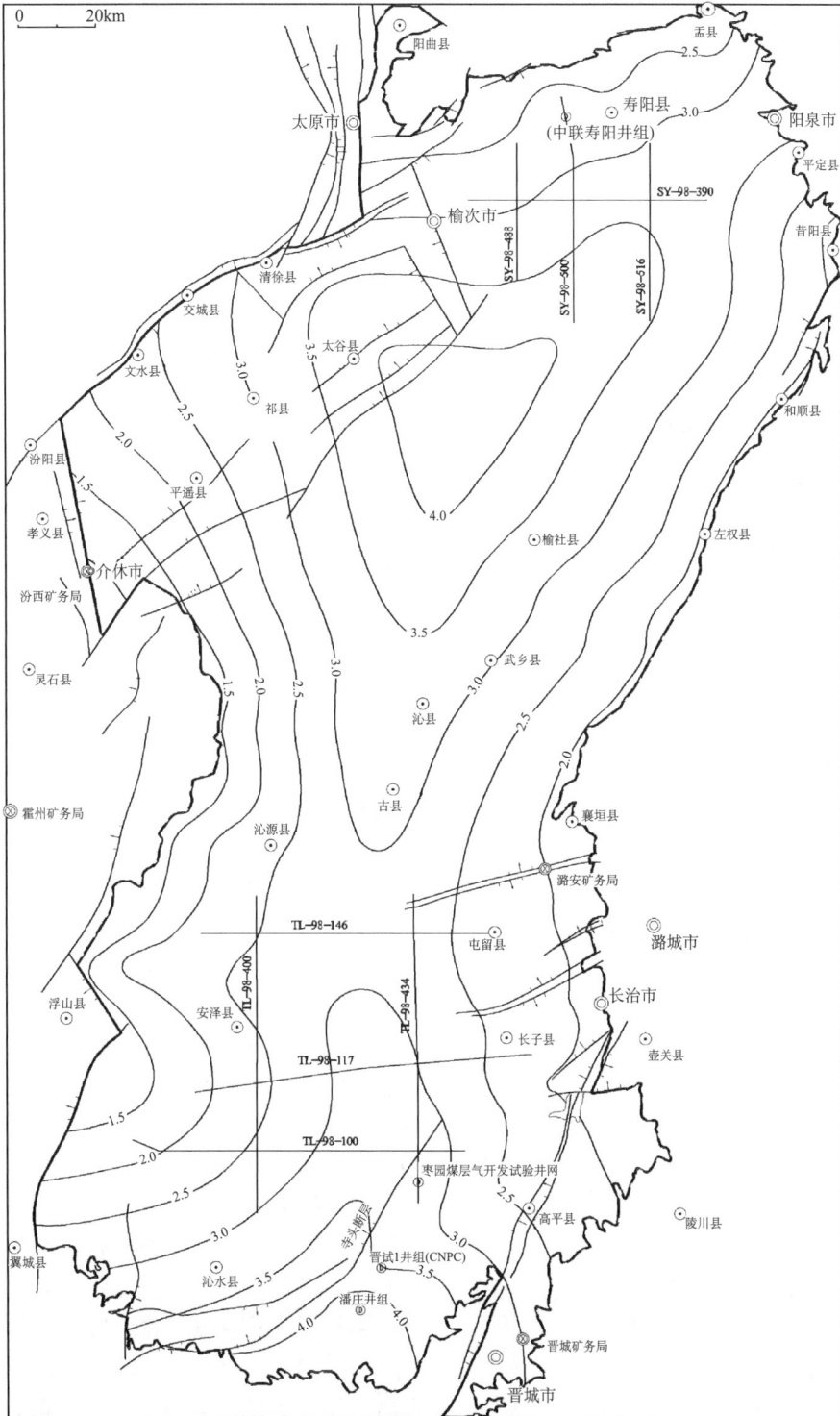

图 3.15　太原组 15 号煤层镜质组反射率等值线图(单位:%)

步增大，然后减小，最后又逐步增大，在沁水盆地最南部达最大，一般都在 3.5% 以上；在东西方向，由中央向东西两侧逐渐减小，但向东减小的幅度比向西减小的幅度小。

在垂向上，太原组较山西组高出一个煤级，山西组主采煤层 3 号煤到太原组主采煤层 15 号煤，挥发分差值从 1.0%～6.8%（表 3.5），若两层煤的间距近似取 100m，则沁水盆地煤层的挥发分梯度为 1%～7%/100m；镜质组反射率变化的差值从 0.2%～0.3%，反射率梯度 0.2%～0.3%/100m。晋城地区由于变质程度过高（2 号无烟煤），反射率差值较小；襄汾地区受接触变质影响，反射率区间值 6.95%～8.17%，差值较大，为 1.22%。

沁水煤田煤层厚度大，分布较稳定。煤的变质程度普遍较高，煤级均在肥煤以上，主要为高级烟煤（焦、瘦、贫煤）及无烟煤。在煤田北部，煤类主要为 1 号无烟煤及贫煤，煤田南部主要为无烟煤和贫煤，局部为 2 号无烟煤。煤田东部以瘦煤、贫煤为主，偶见 1 号无烟煤及少量的焦煤。煤田中部及腹部主要为贫煤及无烟煤。太原组为肥、焦、瘦、贫、无烟煤；山西组为气、肥、焦、瘦、贫、无烟煤；太原组的焦、瘦、贫、1 号无烟煤的比例高于山西组。

2. 煤变质作用特点及类型

沁水盆地煤种的平面展布具明显的分带性，煤变质分带是埋藏深度的不同引起的深成变质差异与区域岩浆热变质的综合产物，但深成变质作用占有相当重要的地位，在三叠纪末已形成低煤级的烟煤，至中生代由于古地温的升高，导致深成变质作用的进一步加强，它是影响沁水煤田现今煤级分带的主导因素，燕山运动以后，强烈的构造活动及深部岩浆活动是煤田南北两端高变质带形成的重要因素。喜马拉雅期构造活动产生新生代断陷盆地使煤层埋深又一次加大，从而导致深成变质作用的继续。

晚古生代和中生代早期，华北板块在持续沉降的稳定时期，聚煤盆地广泛沉积了晚古生代含煤地层和三叠纪地层，煤层在此期间经受了深成变质作用。变质程度如何，取决于煤层上覆地层厚度。深成变质形成的煤类是不同埋藏类型多次叠加作用的结果，其中对全区起主导作用的是 P＋T 的沉降，它促成研究区煤层煤类平面分布的整体规律性。前人曾利用沉积速率等方法恢复出沁水盆地二叠系和三叠系原始沉积厚度（表 3.6），从中可以看出，沁水盆地含煤岩系在燕山运动前埋深曾经达到 4000m 以上。

杨起等（1988）对华北石炭二叠纪煤变质研究指出，三叠纪后期沁水盆地煤层上覆岩系厚度为 2200～4200m，南部侯马、晋城一带最厚，向北逐渐减薄，北部阳泉一带 2200m 左右，依据正常地温增率（3℃/100m）推测，此深度下的煤化温度大约为 80～140℃。普遍的深成变质作用可使煤的演化程度达到中级烟煤阶段。燕山运动形成沁水复式向斜，煤层埋藏深度自盆地边缘向中心逐渐增大，此间，地幔拱隆，大地热流背景值升高，尽管含煤地层整体抬升，但深成变质作用仍在继续，出现以中部无烟煤区为中心，

表 3.6　沁水盆地二叠系、三叠系厚度表
（据尚冠雄，1997）

地区	厚度/m		
	P	T	P＋T
交城	704	1730	2434
洪洞	686	2396	3082
阳泉	818	1500	2338
左权	816	1753	2570
武乡	780	2649	3429
沁源	642	2492	3132
晋城	861	3301	4162
长治	1046	2220	3266
侯马	692	3580	4272
临汾	732	3002	3734

向边部依次为贫煤、瘦煤、焦煤等煤种的分带特征，这一时期的变质作用基本奠定了沁水盆地现今煤变质的格局。但在盆地北部和南部边缘地带出现浅部煤级高、深部煤级低的现象，很显然深成变质作用不是造成当今煤变质面貌的唯一原因。天然焦的微观研究证实，焦化组分确实是由低变质煤转变而来，所以现今沁水盆地煤变质带的展布格局是在深成变质作用的基础上叠加了区域岩浆热变质作用。

总观盆地煤变质作用，具备以下特点：

1）变质分带呈半环状

分带性明显。西山西部的狐堰山由于二长岩的侵入，使煤层变为天然焦，向东南部依次为无烟煤、贫煤、瘦煤、焦煤和肥煤构成的煤级环带。盆地北部的阳泉地区，自北东向西南方向煤级依次为无烟煤、贫煤、瘦煤。南部的翼城、晋城向北部依次为无烟煤、贫煤、瘦煤。围绕着高变质地区呈半环带状分布是本区煤变质分带的一个特点。

2）煤级变化距离短

在深成变质作用下，垂向上每增高一个煤级，煤的埋藏深度要增大1000m。但沁水盆地山西组主采层与太原组主采层间距在100m左右，但反射率和挥发分差值大多都高出一个煤级；平面上延伸不远则出现煤级变化。

3）地温梯度和变质梯度高

从盆地变质指标的垂向变化（表3.5）看，沁水盆地煤的反射率梯度大于0.1%/100m，挥发分梯度大于1%/100m。从我们以往对西北地区煤变质研究成果看，正常地温下的深成变质作用的反射率梯度远小于0.1%/100m，挥发分梯度也只有每百米百分之零点几。而本区煤的变质指标的梯度较正常深成变质作用要高出一个数量级。变质梯度高可归结到地温梯度的变化。从沁水盆地构造热演化史研究结果看，燕山运动以后，太行隆起、太岳隆起及沁水向斜的形成，改变了原有的均衡热演化条件，尤其是太行隆起引起莫霍面深度的改变，造成大地热流背景值升高。此外，构造运动使岩浆活动加剧，形成了一些规模不等的侵入体，也使局部地温背景值升高，如阳泉、晋城等地的煤系基底侵入体的存在，使这些地区地温背景值异常高，煤的变质作用加剧，变质指标垂向上变化大，变质梯度高。

4）煤中热变组分发育

煤岩测定发现，煤中存在诸如中间相小球体、热解碳、各向异性体等次生的热变组分，而且煤级越高出现的概率越大，煤岩学研究认为，各向异性热变组分是煤层经受岩浆热变质作用的证据。

综上所述，深成变质作用是构成沁水盆地煤的变质格局的基础。区域岩浆热变质作用是导致部分地区煤变质程度增高的原因。

（四）煤 层 埋 深

研究区内，自地表分水岭往西，由永红、永安一带往北，煤储层埋深逐渐加大。风化裂隙越来越不发育，地下水的流动也越来越缓慢乃至相对静止，煤层气的保存状况也越来越好。

煤层埋深总体变化呈北部深南部浅、东部浅中部深的变化趋势。煤层埋藏深度适中，

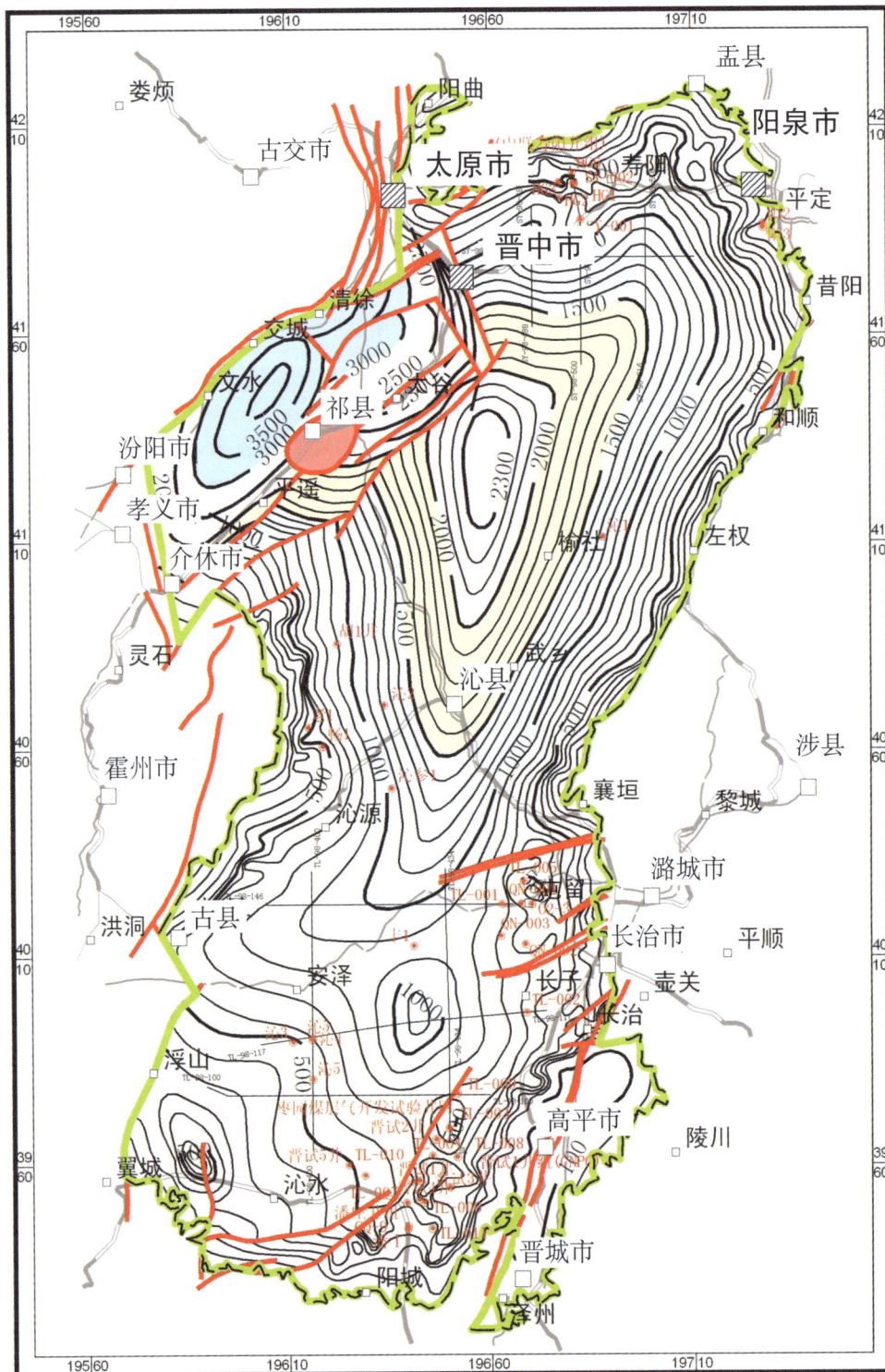

图 3.16 沁水盆地山西组 3 号煤层埋藏深度等值线图(单位:m)

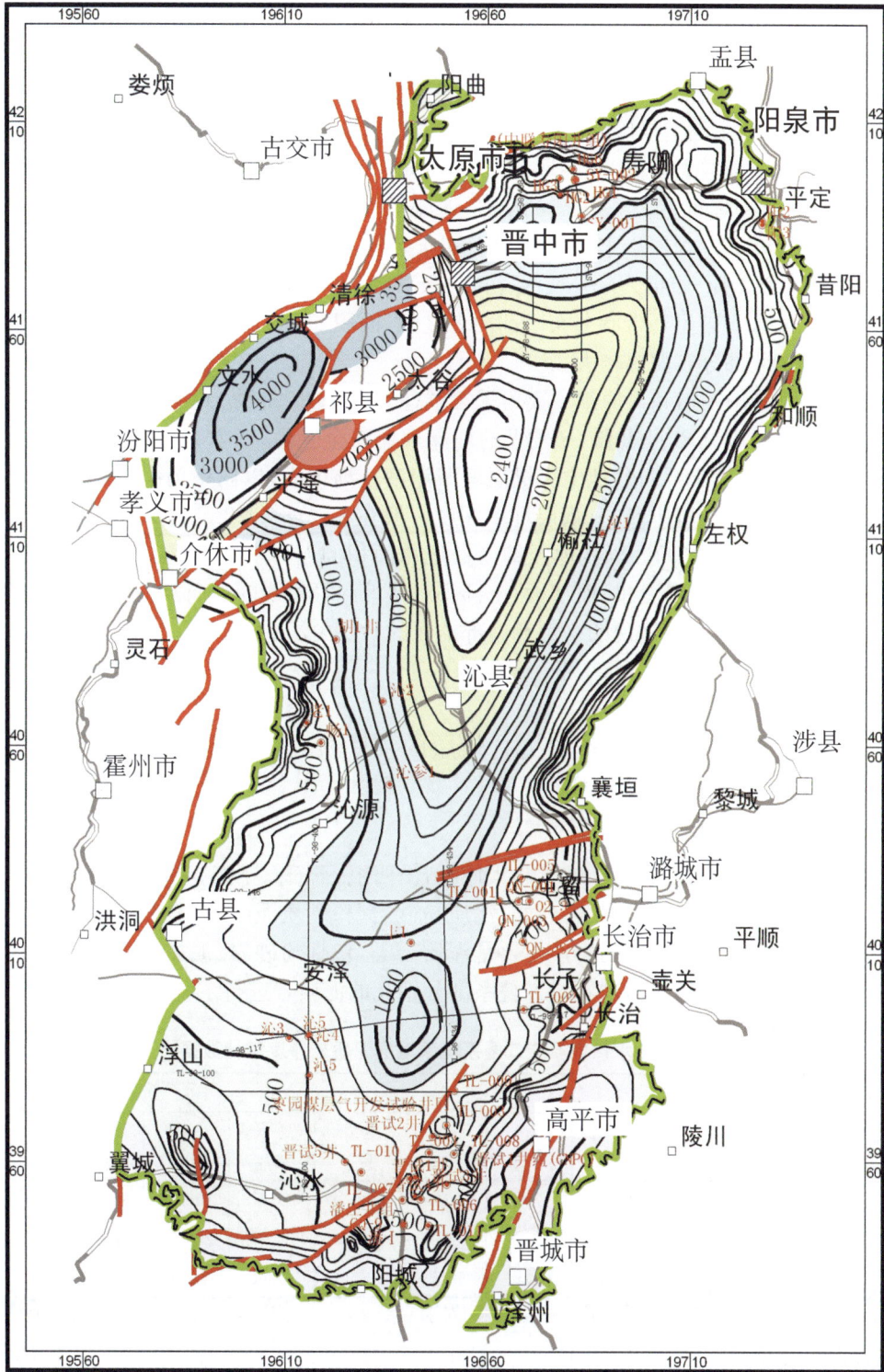

图 3.17 沁水盆地太原组 15 号煤层埋藏深度等值线图(单位:m)

埋藏深度一般小于 1000m,适合进行煤层气勘探。两套主煤层埋深的总体变化趋势相似,只是 3 号煤层的埋深一般比 15 号煤层深约 100m,3 号煤层一般在 300~600m 之间,15 号煤层一般在 500~700m 之间,但在后城腰断层和寺头断层之间的地堑区煤层埋藏较深。从埋深这一条件看,樊庄及邻近区域煤层气的保存条件最好。

区内太原组、山西组煤层埋深受环形向斜构造盆地和局部新生代断陷控制,埋深由边缘露头向盆地中部增大,石炭系底埋深 0~5000m 余。其中西北部平遥、祁县、太谷一带的晋中断陷,煤层埋深达 2000~5000m,是埋深最大的地区,沁县一带是向斜轴部,煤层埋深 2000~3000m。埋深小于 1000m 区分布于盆地边部,分布面积 14750km²,占总含煤面积的 52%,以太原-阳泉、襄垣-长治、沁水-阳城和沁源-安泽四个地区面积较大。埋深 1000~2000m 含煤带呈环带状分布于前两者之间,面积 9950km²,占总含煤面积的 35%,以中南部和东北部分布面积较大。

从沁水盆地山西组和太原组主要可采煤层(3 号煤和 15 号煤)埋藏深度等值线图(图 3.16 和图 3.17)可见,3 号煤和 15 号煤的埋深规律完全一致,在盆地周围有太原组和山西组出露,从煤层露头线向盆地中央煤层埋藏深度逐渐增大,以白壁为中心的地区,煤层埋深超过 2000m。在晋中断陷,煤层埋藏深度一般在 2000~4000m。纵观沁水盆地煤层埋藏深度变化,埋深 2000m 以浅地区约占盆地总面积的五分之四,煤层埋深梯度变化在盆地周边大,向深部逐渐变小;西部大,东部小。从埋深等值线的走向及密度看,盆地东部和南部较西部规律性好,这说明东部和南部地区的地层由浅部向深部呈舒缓状倾斜,构造也比较简单,西部地区则相反。

(五)主力含煤层的顶底板岩性

1. 区域盖层特征

沁水盆地石炭二叠系包括本溪组、太原组、山西组、下石盒子组、上石盒子组及石千峰组等,其岩性以含砾砂岩、砂岩、粉砂岩、泥质粉砂岩、粉砂质泥岩、泥岩及煤层为主,其中能够对煤层气起到封盖作用的岩性主要是泥质岩类,包括粉砂岩、泥质粉砂岩、粉砂质泥岩及泥岩。本课题对沁水盆地石炭二叠系部分钻孔的泥质岩进行了统计(见表 3.7)。

表 3.7　沁水盆地石炭二叠系煤系地层泥质岩厚度统计数据表

层　位	项　目	地　区							
		寿阳	阳泉	和佐-襄垣	屯留-长子	高平-潘庄	晋城	沁北-霍东	沁源
上石盒子组	地层厚度/m	361.67	120.7	243.04	362.99	426.71	306.59	288.24	260.95
	泥岩厚度/m	226.49	76.7	169.62	240.09	277.71	220.93	209.73	192.05
	泥岩百分含量/%	62.62	63.55	69.79	66.14	65.08	72.06	72.76	73.60
下石盒子组	地层厚度/m	126.66	120.0	80.31	72.92	60.17	63.22	170.63	129.07
	泥岩厚度/m	76.71	77	51.69	54.12	40.15	36.69	114.87	77.89
	泥岩百分含量/%	60.57	64.17	64.36	74.22	66.72	58.04	67.32	60.34

层　位	项　目	地　区							
		寿阳	阳泉	和佐-襄垣	屯留-长子	高平-潘庄	晋城	沁北-霍东	沁源
山西组	地层厚度/m	57.56	58.77	80.37	70.85	43.63	48.37	57.87	102.43
	泥岩厚度/m	34.28	33.32	58.04	45.16	27.62	29.48	35.09	71.36
	泥岩百分含量/%	59.56	56.70	72.22	63.74	63.31	60.95	60.64	69.67
太原组	地层厚度/m	125.33	122.9	112.71	90.88	96.71	91.0	84.27	88.69
	泥岩厚度/m	63.37	64.15	60.74	48.75	53.45	49.77	46.61	50.71
	泥岩百分含量/%	50.56	52.20	53.89	53.64	55.27	54.69	55.31	57.18
本溪组	地层厚度/m	45.26	45.34	18.53	11.72	9.52	7.14	12.01	23.16
	泥岩厚度/m	35.01	25.17	14.4	10.34	8.42	6.04	8.15	16.93
	泥岩百分含量/%	45.26	55.51	77.67	88.26	88.45	84.65	67.86	73.10

1) 本溪组铝土岩在整个盆地广泛分布,泥岩百分含量较大,除寿阳和阳泉外,其他地区都在 70% 左右,在高平-潘庄一带可达 88.45%。寿阳和阳泉地区泥岩含量较少,分别仅 45.26% 和 55.51%。这套稳定发育的铝土岩是一套良好的石炭系与奥陶系的隔水层,可阻止奥陶系水的串通。

2) 太原组泥岩比较发育,泥质岩具有从西向东增加的趋势,东部地区相对来说更加稳定。泥质岩厚度不大,但泥岩百分含量都在 50% 以上,其中最高的为沁源地区,高达 57.18%,最小的为寿阳地区,为 50.56%,这说明整个盆地泥质岩相对稳定发育,也是一个较好的区域性封盖层。

3) 山西组地层厚度相对较薄,泥质岩厚度也在几十米以内。从表 3.7 可看出,泥质岩在东南地区,如高平-潘庄、晋城地区较薄,仅二十多米,而在盆地北部(如寿阳、阳泉)、西北地区(如沁源)以及东北地区(如和佐)则相对较厚。但泥岩百分含量都较高,在 60% 左右,寿阳地区为 59.56%,阳泉最小,为 56.70%,最大的是和佐-襄垣区,高达 72.22%,这说明整个盆地泥质岩相对稳定发育,是一个较好的区域性封盖层。

4) 上石盒子组泥质岩段盖层厚度大,泥质岩厚度在两百米左右,其中最大的泥质岩厚度为高平-潘庄一带,高达 277.71m。厚度最小的是阳泉地区,其局部地区缺失该地层,该区泥质岩的平均厚度仅 76.7m。就泥岩百分含量来说,整个盆地由东南向西北略呈增加的趋势,其中晋城、沁北-霍东以及沁源都在 72% 以上,其中沁源地区最大,达 73.60%,最小的为寿阳地区,为 62.62%。下石盒子组泥质岩为紫红色-深灰色,性脆,致密,含砂不均,整个盆地稳定发育。在整个盆地,泥质岩相对较薄,一般在几十米,厚度最大为沁北-霍东一带,为 114.87m。泥岩百分含量平均在 65% 左右,最大的为屯留-长子一带,高达 74.22%,最小的不低于 58.04%,位于晋城一带。

从上述分析可知,就含煤层段而言,泥质岩很发育,山西组泥岩百分含量在 60% 左右,平均大于 60%,太原组泥岩百分含量都在 50% 以上,平均为 55% 左右,且变化范围不大,全区稳定发育,是煤层气吸附储集的良好盖层。

2. 主要煤层顶底板岩性分布

根据钻孔资料统计(表3.8和表3.9),研究区主要煤层顶、底板岩性变化不大。3号煤层顶底板主要为泥岩和粉砂质泥岩及粉砂岩,局部为砂岩;15号煤层顶板主要为泥岩,局部为灰岩和砂岩,底板主要为泥岩、粉砂质泥岩。

15号煤层顶板岩性总体以石灰岩和泥岩为主(表3.8和图3.18),个别钻孔中见砂岩顶板。在所统计的69个钻孔中,42个钻孔是石灰岩顶板,占总钻孔数60.9%;23个钻孔以泥岩和粉砂岩为顶板,占33.3%;另外有4个钻孔中15号煤的顶板直接为砂岩,占5.8%。在研究区南部的高平-樊庄、晋城一带,石灰岩顶板占绝对优势,而在其他地区,石灰岩顶板和泥岩顶板则大约各占一半,在和佐、襄垣一带,可能是潮道发育的缘故,15号煤层直接顶板缺乏石灰岩。此外,研究区南部的长治详查区的2905孔和2507孔钻遇隐伏陷落柱,此处15号煤层缺失。研究区15号煤泥岩顶板的厚度1.0~6.0m,平均3.0m,石灰岩顶板厚度1.1~11.5m,平均6.8m。15号煤层直接底板为根土岩的占94.2%,砂岩的占5.8%。泥岩厚度在0.6~9.7m,平均3.3m。

表3.8　沁水盆地15号煤层直接顶底板岩性及厚度随机统计

	顶　　板			底　　板	
	泥岩	石灰岩	砂岩	泥岩	砂岩
平均厚度/m	3.0	6.8	12.8	3.3	2.7
最小值/m	1.0	1.1	8.5	0.6	1.3
最大值/m	6.0	11.5	15.5	9.7	4.0
钻孔数	23	42	4	67	2

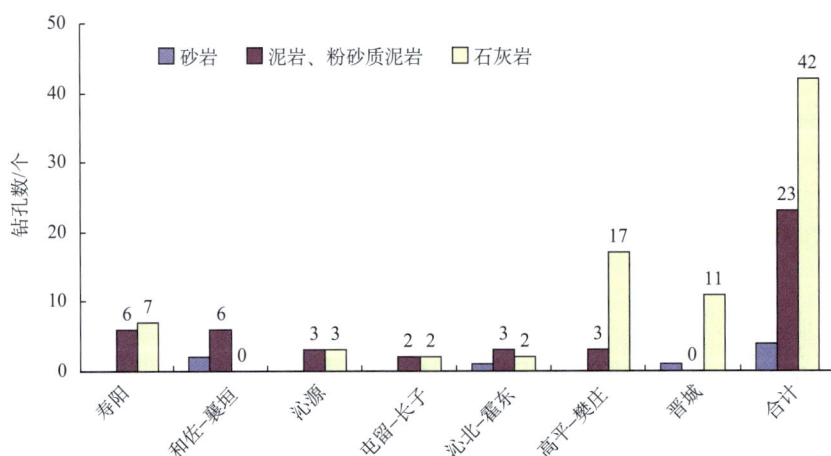

图3.18　沁水盆地太原组15号煤层顶板岩性分布直方图

表 3.9　沁水盆地 3 号煤层直接顶底板岩性及厚度随机统计

	顶　　板		底　　板	
	泥岩	砂岩	泥岩	砂岩
平均厚度/m	4.3	4.4	3.7	3.1
最小值/m	1.0	1.0	0.4	1.0
最大值/m	14.6	9.4	17.8	5.6
钻孔数	55	14	57	12

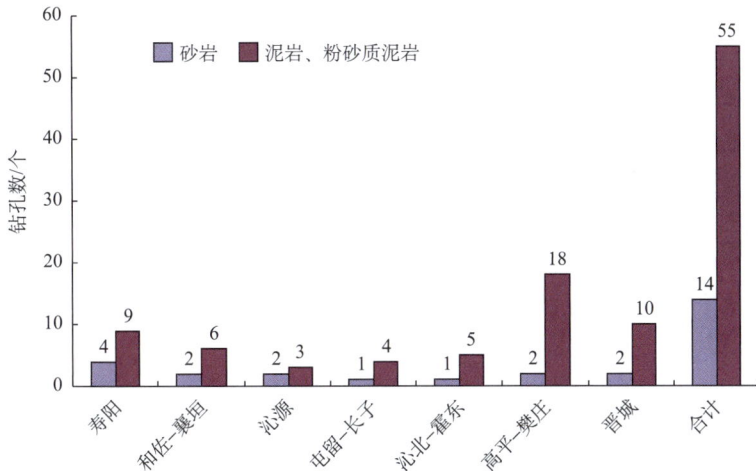

图 3.19　沁水盆地山西组 3 号煤顶板岩性分布直方图

在所统计的钻孔中,3 号煤层直接顶板为泥岩、粉砂岩的钻孔有 55 个,占统计钻孔总数的 79.7%;为砂岩的钻孔有 14 个,占所统计钻孔的 20.3%(表 3.9 和图 3.19)。其中顶板为砂岩的钻孔主要分布于汾西—襄垣一线以北地区,这是因为该区古地理环境为三角洲平原,分流河道发育,局部煤层受冲刷,形成砂岩为煤层的直接顶,这一现象在阳泉和西山地区出现的概率高于其他地区。盆地南部为三角洲前缘环境,冲刷作用发生的较少,所以煤层顶板多为泥岩或粉砂岩。研究区 3 号煤泥岩顶板的厚度从 1.0~14.6m,平均4.3m,砂岩顶板厚度从 1.0~9.4m,平均 4.4m。屯留长子区块的官庄井田的 3145 孔和长治详查区的 2905 孔钻遇隐伏陷落柱,此区 3 号煤层缺失。3 号煤层直接底板为根土岩的占 82.6%,砂岩占 17.4%。泥岩厚度在 0.4~17.8m,平均 3.7m,泥岩底板对气体的保存较为有利。

3. 顶底板盖层微观封闭参数研究

煤层顶底板的微观封闭参数是评价其封闭性能的重要依据。本节根据资料较全的沁参 1 井和晋试 1 井,对煤层气封盖层进行概略分析。

沁参 1 井位于沁水盆地中部北斗沟构造高点北侧,晋试 1 井位于南部晋城斜坡带樊庄区块。煤储层的顶底板有泥质岩、灰岩、致密砂岩。总体上看都有较好的封盖能力。

（1）泥岩封盖能力评价

山西组、太原组作为煤储层封盖层的泥岩孔隙度、渗透率都很低，裂隙不发育。孔隙度为 $0.33\%\sim1.43\%$，平均为 2.44%，渗透率 $0.0033\times10^{-3}\sim17.119\times10^{-3}\mu m^2$，平均为 $0.178\times10^{-3}\mu m^2$，突破压力高，为 $2\sim19MPa$，平均 $8.86MPa$，扩散系数小，为 $0.53\times10^{-7}\sim90.6\times10^{-7}cm^2/s$，平均为 $17.88\times10^{-7}cm^2/s$，是良好的封盖层，沁参 1 井的封盖能力比晋试 1 井更好些。

（2）砂岩封盖能力

沁水盆地因燕山运动期间高地温的影响，不仅煤的变质程度高，砂岩成岩作用也很强，物性变差。据全盆地 487 个砂岩样品分析资料，孔隙度小于 2.5% 的占 45.6%，孔隙度 $2.5\%\sim5.0\%$ 的占 41.5%，孔隙度 $5\%\sim10\%$ 的占 11.9%，孔隙度大于 10% 的仅占 1%。砂岩的物性很差，沁水盆地煤系地层中的部分砂岩和泥岩一样可以作为封盖层，部分砂岩的封盖能力比泥岩还好。

（3）灰岩封盖能力

灰岩只在太原组发育，在裂缝溶孔不发育的条件下，也可以成为较好的封盖层，但有些灰岩裂缝、岩溶较发育，如钱石灰岩，则不能作为封盖层，而成为含水层。

4. 煤层顶底板封盖能力综合评价

研究区煤层顶底板岩性稳定，煤层气具有区域遮蔽层。同时，研究区构造简单，断裂稀少，因构造运动作用对煤层顶底板的破坏性较小，因此煤层顶底板保持较好的完整性，有利于煤层气保存。

泥岩在一定埋深条件下，即使砂质含量较高，也是煤层气好的盖层。其次为致密的泥质细砂岩，本区物性条件差，也为较好的封盖层。灰岩如果受构造应力作用小、构造裂缝及溶孔不发育，也可作为盖层。而粗砂岩、中砂岩或裂缝发育的灰岩都将会使天然气漏失，不能作为封盖层。

3 号煤的顶板岩性变化较大，厚度 $2\sim6m$，以泥岩、粉砂质泥岩、泥质粉砂岩和致密砂岩为主，因此 3 号煤的顶板具有良好的封盖性。3 号煤的底板为分布较稳定的泥岩，一般厚 $1\sim4m$，最厚可达 14m，是好的封隔层。

15 号煤顶板厚度为 $2\sim16m$。从岩性分布看，盆地北部以泥岩顶板为主，而砂岩顶板主要发育于盆地中部一带，盆地南部顶板主要为灰岩。泥岩、砂岩之上均为区域性 K_2 灰岩（庙沟灰岩）覆盖，因此 15 号煤北部盖层的封盖能力比南部高。而在南部构造应力不发育区如潘庄一带，灰岩致密且构造裂缝不发育，其封闭性也是良好的。

四、煤储层特征及精细描述

（一）煤储层孔渗性

煤层为孔隙-裂隙型储集层，孔渗性是影响煤层气产能的关键地质参数之一。煤层孔隙度分为基质孔隙度和割理孔隙度,二者之和为总孔隙度。煤孔隙性受控于煤级和煤的物质组成,孔隙特征是影响煤层储气能力、煤层气在煤中的赋存状态和运移潜势等的重要物性因素。

在实验室内用氦气测定孔隙度,因氦气为惰性气体,不产生吸附,而且分子直径小(约0.38nm),可以进入到煤岩很小的孔隙中。用氦气测定的孔隙度为理论最大值,反映了煤对气的容纳能力。氦孔隙度减去割理孔隙度即为基质孔隙度,反映煤岩中微孔所占的比例及煤岩对甲烷的吸附能力。用氦气法测孔隙度,孔隙度最低为 1.5%,最高为 12.2%,一般在 5% 以下(图 3.20)。由图 3.20 还可以看出,煤的孔隙度与变质程度有关,一般肥煤、焦煤的孔隙度最低,瘦煤以后又有所增高,曲线呈现两头高、中间低的形状。

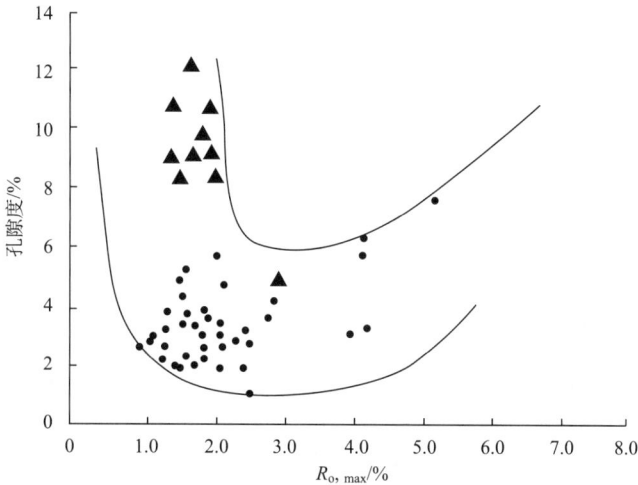

图 3.20   煤的孔隙度与 $R_{o, max}$ 关系图(据张新民等,1991)
图中黑三角代表氦气孔隙度;黑圆点代表文献孔隙度

据煤炭科学研究总院西安分院的研究成果,沁水盆地石炭-二叠纪主要煤层的有效孔隙度变化在 1.15%~7.69% 间,一般多在 5% 以下。总体来看,石炭-二叠纪主要煤层的孔容分布趋势相似,均以微孔和过渡孔为主,二者之和一般为 69.76%~90.67%,平均占总孔容的 79.20%,而中孔和大孔所占比例较低(表 3.10)。

表 3.10   沁水盆地石炭-二叠纪煤系主煤层孔隙参数表

样品	层位	孔隙度/%	孔比表面积/(m²/g)	孔隙体积/(cm²/g)	孔隙体积/%			
					微孔 (20~10²Å)	过渡孔 (10²~10³Å)	中孔 (10²~10³Å)	大孔 (>10⁴Å)
霍州-QM	$P_1 s$	2.58	13.59	0.039	40.79	34.35	10.43	14.45
霍州-FM	$C_3 t$	3.90	9.82	0.023	63.21	26.42	4.01	6.36
古交-JM	$P_1 s$	2.29	14.65	0.042	40.24	32.47	5.41	21.88
古交-JM	$C_3 t$	2.86	12.29	0.034	41.57	33.43	4.64	20.35
西山-SM	$P_1 s$	2.96	15.63	0.046	39.74	30.02	6.48	23.76
西山-SM	$C_3 t$	2.97	7.00	0.019	44.09	34.41	5.38	16.12

样品	层位	孔隙度/%	孔比表面积/(m²/g)	孔隙体积/(cm²/g)	孔隙体积/%			
					微孔 (20~10²Å)	过渡孔 (10²~10³Å)	中孔 (10²~10³Å)	大孔 (>10⁴Å)
阳泉-PM	P_1s	2.78	15.90	0.035	53.10	37.57	4.80	4.53
阳泉-3#WY	C_3t	2.92	21.60	0.054	45.76	41.70	5.72	6.82
晋城-2#WY	P_1s	7.69	8.80	0.023	45.06	32.19	5.58	17.17
晋城-3#WY	C_3t	2.98	11.10	0.031	42.48	33.33	10.78	18.01

从区域上来看,研究区石炭-二叠纪主要煤层孔隙体积以南部的阳城地区的孔隙体积最高,向四周逐渐降低,太原组 15 号煤层在沁源一带相对较低,而山西组 3 号煤层在潞安一带相对较低(图 3.21)。

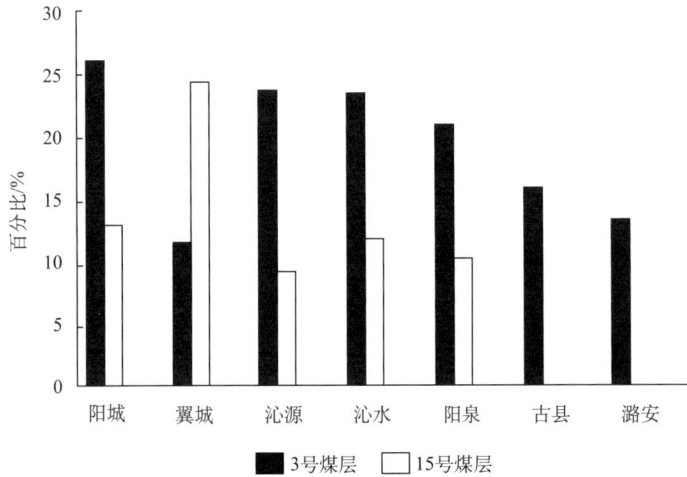

图 3.21　沁水盆地石炭-二叠纪主要煤层孔隙体积(进汞量)分布直方图(秦勇,1998)

煤中孔隙度是由煤岩类型及其煤化程度等内在因素所决定的。除此之外,矿区内断裂构造对煤的孔隙度亦有明显的影响,具体表现为煤的孔隙度在断层面附近大幅度升高,可高达 19%,同时,大孔和中孔体积也明显增大。这些意味着煤层在断层面附近较正常区煤层透气性将变好,渗透率增高,气体更易于在其中流动。这一结论和试井测试的渗透率结果相一致。

渗透率作为衡量多孔介质允许流体通过能力的一项指标,它是影响煤层气产生量高低的关键参数,又是煤层气中最难测定的一项参数。煤层的渗透率一般很低,通常小于 $1.0 \times 10^{-3} \mu m^2$;渗透率各向异性明显,面割理方向大于端割理方向。实验室测定的一般为基质渗透率。试井测定的渗透率,如注入压降试井法所测渗透率值能较好地反映煤层渗透率,用于产能分析。煤的渗透率包括绝对渗透率和相对渗透率。煤层中流体的通道主要是靠各种裂隙控制。

通过矿井取样实验室对沁水盆地主采煤层样品渗透率测试结果表明,最大为常隆矿煤样,为 $1.62 \times 10^{-3} \mu m^2$,最小为漳村矿煤样,为 $0.0295 \times 10^{-3} \mu m^2$,一般都在 $0.1 \times 10^{-3} \sim 0.5 \times 10^{-3} \mu m^2$ 之间(表 3.11)。

表 3.11　煤的渗透率测定结果

钻孔位置及标号	渗透率/10⁻³μm			测试方法	资 料 来 源
	3 号煤	15 号煤	其　他		
潘庄 1 井	0.099	0.13	（9 号）0.001	DST	《中国煤层气地质》张建博
潘庄 2 井			主力煤层 1.53	注入/压降	《沁水盆地煤层气评价选区及勘探部署》
晋城 CQ-9	3.16			注入/压降	《中国煤层气地质》张建博
寿 SY-001	0.494	19.928		注入/压降	《煤层气资源普查报告》
寿 SY-002	0.103	82.84	（9 号）25.81	注入/压降	《煤层气资源普查报告》
寿 SY-003	0.149			注入/压降	《煤层气资源普查报告》
寿 SY-004		45.65		注入/压降	《煤层气资源普查报告》
寿 GH1	13.36			注入/压降	《煤层气资源普查报告》
寿 GH6	0.9364			注入/压降	《煤层气资源普查报告》
韩庄 HG1	13.26	6.73		注入/压降	《沁水盆地煤层气遥感地质调查》
韩庄 HG2	4.552	0.464		注入/压降	《沁水盆地煤层气遥感地质调查》
韩庄 HG3	13.18	0.3525		注入/压降	《沁水盆地煤层气遥感地质调查》
韩庄 HG6	0.93~5.67	0.43~6.73	（9 号）0.415	注入/压降	《沁水盆地煤层气遥感地质调查》
沁南 TL-001	0.015			注入/压降	《沁水盆地煤层气遥感地质调查》
沁南 TL-002	0.029	0.087		注入/压降	《沁水盆地煤层气遥感地质调查》
沁南 TL-003	0.946	0.257		注入/压降	《屯留-长子地区煤层气赋存条件及有利区块研究》
沁南 TL-004	0.065	0.027		注入/压降	《屯留-长子地区煤层气赋存条件及有利区块研究》
沁南 TL-005	0.11			注入/压降	《屯留-长子地区煤层气赋存条件及有利区块研究》
沁南 TL-006	0.605	0.08		注入/压降	《屯留-长子地区煤层气赋存条件及有利区块研究》
沁南 TL-007	2	1.45		注入/压降	《屯留-长子地区煤层气赋存条件及有利区块研究》
沁南 TL-008	1.095	0.807		注入/压降	《屯留-长子地区煤层气赋存条件及有利区块研究》
沁南 TL-009	0.004	0.661		注入/压降	《屯留-长子地区煤层气赋存条件及有利区块研究》
沁南 TL-010	0.017	0.013		注入/压降	《屯留-长子地区煤层气赋存条件及有利区块研究》
沁南 TL-011	112.6	5.707		注入/压降	《屯留-长子地区煤层气赋存条件及有利区块研究》
O2-3	0.099			注入/压降	中联煤层气公司
FZ-001	0.0042	0.522		注入/压降	中联煤层气公司
FZ-002				注入/压降	中联煤层气公司
FZ-003	2.87	0.11		注入/压降	中联煤层气公司

钻孔位置	渗透率/$10^{-3}\mu m$			测试方法	资料来源
及标号	3 号煤	15 号煤	其 他		
FZ-004	1.4559	0.0648		注入/压降	中联煤层气公司
FZ-005	2.45～5.51	0.26		注入/压降	中联煤层气公司
FZ-006				注入/压降	中联煤层气公司
FZ-007	3.1802			注入/压降	中联煤层气公司
FZ-008	0.91	0.022		注入/压降	中联煤层气公司
FZ-009				注入/压降	中联煤层气公司
屯留 1 区	0.034	0.015		DST	《山西沁水盆地煤层气有利区预测》
屯留 2 区	0.025～0.03			DST	《山西沁水盆地煤层气有利区预测》
2 号井	0.55			注入/压降	《山西沁水盆地煤层气有利区预测》
常村矿	0.445			实验室测定	《山西沁水盆地煤层气有利区预测》
西曲			(2 号) 0.336	实验室测定	
王庄矿	0.374			实验室测定	《山西沁水盆地煤层气有利区预测》
漳村矿	0.0295			实验室测定	《山西沁水盆地煤层气有利区预测》
常隆矿	1.62			实验室测定	《山西沁水盆地煤层气有利区预测》
滴水沿矿			(2 号) 1.25	实验室测定	
白家庄二井坑道	0.75			实验室测定	《山西沁水盆地煤层气有利区预测》
马兰			(2 号) 0.136	实验室测定	《山西沁水盆地煤层气有利区预测》
西山官地矿			(6 号) 0.12	实验室测定	《山西沁水盆地煤层气有利区预测》

通过试井方法对沁水盆地主要煤层的煤储层渗透率参数测试结果表明(表 5.3)，研究区石炭-二叠纪主要煤层煤储层渗透率一般小于 $1.0\times10^{-3}\mu m^2$，整体相对较低。在平面上分布存在明显的差异(表 3.11、图 3.22、图 3.23)，表现为盆地北部阳泉和寿阳等区的山西组 3 号煤层和太原组 15 号煤层渗透率均明显高于盆地的东部和南部，表明盆地的北部地区煤层渗透性好。这主要是由盆地断裂构造分布规律所决定的，断裂构造因素是增大渗透率的主要因素，构造裂隙发育带表现为煤层渗透率的高值区。因此，由断裂构造的分布规律可以预测本区主采煤层的渗透率的分布表现为北部较南部和东部高，西部较东部高，西北部晋中断陷带最高。区内以北西向断裂最为发育，推测沿主裂隙方向(北西向)煤层渗透率可能高于其他方向，这对部署井网及确定井间距有一定的指导作用。

本区成煤期后主要经历了印支、燕山和喜马拉雅三次构造运动，致使煤层遭受不同程度破坏，形成各种类型的构造煤。盆地区石炭-二叠纪主要煤层主要为碎裂-原生结构，局部地区为碎粒煤或糜棱煤。这些对煤的孔渗性产生重要的影响。如研究区 TL-001 和 TL-002 井实测煤层渗透率相对较低，分析原因就是煤体结构影响所致。对两口井的煤样品观测发现，TL-001 井煤层的煤体结构多为碎粒-糜棱结构煤，煤层渗透率较差；TL-002 井煤层为碎裂-糜棱结构，煤层渗透率相对较差，但明显好于 TL-001 井。在平面上受区

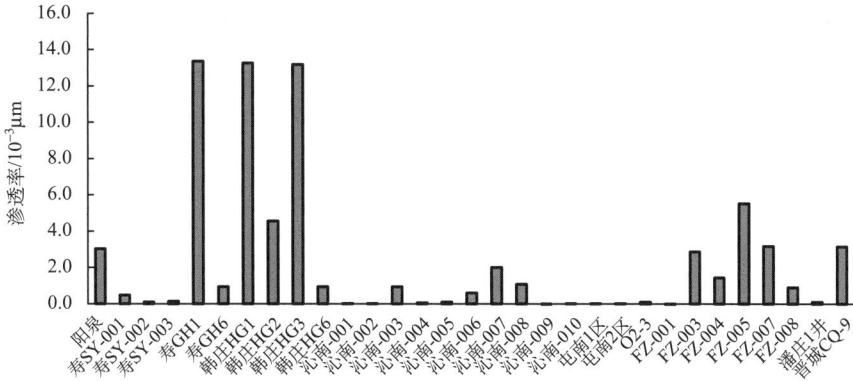

图 3.22　沁水盆地山西组 3 号煤层渗透率分布直方图

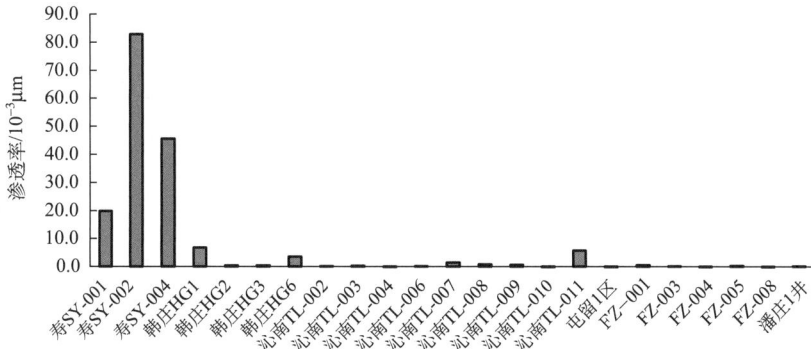

图 3.23　沁水盆地太原组 15 号煤层渗透率分布直方图

内断裂构造控制分布具有一定的差异性。裂隙是煤层渗透率存在的前提,可以说,对煤层而言,没有裂隙就没有渗透率。煤中裂隙发育,则煤层渗透率好。盆地内煤层气参数井和生产试验井测得的煤层渗透率数据表明,区内煤层渗透率相差在几倍至几十倍以上,如沁南 TL-011 井 3 号煤层渗透率最大达 $112.6 \times 10^{-3} \mu m^2$ 和寿 SY-002 井 15 号煤层渗透率最大达 $82.84 \times 10^{-3} \mu m^2$。这些均说明由于构造位置和煤层、煤质等因素的不同,在区域上分布差异较大,反映了煤层的非均质性和煤层渗透率分布的复杂和多变性,同时,也说明在高变质煤分布地区,由于受构造作用的改造和影响,具有煤层渗透率相对高的高渗区。

原地应力是煤层渗透率非常敏感的控制因素。随原地应力的增加,煤层渗透率会显著降低。煤层气勘探开发的实践表明,有效地应力越高,煤层渗透性越差;反之,煤层渗透性越好。据 TL-001、TL-002、TL-005 以及 O2-3 勘探孔的应力测试结果(表 3.12),3 号煤层及 15 号煤层的原地应力梯度为 $1.44 \sim 1.78MPa/100m$,远远低于我国其他煤田的原地应力梯度(表 3.13),属低应力区。

由于地质条件的差异,不同地区有效地应力的差别往往较大。TL-001、TL-002、TL-005 以及 O2-3 勘探孔实测的原地应力较低,应力梯度较低。根据盆地构造特征,研究区现代地应力强度较弱,地应力较小,因此,应力梯度普遍不高。

表 3.12　煤层应力测试结果表

井号	煤层	原地应力/MPa	原地应力梯度/(MPa/100m)	有效地应力梯度/(MPa/100m)
TL-001	3	11.93	1.54	0.80
	3	7.90	1.54	1.02
TL-002	15	10.98	1.78	1.17
TL-005	3	7.60	1.65	1.05
O2-3	3	6.90	1.44	1.16

表 3.13　中国主要煤层气试验区原地应力梯度表

井号	矿区	煤层	应力梯度/(MPa/100m)
CQ-1	铁法大兴	7	1.21
		31-1	2.16
CQ-2	淮南新集	6	1.88
CQ-3	淮南顾桥	31-1	2.11
		7	1.50
CQ-4	淮北桃园	10	2.74
CQ-5	淮北芦岭	8+9	2.21
HE-01	鹤岗兴安		1.94～2.57
HE-02	鹤岗峻德		1.41～1.78

（二）煤的孔隙结构

　　煤孔隙包括大到裂缝和小到分子间隙。煤的细微孔隙结构随着煤化作用而变化,是煤储层的重要特征。根据应用较广的孔隙大小的分类标准,将孔隙分为四种,即孔径＞1000nm 的孔隙为大孔,孔径为 100～1000nm 的孔隙为中孔,孔径为 10～100nm 的孔隙为小孔(或过渡孔),孔径＜10nm 的孔隙为微孔。根据成因可分为原生孔和次生孔,原生孔是指煤沉积过程中形成的结构孔隙,次生孔是煤化作用过程中煤结构去挥发分作用而形成的。

　　煤的孔隙喉道大小的研究表明,孔隙容积主要与中孔有关,而孔隙的表面积主要与微孔有关。煤炭科学研究总院西安分院煤的电子探针观察结果表明,煤中显微孔隙按成因可粗略分为气孔、植物组织孔、粒间孔、晶间孔、铸模孔和裂隙等,其中又以气孔比较常见,对煤的孔隙体积影响较大。煤中气孔是煤化过程中气体逸出留下的孔洞,在各变质程度的煤和煤岩组分中都有存在,一般呈单个出现,成气作用强烈时可密集成群,其大小不一,排列无序,轮廓圆滑,外形多为圆形、椭圆形,大者可成港湾形,其直径

$10^2 \sim 10^4\,nm$，一般 $2 \times 10^3\,nm$，主要是中孔和大孔，也有部分过渡孔。由于煤的显微组分以镜质组为主，加之镜质组生气能力又比较强，故在各种镜质组中气孔最多见；惰质组气孔多发育在植物细胞壁上。由于煤层中甲烷储集的主要机理是吸附在孔隙表面，因此大部分气体储集在微孔隙中，在压力作用下呈吸附状态，通过吸附作用，煤层比常规砂岩具有更高的储气能力。

气孔的发育与煤化程度有一定关系，气煤阶段已开始大量生气，气孔出现的概率也开始增大，在主要生气阶段——肥煤、焦煤阶段，气孔极为发育，但在瘦煤和贫煤中气孔出现的概率明显减小，到 2 号、3 号无烟煤阶段，气孔又较容易看到。气孔随煤化程度而变化的趋势与煤中孔隙度的变化规律相吻合，这在一定程度上提示我们，煤中气孔是孔隙体积的重要组成部分。

煤层的微观结构参数是评价储集层特性的基本参数，其研究方法较多，最常用的有压汞法、吸附法、扫描电镜法和铸体图像法。煤岩的孔隙范围比较广，基质孔隙的孔径从不足 1nm 至几百纳米，煤层中的裂缝（割理）肉眼就能看见。压汞法主要是利用汞注入孔隙的方法测量孔径分布曲线及孔容、孔比表面积和排驱压力，其测定范围为几纳米至几千纳米，对于小孔以上孔的测量还是比较准确可靠的。吸附法是依据煤对气体的物理吸附原理，测量煤的微孔孔隙的分布规律、比表面积和孔容等参数，测量范围为不足 1nm 至 200nm。该方法对煤岩微孔的测量比较准确。扫描电镜法是将煤样放大至几十倍至几千倍后观察全貌和裂缝，并能计算出 $0.1\mu m$ 以上的孔隙或裂隙。

沁水盆地主要煤层煤岩基质比较致密，构造裂隙比较发育。如晋城东上村 3 号无烟煤，裂缝发育，可见 $1\mu m$ 左右的基质孔；西山矿焦煤较致密，微孔连通性差，水平层理发育；潞安矿 3 号煤较致密，孤立孔隙被黏土矿物充填，层间缝发育，2 号煤裂隙孔（构造裂隙及微裂隙）在煤储层中占主导地位，煤基质致密孔隙不甚发育。可见，煤储层渗透率主要表现为裂缝渗透率、基质渗透率较低。煤岩样品毛管压力特征曲线和微观结构测定参数见图 3.24 和表 3.14。

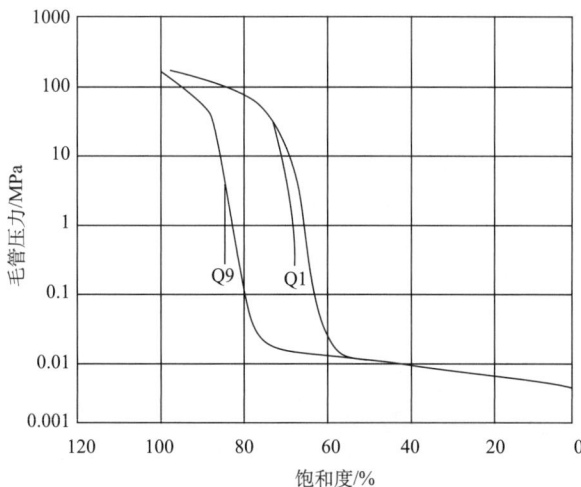

图 3.24　沁水盆地煤岩毛管压力分布曲线

表 3.14　压汞煤微观结构测定参数表

| 矿　区 | 煤　号 | 孔　容 /(mL/g) | 孔隙体积/% | | | | 中值 半径 /μm | 退汞 效率 /% |
			大孔 (>1000nm)	中孔 (1000～ 100nm)	小孔 (100～ 10nm)	微孔 (<10nm)		
西山矿区	3 号瘦煤	0.062	65.57	3.81	21.96	8.67	78.19	33.1
	2 号焦煤	0.085	61.97	3.85	21.15	13.05	77.13	33
	6 号瘦煤	0.112	83.17	2.34	12.72	1.78	88.42	17
	2 号焦煤	0.077	64.83	3.85	22.88	8.44	66.22	34.6
潞安矿务局	3 号焦煤	0.084	67.11	3.21	23.92	5.77	97.97	20.8
	3 号焦煤	0.111	67.65	3.82	21.06	7.48	82.32	17.7
	3 号瘦煤	0.089	70.76	2.83	18.85	7.56	62.72	28.7
	3 号瘦煤	0.089	72.15	4.21	16.91	6.72	93.48	25.4
	3 号无烟煤	0.062	68.93	2.37	20.28	8.43	80.2	31.5
	3 号无烟煤	0.042	77.2	0.87	15.54	6.39	75.63	21.8
晋城矿务局	3 号焦煤	0.088	76.56	2.05	15.21	6.18	73.38	23.1
平　均		0.082	70.54	3.02	19.13	7.31	79.61	26.1

12 块样品的毛管压力曲线特点是压力在 0.1MPa 之前约有 50%～80% 的进汞量；压力在 0.1～20MPa 之间进汞量很小只有百分之几；20MPa 以后进汞量又增加，约有 4%～15% 的进汞量。这说明沁水盆地矿井煤样的割理及大孔比较发育，占 70.53%，中孔较少，其次为过渡孔和微孔，分别占 18.73% 和 7.15%。实验统计表明，最大汞饱和度可达 98%，排驱压力不易确定，中值压力低，中值半径大，退汞效率高，视孔喉体积比大，孔喉分选相对均匀，毛管压力曲线均呈裂隙-孔隙型曲线特征。

张建博、王红岩(1999)利用 ASAP-2000 型仪器测试了煤样品的吸附等温曲线、孔比表面积、总孔容、平均孔直径和孔径分布等参数(表 3.15)，由表 3.15 可以看出，沁水盆地的主采煤层各种微观孔隙结构分布表现为，孔隙以微孔和小孔为主，大孔和裂隙较发育，孔隙连通性稍差。

表 3.15　煤的低温氮吸附特征表(张建博、王红岩，1999)

矿　区	样号	煤阶	孔比表面积 /(m²/g)	总孔容 /(mL/g)	中值半径 /nm	平均孔径 /nm	微孔 /%	过渡孔和 中孔 /%
西山矿务局	Q_1	焦煤	0.857	0.00203	28.6	7.684	48.9	51.1
	Q_2	焦煤	0.465	0.001056	37.5	8.229	24.3	75.7
	Q_4	瘦煤	0.407	0.00148	49.5	9.258	27.6	72.4
	Q_9	瘦煤	0.563	0.00115	23.4	7.979	42.8	57.2
	Q_{14}	瘦煤	0.638	0.00126	22.4	7.729	43.7	56.3
	Q_{15-1}	焦煤	0.554	0.00224	31.8	15.338	37	63.0
	Q_{15-2}	焦煤	0.456	0.00141	125	8.22	28.9	71.1

矿 区	样号	煤阶	孔比表面积 /(m²/g)	总孔容 /(mL/g)	中值半径 /nm	平均孔径 /nm	微孔 /%	过渡孔和 中孔/%
	Q₁₇	瘦煤	0.325	0.000915	34	9.805	28.0	72.0
潞安矿务局	Q₁₈	瘦煤	0.774	0.00186	7.1	8.793	65.4	34.7
	Q₁₉	瘦煤	0.445	0.000973	20.7	8.303	47.1	52.9

由表 3.15 可知,石炭-二叠纪主要煤层煤的孔比表面积分布特征与孔隙体积成正相关,分布趋势基本相似(图 3.25)。孔比表面积主要集中在过渡孔段,其次是微孔,中孔和大孔段的孔比表面积最低。

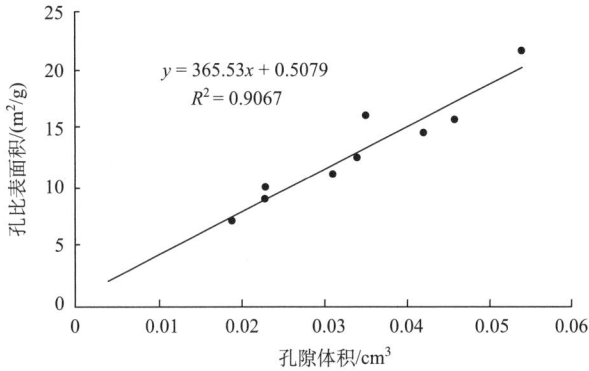

$y = 365.53x + 0.5079$
$R^2 = 0.9067$

图 3.25　煤的孔比表面积与孔隙体积关系图

在相似孔容的前提条件下,孔径与孔比表面积呈反比关系(如图 3.26),平均孔径大,孔比表面积小。孔比表面积主要集中在过渡孔段,其次是超微孔、极微孔,而微孔、中孔和大孔段的孔比表面积最低。

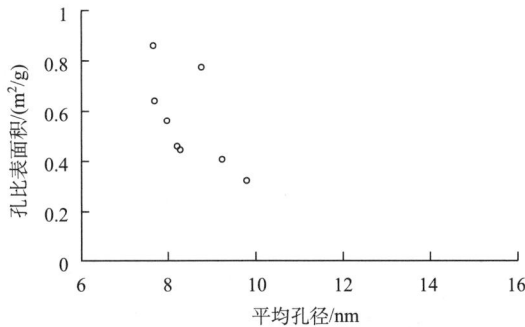

图 3.26　煤的孔比表面积与平均孔径关系图

从区域上来看,研究区南部的阳城地区的孔比表面积最高,向四周逐渐降低,到沁源一带达到最低值。阳城矿区是研究区内主煤层含气量相对较高的地区,最高可达 38m³/t,接近饱和状态,这与该区主煤层孔比表面积大,对煤层气的吸附能力强的特点应有直接关系。

煤的孔隙发育情况与煤化程度有关,据秦勇等 1998 年对沁水盆地主采煤层的孔隙性研究结果可知,研究区石炭-二叠纪主要煤层在镜质组最大反射率小于 1.5% 的阶段,随着煤化程度增高,总孔容和各孔径段孔容均逐渐减小,尤其是大孔、中孔和总孔容的减小趋势更为显著。大孔在减小过程中有一些波动,这在很大程度上是由于肥、焦、瘦煤阶段煤中内生裂隙较为发育而造成的;在镜质组最大反射率大于 1.5% 之后,随着煤化程度加深,总孔容大幅度增大,微孔和极微孔的孔容略有增高,但大孔、中孔的孔容却不再增加;尤其是从镜质组最大反射率为 2.5%～3.0% 开始,微孔和极微孔孔容的增幅明显变大,并在镜质组最大反射率为 4.0% 左右时达到高峰,但大、中孔的总孔容仍持续减小。

孔比表面积的煤化趋势与相应孔径段孔容的演化规律性大致相同。当镜质组最大反射率小于 1.5% 时,大孔、中孔、过渡孔的孔比表面积呈降低趋势,而极微孔和超微孔的孔比表面积则缓慢增加。进入无烟煤以后,大孔、中孔的孔比表面积继续缓慢减小或略有增加,其他孔径段的孔比表面积则逐渐增大。

压汞孔隙率随煤级增高演化趋势与总孔容相同。孔隙率在低煤级阶段随煤级的增高而显著降低,在镜质组最大反射率 1.5%～2.0% 之间达到最低点;随后迅速升高,在镜质组最大反射率 3.0%～3.5% 之间达到极大值,随后又有降低的趋势。

显而易见,煤的孔隙特征在煤化过程中并非呈线性演化,这种非线性特征由演化幅度的显著增减或演化趋势的转折体现出来。具体而言,孔隙结构参数的演化分别在镜质组最大反射率 1.3%～1.5%、2.0%～2.5%、3.5%～4.0% 等处发生显著变化,与煤化作用跃变的显现位置大致吻合,表明煤的孔隙特征与煤的大分子结构之间存在成因联系。

在煤化作用早期的褐煤阶段,煤中芳香层片细小,大分子基本结构单元随机分布,在大量富氧官能团和脂肪族侧链的联合和支持下形成立体开放结构,各类孔隙十分发育,并随机械压实和脱水作用的逐渐增强,煤的孔容和孔隙率显著减小。随煤化程度增高,在热力作用下亲水富氧基团和侧链逐渐脱落,煤中各孔径段孔容继续减小,至肥煤阶段降至最低值,但极微孔和超微孔的变化较小,表明该阶段分子结构特征对煤孔隙性还未发挥决定性的作用。当镜质组反射率大于 1.5% 时,煤分子结构中的绝大部分含氧官能团已经脱落,大部分氧都以非活性氧状态存在,腐殖凝胶基本上完成了脱水作用,大分子基本结构单元增大,有序性增强,煤分子结构成为控制煤孔隙特征的主导因素,致使极微孔和超微孔孔容增大,而大孔和中孔孔容由于不受煤分子结构的影响,其相对比例逐渐减小。

(三)煤的吸附性

煤体具有基质孔隙和裂缝系统双孔隙结构,它们共同控制着煤中气体的储集和流体的输导。煤层气主要以吸附状态赋存于煤储层之中,吸附量的大小取决于煤对甲烷的吸附能力,而吸附能力又取决于煤的孔隙率、变质程度及储层压力和温度。

Langmuir 体积 V_L 是衡量煤岩吸附能力的量度,其值反映了煤的最大吸附能力。Langmuir 压力 P_L 是影响吸附等温线形态的参数,是指吸附量达到 1/2 Langmuir 体积时所对应的压力值。该指标反映煤层气解吸的难易程度,Langmuir 压力值越高,煤层中吸附态气体脱附就越容易,开发越有利。

本次工作系统地搜集了已有研究区等温吸附实验资料,实验结果统计表明,沁水盆地山

表 3.16 沁水盆地主要煤层等温吸附实验数据

煤层编号	采样地点	$V_L/(m^3/t)$		P_L/MPa	
		原煤	可燃质	原煤	可燃质
山西组 3 号煤层	阳泉沁安	37.10	44.35	2.78	2.78
	阳泉三矿	24.81	30.21	1.93	1.93
	寿 SY-001	—	34.20	1.69	1.69
	寿 SY-002	34.30	40.10	2.85	2.85
	寿 SY-003	37.65	42.86	2.43	2.43
	寿 SY-004	24.04	44.54	2.98	2.98
	韩庄 HG1	40.15	—	—	—
	韩庄 HG2	33.64	—	2.30	2.30
	韩庄 HG3	31.29	—	1.85	1.85
	韩庄 HG6	37.10	—	2.79	2.79
	沁南 TL-001	33.99	40.59	2.55	2.55
	沁南 TL-002	33.59	43.86	2.57	2.57
	沁南 TL-003	44.61	53.57	3.17	3.17
	沁南 TL-004	—	48.65	2.78	2.78
	沁南 TL-005	31.92	—	1.39	1.39
	沁南 TL-006	—	48.75	2.65	2.65
	沁南 TL-007	—	51.25	2.72	2.72
	沁南 TL-008	—	36.47	1.52	1.52
	沁南 TL-009	—	42.57	2.05	2.05
	沁南 TL-010	43.99	52.08	2.92	2.92
	沁南 TL-011	49.96	58.31	3.28	3.28
	O2-3	37.95	44.28	2.62	2.62
	FZ-001	46.97	53.48	3.22	3.22
	FZ-005	47.49	55.33	2.78	2.78
	2 号井	39.91	—	3.03	3.03
	潞安常村	31.30	37.13	2.49	2.49
	潞安五阳	29.24	35.23	2.59	2.59
	潞安石圪节	30.13	34.66	2.55	2.55
	晋城 CQ-9	35.33	44.05	2.13	2.13
	晋城潘 3 井	39.06	47.17	2.76	2.76
	晋城潘 1 井	35.30	41.40	2.22	2.22
	晋试 1 井	39.91	—	3.03	3.03

煤层编号	采样地点	V_L/(m³/t)		P_L/MPa	
		原煤	可燃质	原煤	可燃质
	寿 SY-001	—	38.25	1.79	1.79
	寿 SY-002	34.93	45.71	2.71	2.71
	寿 SY-004	33.86	43.60	2.74	2.74
	韩庄 HG1	35.78	—	—	—
	韩庄 HG2	33.56	—	2.46	2.46
	韩庄 HG3	32.67	—	1.98	1.98
	韩庄 HG6	31.55	—	2.21	2.21
	沁南 TL-002	28.82	41.89	2.35	2.35
	沁南 TL-003	49.24	52.99	2.62	2.62
太原组 15 号煤层	沁南 TL-004	—	51.54	2.67	2.67
	沁南 TL-006	—	51.28	2.42	2.42
	沁南 TL-007	—	50.77	2.45	2.45
	沁南 TL-008	—	51.76	2.09	2.09
	沁南 TL-009	—	48.39	2.08	2.08
	沁南 TL-010	47.48	56.63	2.97	2.97
	沁南 TL-011	54.73	69.74	3.41	3.41
	FZ-001	58.69	64.09	3.33	3.33
	FZ-005	49.61	57.55	3.05	3.05
	2 号井	46.84	—	3.18	3.18
	晋试 1 井	46.84	—	3.18	3.18
	晋城 CQ-9	38.31	51.81	2.19	2.19

西组、太原组主要煤层的吸附能力相对比较高,山西组 3 煤层原煤的饱和吸附量(V_L)变化于 24.04～49.96m³/t 之间,平均 36.57m³/t;可燃质饱和吸附量为 30.21～58.31m³/t,平均 44.20m³/t,Langmuir 压力值变化于 1.39～3.28MPa 之间,平均为 2.54MPa。太原组 15 煤层原煤的饱和吸附量(V_L)变化于 28.82～58.69m³/t 之间,平均 41.53m³/t;可燃质饱和吸附量为 41.89～69.74m³/t,平均 52.70m³/t,Langmuir 压力值变化于 1.98～3.41MPa 之间,平均为 2.64MPa (表 3.16),这些说明沁水盆地煤层有比较强的储气能力,同时,可以看出太原组 15 号煤层的吸附能力要高于山西组 3 号煤层的吸附能力。在其他条件配置合适的情况下,煤层中的气体富集程度可能很高,Langmuir 压力值相对较高,煤层中吸附态气体脱附相对容易,这些对煤层气开发是非常有利的。

由于煤孔隙率及孔隙结构、变质程度、储层压力和温度在平面上的变化,导致同一煤层在平面上煤吸附能力存在一定的差异,表现为盆地南部沁南、枣园和晋城等区无论是山西组 3 号煤层还是太原组 15 号煤层 Langmuir 体积最大(图 3.27 和图 3.28),且不同位置煤样,其等温吸附曲线形态也存在一定差异(图 3.29、图 3.30)。

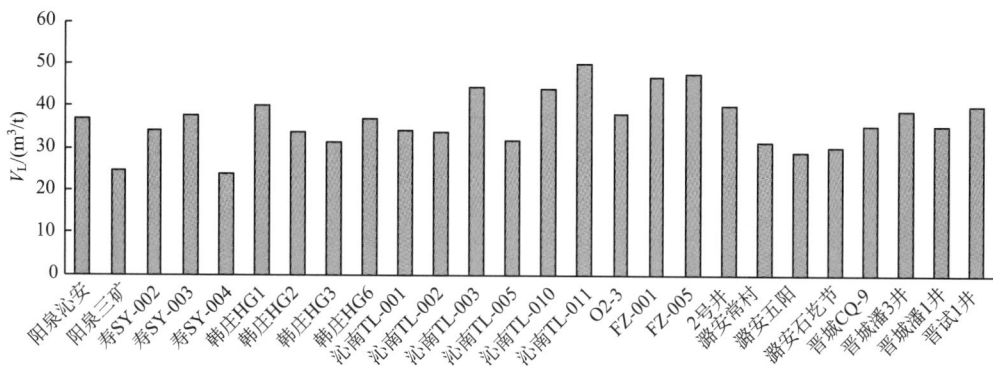

图 3.27　沁水盆地山西组 3 号煤层原煤 V_L 分布直方图

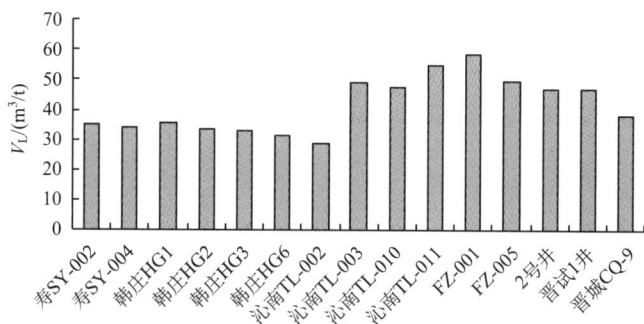

图 3.28　沁水盆地太原组 15 号煤层原煤 V_L 分布直方图

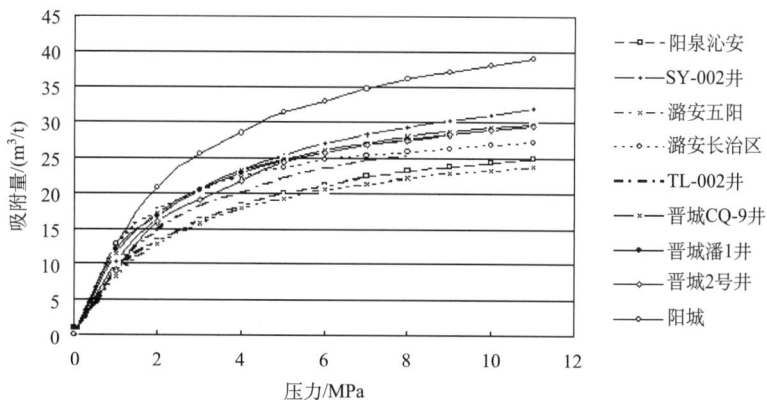

图 3.29　沁水盆地山西组 3 号煤层原煤等温吸附曲线图

通过分析发现,盆地内主采煤层的吸附能力与镜质组最大反射率($R_{o,max}$)值的分布相一致(图 3.31 和图 3.32),即煤的变质程度越高(煤阶高)Langmuir 体积越大,因此,根据 $R_{o,max}$ 值分布规律可以预测,盆地内南北两端的晋城、阳泉及东侧的潞安地区 Langmuir 体积大,煤的吸附能力强;而盆地中部地区相对于盆地南北两端 Langmuir 体积减小,且由东部向西部煤的吸附能力相对变弱。因此,煤的吸附能力的分布规律,从一个方面也就

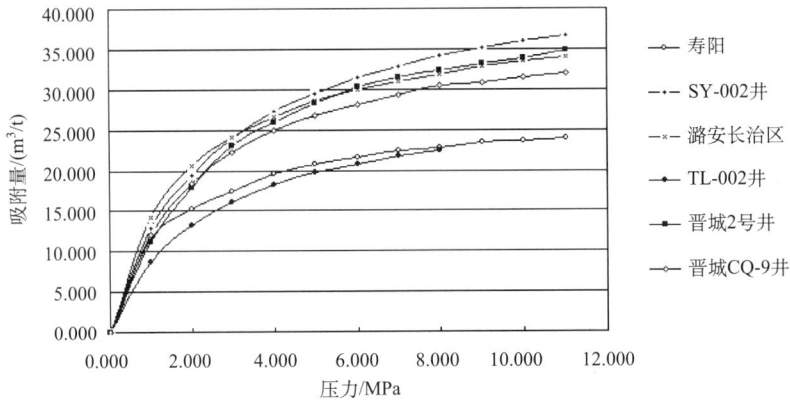

图 3.30 沁水盆地太原组 15 号煤层原煤等温吸附曲线图

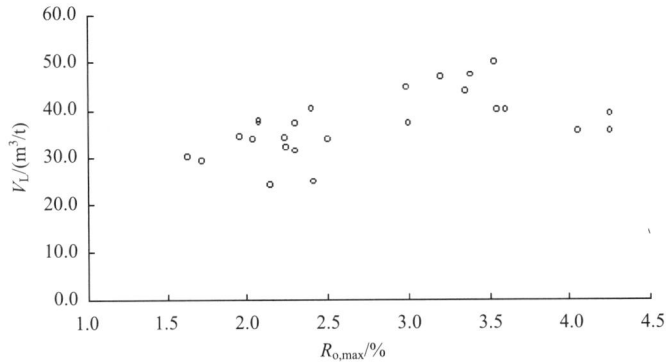

图 3.31 沁水盆地山西组 3 号煤层原煤 V_L 与 $R_{o,max}$ 关系图

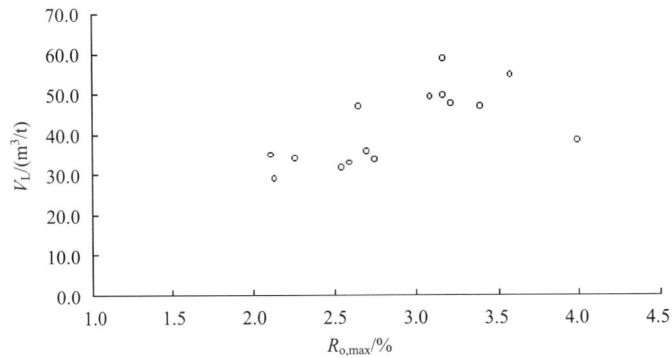

图 3.32 沁水盆地太原组 15 号煤层原煤 V_L 与 $R_{o,max}$ 关系图

决定了本区煤层气含量的分布特征,事实上煤层气含量分布与煤的吸附性能的分布规律相一致,在南北两端煤层含气量相对较高。分析还表明,沁水盆地内主采煤层原煤的 Langmuir 体积与 Langmuir 压力值呈线性关系(图 3.33 和图 3.34),Langmuir 体积大的地区,如晋城、潞安、阳泉地区,Langmuir 压力也相对比较高,这些对煤层气开发是有利的。

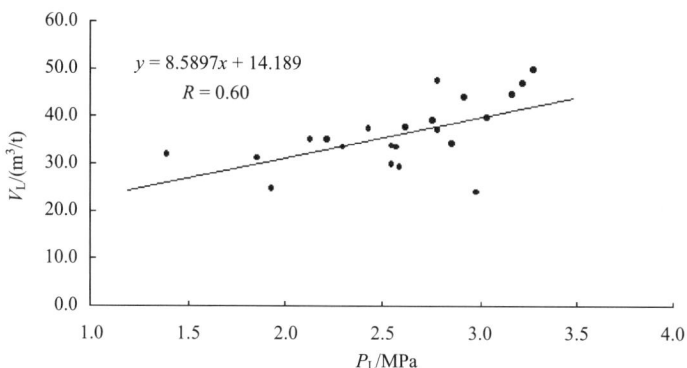

图 3.33　沁水盆地山西组 3 号煤层原煤 V_L 与 P_L 关系图

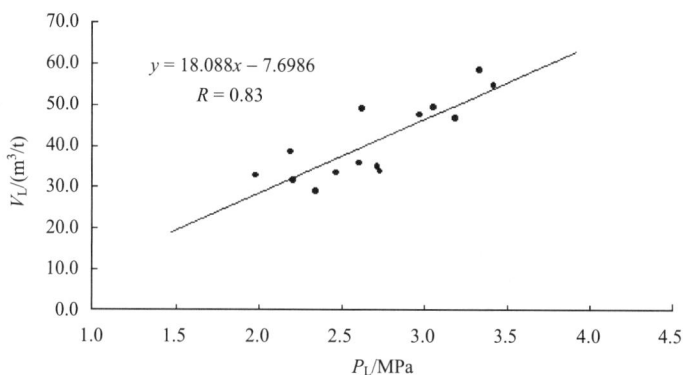

图 3.34　沁水盆地太原组 15 号煤层原煤 V_L 与 P_L 关系图

　　煤岩吸附能力与储层压力密切相关,在等温条件下,吸附量与储层压力呈正相关(图 3.29、图 3.30)。随着压力的增高,吸附量增大,但不同压力区间吸附量的增长率不等,在 0~1MPa 区间段,吸附量随压力增高以较高的斜率近似呈线性增长,此后增长率逐渐变小,直至吸附增量为零,煤的吸附达到饱和状态。此外,煤岩的吸附作用与煤的孔隙率和孔隙结构,以及与其所吸附气体的组分、煤岩本身的含水性、实验温度等因素有关,不同的变质程度、不同煤岩类型,微孔发育程度不同,其吸附能力也不同。

(四)煤的含气性

　　煤层气的主要成分是甲烷,其含量一般大于 85%。煤层气是在煤化作用过程中形成的、目前仍储集在煤层中的天然气。煤的含气量系指单位重量煤中所含气体体积量(标准状态下)。准确的含气量数据是煤层气开发规划中估算资源量必不可少的参数之一,它关系到产气能力的预测、布井和开采条件的确定,决定着煤层气资源前景的好坏以及能否进行经济开发。一般说来,含气量高,煤体中的气体富集程度高,有利于开发。因此,获取准确的含气量数据就显得尤其重要。

1. 煤层气的赋存状态

煤层气的赋存状态及生、储、盖组合都与常规天然气有不同之处,有其自身特点。煤层气主要以三种形式储存在煤层中,即吸附在煤孔隙表面上的吸附状态、分布在煤孔隙及裂隙内的游离状态和溶解在煤层水中呈溶解状态。一般情况下,煤化作用过程中生成的甲烷气体,首先满足吸附,然后是溶解和游离析出。煤层气的主要赋存状态是吸附状态,吸附气量占煤层含气量的绝大多数。

(1)吸附状态

煤是一种多孔介质,其颗粒表面分子的 van der Waals 力吸引周围气体分子,是一种在固体表面上进行的物理吸附过程,符合 Langmuir 等温吸附方程。即在等温吸附过程中,压力对吸附作用有明显影响,随压力的增加吸附量逐渐增大。

(2)游离态

游离气是指储存在孔隙或裂隙中能自由移动的天然气。这部分气体服从一般气体方程,其量的大小取决于孔隙体积、温度、气体压力和气体压缩系数。

(3)溶解气

甲烷在常温、常压的纯净水中有一定的溶解度,但溶解度很小。甲烷在水中的溶解度主要取决于水的温度、矿化度、环境压力和气体成分。

煤层气在煤层中以上述三种形式存在,当煤层生烃量增大或外界条件改变时,三种储存形式可以相互转化。通常情况下,90%以上的气体以吸附气的形式保存在煤的内表面,游离气不足10%,溶解气仅占很小的一部分。

2. 煤层气的气体组分特征

本次研究工作收集到煤田地质勘探工作中所测定的煤层含气量数据 300 余个,采样深度主要在 400~700m 之间。数据分布在阳泉、晋城和潞安三个地区。由于以往煤田地质勘探工作中,对含气量测定工作缺乏足够的重视,测试操作规范不够严格,加之取心工艺、测试仪器落后,所取得的测试结果可信度比较差,存在大量的不真数据,对这些数据必须予以剔除。剔除的标准如下:

1)集气法测定的数据全部剔除;

2)解吸法试验过程不完全,缺少损失气、残余气的数据删除;

3)气体成分中 N_2、O_2 含量过高的数据剔除;

4)试验过程明显漏气的数据剔除。

依据上述标准,对测试数据进行筛选,保留部分含气量数据。

统计表明,研究区煤层气成分单一,组分以甲烷为主,变化于 71.63%~100.00%;N_2 含量仅次于 CH_4,为 0~27.47%,一般小于 10%;CO_2 含量为 0~11.72%;部分样品检测出重烃,其含量为 0~3.00%,一般小于 1%(表 3.17)。樊庄 2 号井实测表明,在整个钻井过程中气测全烃含量高达 50%~100%,CH_4 含量为 96.53%~100%。现场解吸气成分甲烷占 89.93%～99.91%，CO_2 占 0.36%～1.88%，N_2 占 0.045%～8.192%，并含有少量重烃。3 号煤甲烷碳同位素 $\delta^{13}C_1$ 为 $-38.8‰$，15 号煤为 $-28.7‰$，另外煤层气中 CO_2 的 $\delta^{13}C_1$ 为 $-15.0‰$～$-12.2‰$，CO_2 的 $\delta^{13}O$ 为 $-4.8‰$～$-4.4‰$。从甲烷碳同位素来看，2 号井与全国其他地区相比要重要得多，表现出较好的保存条件，说明煤层气藏具有原生气藏特征。

表 3.17　沁水盆地部分地区煤层解吸气统计表

地区	煤层编号	气体成分/%			
		CH_4	CO_2	N_2	$C_{2}+$
潞安	3	82.57～99.30 93.67	0.16～6.01 1.91	0～11.42 4.49	0～2.10 0.78
阳泉	3	82.87～99.60 95.06	0.29～5.65 1.35	0.25～15.35 3.49	0～0.62 0.24
	15	79.63～99.64 94.94	0～11.72 1.62	0～27.47 4.90	0～3.00 0.12
晋城	3	71.63～100.00 94.86	0～7.90 1.88	0～20.74 3.16	0～0.42 0.01
	9	90.01～100.00 96.55	0～5.70 1.00	0～9.99 2.43	0～0.19 0.02
	15	79.09～100.00 95.96	0～6.18 1.57	0～16.49 2.42	0～0.32 0.05

3. 煤层含气量及其分布规律

据阳泉矿务局 1966～1990 年统计资料，全局发生煤与瓦斯突出、喷出达 3654 次，最大突出量 525t，最大瓦斯涌出量 $17640m^2$，百吨以上的突出有 21 次。煤矿瓦斯的利用起步较早，20 世纪 80 年代以来，除了矿井抽放外，也开展了地面钻孔抽放的实践，矿井瓦斯抽放量为 $1.06\times10^8m^3$，平均抽放率为 11.34%～22.57%，平均吨煤瓦斯抽放量为 3.32～$8.02m^3$。抽出的瓦斯主要用于民用。1995 年阳泉矿务局瓦斯抽放煤层为 3、8、12、15 号煤层，抽放量为 $0.926\times10^8m^3$，每分钟抽放量为 173～$206m^3$，现供应矿区用户 38495 户。这些情况表明沁水盆地煤层气资源比较丰富，吨煤含气量较高，为开展煤层气勘探提供了依据。

多年来，在晋城地区已钻煤孔数十口，煤层含气性较好，地表煤层气显示主要出现在本区沁河一带。1958 年在沁水县尉迟村施工的 17 号孔，当钻至山西组 3 号煤之上的厚层砂岩时，可见井口涌水有气泡逸出，点火可燃，经测定气体成分以 CH_4 为主，另外有少量 N_2 与重烃。同期施工的町 102 及 343 号孔也有同类气显示现象。20 世纪 80 年代 114 地质队在潘庄一号、二号井田施工 5-10706 孔时，可见孔内涌水，水中冒气泡，气体点火可燃，火苗呈淡蓝色，成分以 CH_4 为主。上述事实表明在该区域内煤层中储有丰富的煤层气资源。

实测资料统计表明,沁水盆地煤层含气量总体比较高,一般为 $4\sim22m^3/t$,其中,山西组 3 号煤层含气量 $0.30\sim24.50m^3/t$,一般为 $4\sim16m^3/t$,平均为 $9.99m^3/t$(图 3.35)。太原组 15 号煤层变化在 $0.15\sim35.13m/t$,一般为 $4\sim22m^3/t$,平均为 $12.24m/t$(图 3.36)。这些表明,太原组 15 号煤层的含气量要高于山西组 3 号煤层的含气量,这主要是由煤层埋藏深度所决定的。

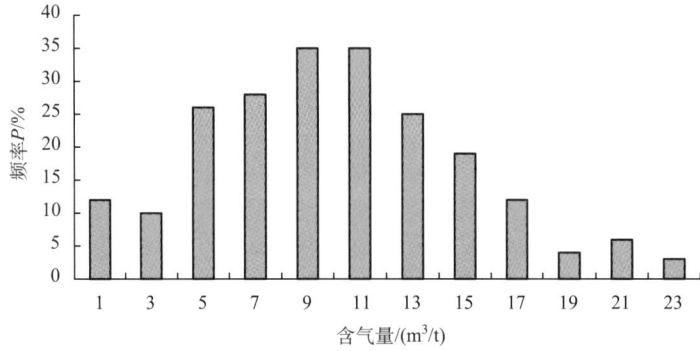

图 3.35 沁水盆地山西组 3 号煤层含气量分布频率直方图

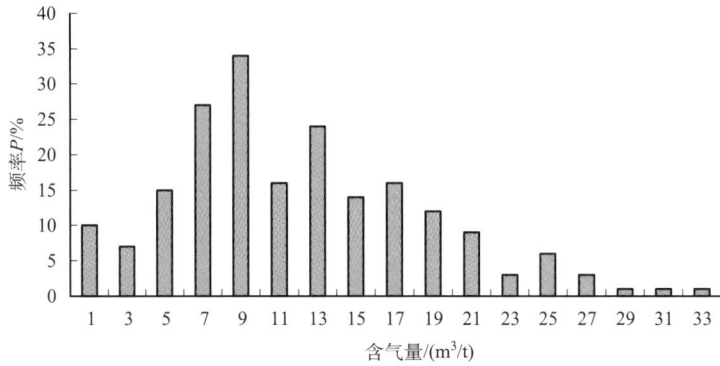

图 3.36 沁水盆地太原组 15 号煤层含气量分布频率直方图

由于煤变质及其演化、煤层的埋藏深度、抬升剥蚀作用和地质构造等因素的影响,本区煤层气含量分布具有明显的差异性。寿阳地区 $3.21\sim24.5m^3/t$,阳泉地区煤层含气量为 $6\sim25m^3/t$,潞安地区 $8\sim21m^3/t$,长治详查区 $1.60\sim13.56m^3/t$,晋城地区为 $8\sim29m^3/t$,樊庄地区煤含气量为 $8\sim23m^3/t$,这些反映出煤层气含量在盆地内由浅部向深部有逐渐增高的趋势,但到一定深度,深度继续增加而气含量增加甚小,一般向斜轴部含气量为 $16\sim24m^3/t$,向斜轴部的煤层气含量高于两翼,同时且盆地的北部和南部煤层含气量较高,中南部相对较低(详见图 3.37 和图 3.38)。

由山西晋城矿务局与美国美中能源公司联合进行的潘庄煤层气试验区已钻成 7 口试验井。实测含气量 3 号煤平均为 $13m^3/t$,15 号煤平均为 $18m^3/t$,中联煤层气公司在屯留和枣园煤层气试验区,实测含气量 3 号煤平均为 $14.98m^3/t$,15 号煤平均为 $16.62m^3/t$,经过几年的排水试气工作,煤层气单井产量可达 $4300m^3/d$ 以上,这些均反映了该区较好的煤层气勘探开发前景。

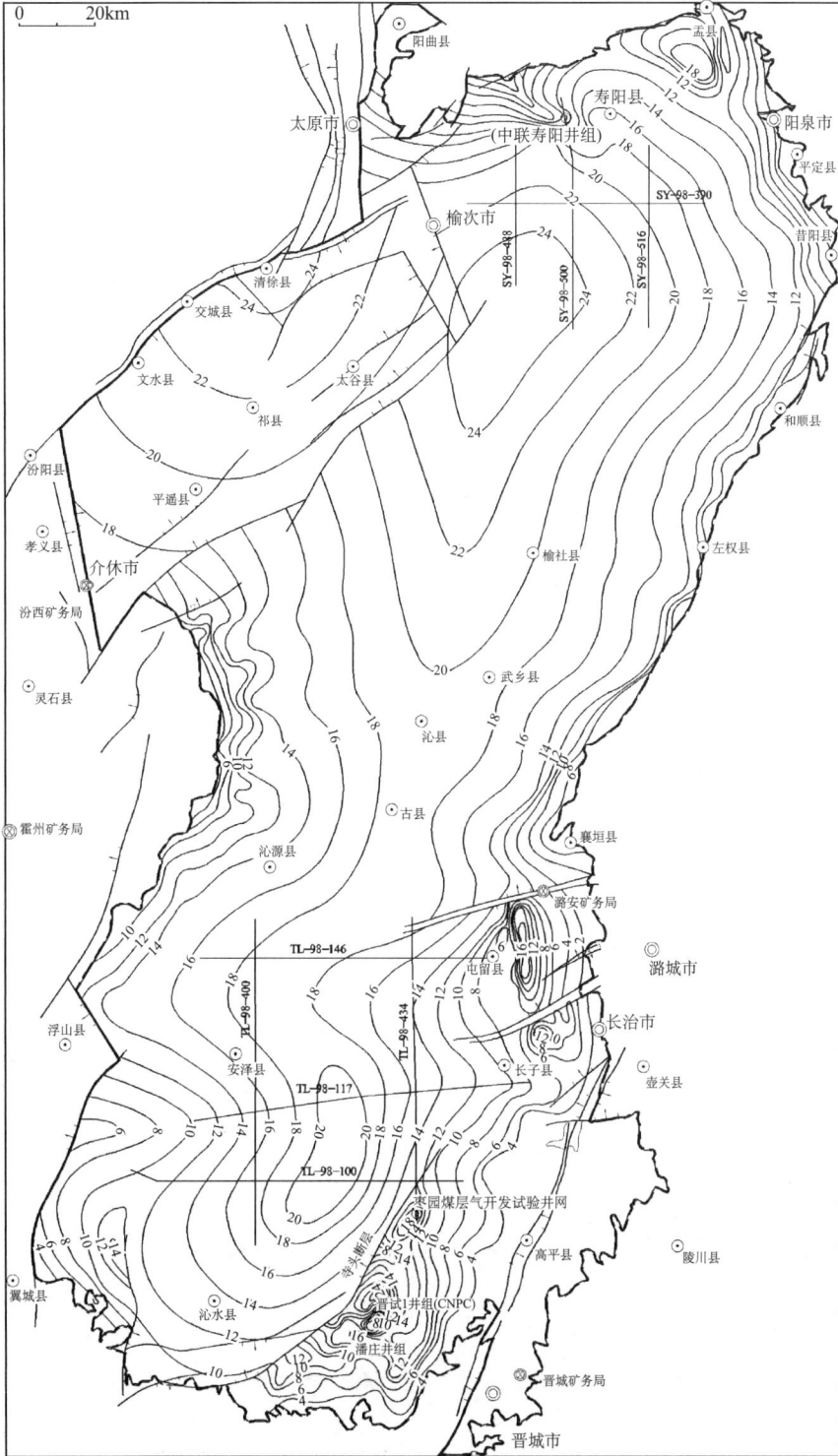

图 3.37 沁水盆地山西组 3 号煤层含气量分布图(图中单位:m³/t)

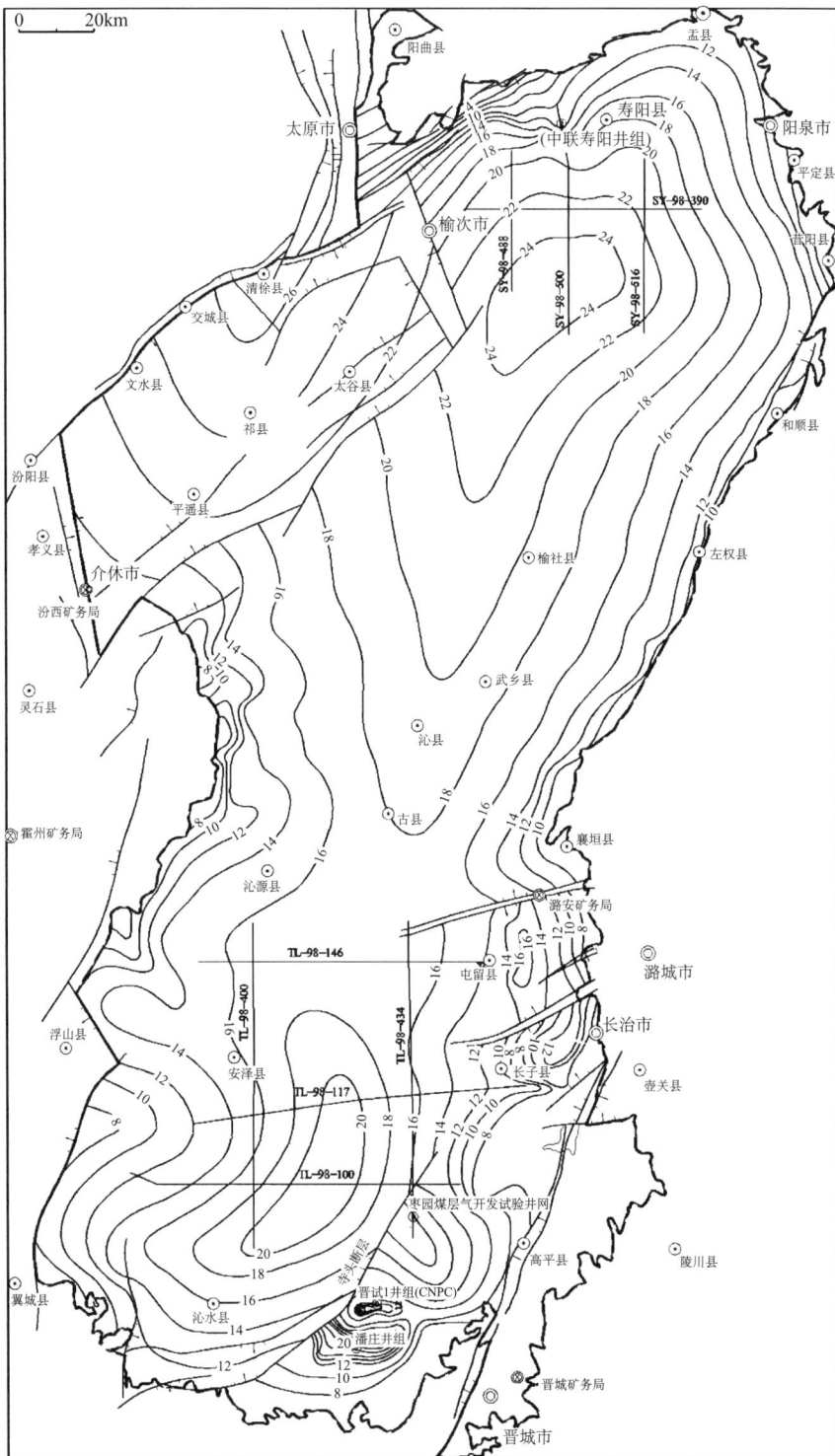

图 3.38　沁水盆地太原组 15 号煤层含气量分布图(图中单位:m³/t)

煤层含气量的分布同地质条件密切相关,并受地质条件制约。在充分研究、分析沁水盆地的形成、演化与发展历史的基础上,考虑煤级变化对煤的含气量高低的影响规律,选择该盆地最具代表性的山西组 3 号煤层和太原组 15 号煤层作为目标煤层,综合各种地质因素,充分利用等温吸附实验的成果,建立了煤层含气量预测模型。根据沁水盆地煤级(镜质组反射率)的变化趋势,将盆地划分成三大区块,每个区块选择不同的含气量预测公式,并根据煤层含气饱和度与埋深的关系以及煤储层压力系数的变化情况,对所建的预测公式进行了合理的修正。

(1) 寿阳-阳泉以南至和顺-太谷以北区

1) 3 号煤层含气量预测公式:

$$V = 35.0152P/(2.6434+P)$$

$$P = 0.00717D$$

$$C = B \times V$$

式中,V 为吸附量,m^3/t;P 为煤层压力,MPa;D 为煤层埋藏深度,m;C 为煤层含气量,m^3/t;B 为含气饱和度,取值如下:当 $D \leqslant 450m$ 时,$B=0.3$;当 $450m < D \leqslant 750m$ 时,$B=0.0017D-0.4498$;当 $D > 750m$ 时,$B=0.81$。

2) 15 号煤层含气量预测公式:

$$V = 33.346P/(2.4627+P)$$

$$P = 0.0075D$$

$$C = B \times V$$

式中,B 的取值如下:当 $D \leqslant 550m$ 时,$B=0.45$;当 $550m < D \leqslant 872m$ 时,$B=0.0013D-0.2392$;当 $D > 872m$ 时,$B=0.86$。

(2) 和顺-太谷以南至安泽-子以北区

由于该区块 15 号煤的等温吸附实验数据只有一个,不具代表性,故 15 号煤与 3 号煤的含气量取同一预测公式:

$$V = 34.36 \times P/(2.28+P)$$

$$P = 0.0063D$$

$$C = 0.69V$$

(3) 安泽-长子以南至沁水-晋城以北区

1) 3 号煤层含气量预测公式

$$V = 39.168 \times P/(2.64+P)$$

$$P = 0.0064 \times D$$

$$C = 0.699V$$

2) 15 号煤层含气量预测公式

$$V = 43.312 \times P/(2.59+P)$$

$$P = 0.0066 \times D$$
$$C = 0.60V$$

在上述公式中,煤储层压力 P 根据各区块实测储层压力分别求平均值得出;含气饱和度 B 的取值在等温吸附曲线实验的基础上,根据含气饱和度与埋深的关系进行了修正。

根据上述含气量预测公式计算出的含气量及部分实测含气量数据,绘制含气量等值线图(如图 3.37 和图 3.38)。从图可见,本区煤层气含量相对较高,且煤层含气量主要受盆地构造和煤层埋藏深度所控制,其平面分布特征与煤层埋藏深度的变化密切相关,表现为自盆地周边煤层露头线向盆地腹地,煤层含气量增大。且在局部断块内煤层气含量亦由浅部向深部有逐渐增高的趋势;在煤层埋藏深度小于 300m 地带,含气量一般低于 $8.00m^3/t$,但在晋城地区由于煤变质程度高,含气量可以达 $10\sim12m^3/t$;煤层埋藏深度在 $300\sim600m$ 间,含气量一般在 $10\sim16m^3/t$;在 $600\sim1000m$ 深度范围内,含气量变化于 $14\sim22m^3/t$ 之间;1500m 以深,含气量可达 $20\sim24m^3/t$,盆地向斜轴部的煤层气含量明显高于两翼,同时在向斜内部随深度增加而增大,但到一定深度,深度继续增加而气含量增加甚小,表现为向斜轴部气含量大,且含气量变化梯度由浅到深逐渐变小。

整个盆地从南到北分布存在一定的差异,表现为北部煤层含气量高,3 号煤层一般 $18\sim22m^3/t$,15 号煤层一般 $18\sim24m^3/t$,其中位于寿阳以南、榆社县的西北部和榆次市的东南部的区域煤层含气量最高,中南部,即沁县以南和丰 1 井附近及其以北的区域,煤层含气量相对较低,一般 $16\sim18m^3/t$;南部相对较高,煤层含气量一般 $18\sim20m^3/t$,且太原组 15 号煤层含气量要高于山西组 3 号煤层的含气量。

煤层含气量分布的上述特征同地质条件密切相关,并受地质条件制约,其中主要受煤变质及其演化、煤层的埋藏深度、抬升剥蚀作用和地质构造等因素的影响,使本区煤层气含量分布具有明显的规律性,具如下特征:

1) 由于煤变质及其演化、煤层的埋藏深度、抬升剥蚀作用和地质构造等因素对煤储层特性产生了显著的影响,使本区煤层气含量分布具有明显的差异性。

2) 沁水盆地石炭-二叠纪煤系沉积后,虽然经过由沉降到抬升的过程,但抬升幅度有限,区内大部分地区煤层上覆连续沉降地层厚度远大于瓦斯风化带深度,抬升前煤层中吸附的甲烷大多仍然得以保存。由于盆地三叠纪末抬升剥蚀作用导致煤层自然脱气,煤层气含量降低,煤层气含量随古埋藏深度增大而增高。

3) 盆地形成后,盆地内煤系有机质热演化仍在继续,煤层变质程度增高,这为煤储层提供了足够的气源补给。煤层上覆连续沉积地层厚度大及盆地形成后煤系有机质热演化仍在持续,煤层变质程度高,煤层吸附性强,这些决定了沁水盆地煤层含气量高的特征。

4) 盆地内煤变质程度高,具有很强的生气能力和吸附能力,尽管后期抬升时间很长,造成煤层气的散失,但是仍有相当数量的吸附气体被保存至今。

5) 深度对含气量的影响作用主要表现在对煤储层压力的控制,深度增大,储层压力增高,含气量增大;同时,埋藏深度的增大,上覆地层厚度加大,有利于煤层气的保存。

(五)煤储层压力

煤储层压力直接决定着煤层对甲烷等气体的吸附能力和煤层气的解吸能力,是影响煤层气开发的重要参数。在气井排采时,煤储层压力越高,越容易降压排采,越有利于煤层气开发。通常情况下,储层压力能够有效的返排携砂液,但是如果储层压力远低于静水压力,降压排采就比较困难。

通过注入/压降和 DST 试井获得的本区实际的煤储层压力参数可知(统计点数 27 个),盆地内山西组 3 号煤储层压力,在 292.41～780.05m 深度区间内,煤储层压力在 2.06～6.85MPa 之间变化,平均 3.49MPa。压力梯度在 0.0038～0.012MPa/m,平均压力梯度在 0.00692MPa/m,比正常的静水压力梯度(0.01MPa/m)偏低,但局部存在与正常的静水压力梯度(0.01MPa/m)相近的较高压力分布区。盆地内太原组 15 号煤储层压力,在 369.00～888.00m 深度区间内,煤储层压力在 2.67～6.25MPa 之间变化,平均 4.36MPa。压力梯度在 0.0046～0.0099MPa/m,平均压力梯度在 0.0072MPa/m,比正常的静水压力梯度(0.01MPa/m)偏低,局部存在与正常的静水压力梯度(0.01MPa/m)相近的较高压力分布区。同沁水盆地其他地区及国内其他主要煤层气试验区相比,该区煤储层压力较低(表 3.18)。

表 3.18　国内部分地区煤储层压力统计表

含煤区	矿区	储层压力梯度/(MPa/100m)		
		最大	最小	平均
焦作	恩村井田	1.095	—	1.095
渭北	韩城	1.19	1.16	1.15
鄂尔多斯	离柳	1.11	1.00	1.06
三江穆棱河	鹤岗	0.94	0.69	0.86
两淮	淮北	0.78	0.61	0.68
	淮南	1.26	0.57	1.03
沁水	阳泉	0.95	0.52	0.65
	晋城	1.20	0.50	0.94

煤层气的有效压力系统决定了煤层气产出的能量大小及有效驱动能量持续作用时间。储层压力越高、临界解吸压力越低、有效地应力越小,煤层气的解吸-扩散-渗流过程进行得就越彻底,表现为采收率增大,气井产能增大。有效压力系统由静水压力、地应力以及气体压力组成。对不饱和储层来说,气体本身没有压力,因此储层有效压力系统主要由静水压力和地应力组成。有效地应力为地应力与储层压力(孔隙流体压力)之差,在相同地应力条件下,有效地应力与煤层渗透率成反比。有效地应力越高,煤层渗透率越低,储层压力传导能力越差,直接导致煤层气井产能降低。沁南地区有效地应力相对较低(0.01～0.02MPa/m),枣园井网区约为 0.017MPa/m,这种低的有效应力对煤层气的产出比较有利。

分析认为影响研究区煤储层压力的主要因素如下:

1) 埋藏深度对煤储层压力的影响,统计表明盆地内主采煤层煤储层压力随埋藏深度增大而增大,呈线性相关关系(如图 3.39 和图 3.40)。反映出盆地中部向斜轴部,煤层埋藏深度大,储层压力高,而盆地周边及其浅部,储层压力相对较低。

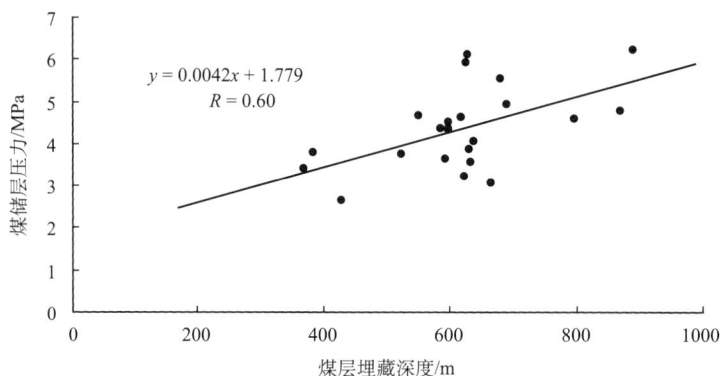

图 3.39　山西组 3 号煤层煤储层压力与煤层埋藏深度关系图

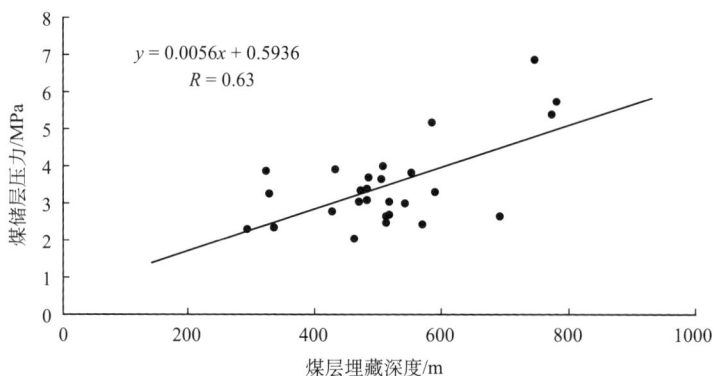

图 3.40　太原组 15 号煤层煤储层压力与煤层埋藏深度关系图

2) 断块差异升降运动以及古近纪以来局部快速沉降,对煤储层压力和煤层气饱和度可能产生显著的影响。在断块下降盘和古近纪以来局部快速沉降区煤储层压力增高。

3) 原地应力对煤储层压力的影响,原地应力对煤储层压力的影响是通过影响煤储层的孔渗性来影响储层压力的。原地应力的大小影响煤储层的孔渗性,随地应力增大,煤储层孔渗性降低,由于孔渗性的这种变化,导致煤储层压力增高,中国煤层气勘探开发众多的测试结果也说明了这一点(图 3.41)。研究区地应力较小,最终结果导致煤储层压力较低(图 3.42)。

4) 水文地质条件,研究区含水层以静储量为主,抽水实验表明,随抽水时间的延长,各含水层水位均逐渐下降,水量减小,且抽水后水位一般低于抽水前静水位,部分钻孔甚至存在抽干的现象。由此分析,煤系含水层与其他含水层的水力联系弱。在煤田勘探时,部分钻孔在钻至煤系时,钻井液发生漏失,说明该地层段地下水处于“亏空”状态。因此,从水文地质条件分析,研究区煤储层应为欠压储层。

5) 张性断裂,研究区内发育的断裂多为张性断层,因伴生或派生作用形成的小构造发育,因此,在断裂带附近地层裂缝发育,断层和裂缝一定条件下可充当地下水运移的通道,地下水的运移对地层起到卸压的作用。

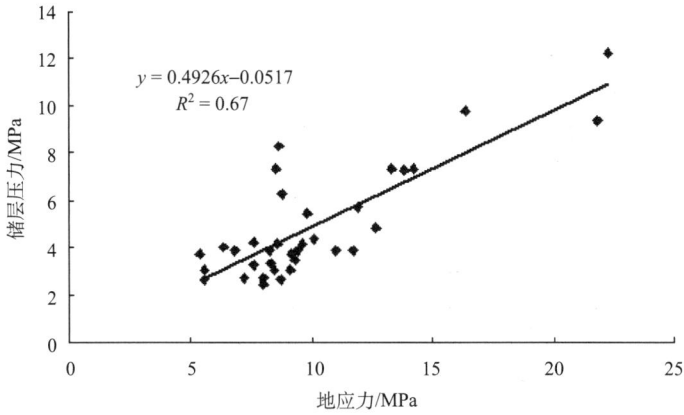

图 3.41　中国主要煤层气勘探开发区煤储层压力与地应力关系图

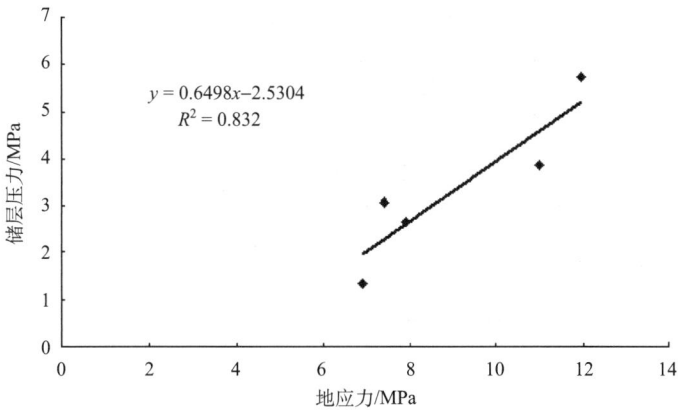

图 3.42　屯留-长子地区煤储层压力与地应力关系图

6）灰岩岩溶，研究区煤系中发育多层灰岩，根据资料显示，局部地区发育岩溶陷落柱和溶洞，如：研究区东部沿长治正断层在其附近发育一系列陷落柱和溶洞。陷落柱和溶洞的发育破坏了原有的地层压力系统，不可避免地引起地层压力下降。

（六）煤层气饱和度

煤层含气饱和度是煤层气评价与开发的重要参数。它与常规天然气的含气饱和度不同。常规气层的含气饱和度是气体在岩石孔隙中占据空间的百分比，含气饱和度是实测含气量与原始储层压力对应的吸附气量的比值，依据含气饱和度可以分析煤层气产出的基本特征。

根据实测的煤层含气量、储层压力以及等温吸附实验数据，山西组 3 号煤层在埋深 192.41～780.05m，煤层的含气饱和度分别为 22.41％～117.0％，平均为 62.36％；太原组 15 煤层在埋深 383.84～888.0m，煤层的含气饱和度分别为 28.05％～96.0％，平均为 58.51％，盆地内除局部区域煤层的含气饱和度较高，已经达到饱和状态外，各主要煤层大多为不饱和状态(图 3.43、图 3.44)。

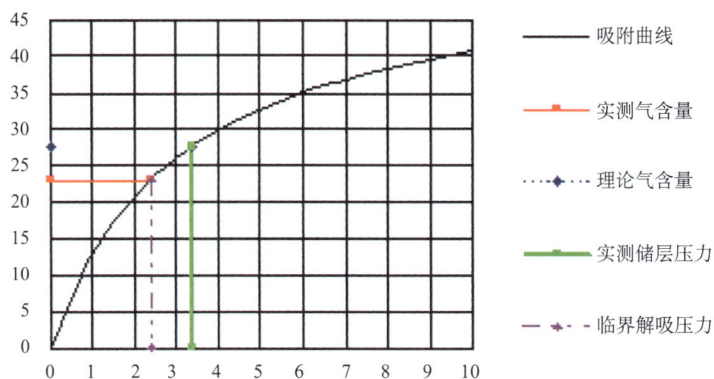

图 3.43　TL-003 井 3 号煤样等温吸附曲线分析图(含气饱和度 85.67％)

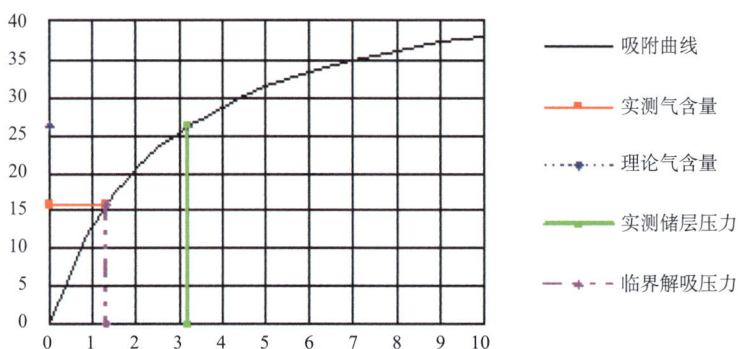

图 3.44　TL-004 井 3 号煤样等温吸附曲线分析图(含气饱和度 60.12％)

通过对寿阳区煤层含气饱和度与埋深回归分析,认为盆地北部 3 号与 15 号煤的含气饱和度与埋深具有很好正相关关系(图 3.45、图 3.46),3 号煤的相关系数 $R=0.9487$,15 号煤的相关系数 $R=0.8747$。

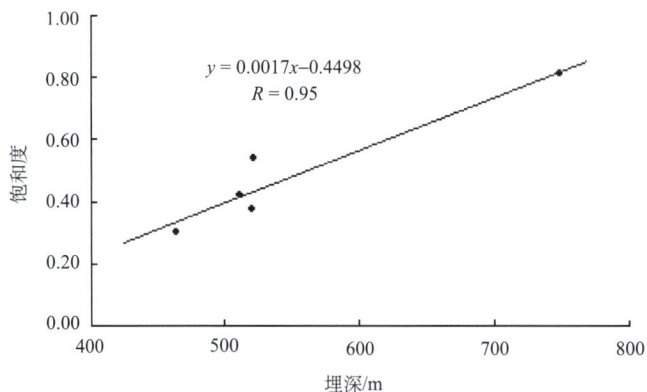

图 3.45　3 号煤层含气饱和度与煤层埋藏深度关系图

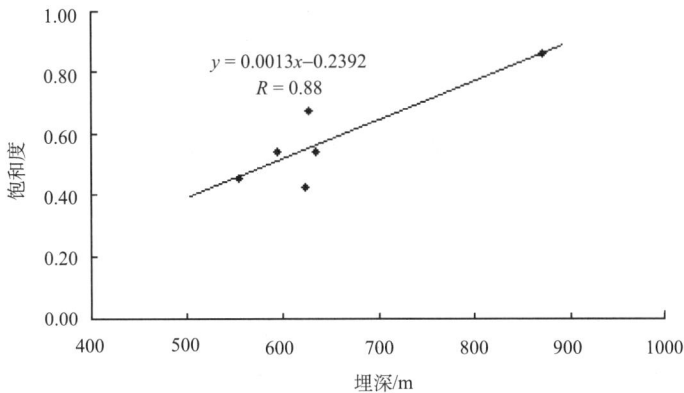

图 3.46　15 号煤层含气饱和度与煤层埋藏深度关系图

　　导致盆地内煤储层含气饱和度低的主要原因是:在煤系沉积后,构造运动使煤系抬升剥蚀,煤储层压力降低,煤层解吸、逸散,含气量降低。此后,盆地又发生大规模的沉降运动,但煤系再次沉降,其沉积地层厚度不足以引起煤变质程度的加深,也不会发生再次生气和再次吸附的过程。此外古近纪至第四纪局部快速沉降,对煤储层压力和煤层气饱和度同样可能产生显著的影响。本区古近系至第四系厚度严格受断块构造所控制,在断层下降盘其厚度显著增大。古近系至第四系沉降可使煤储层压力增高,若按静水压力梯度估计,古近系至第四系厚度增加 100m,煤储层压力将提高近 1MPa,即使原始煤层处于气体饱和状态,如果在储层压力升高的同时煤层含气量没有增加,那么含气量将从相应的等温吸附曲线上下移,使得煤层处于气体不饱和状态。因此,盆地内煤层气饱和度分布具有如下规律:①随着古近系至第四系厚度增厚,气饱和度降低,即盆地的东部和东南部以及西北部,气饱和度相对较低,由盆地中部向西北和东南方向,气饱和度降低;同时,由盆地西部向东部方向,气饱和度降低,由饱和状态变化为欠饱和状态。②在盆地周边的浅部(埋深小于 500m),由于煤层含气量低,加之古近系至第四系厚度增厚,而处于不饱和状态。③在盆地中深部(埋深在 500～1500m)煤层气饱和度相对较高,局部区域煤层气处于饱和状态,但在深部靠近边界附近由于受边界断层的影响煤层气逸散,气含量减小,煤层气亦处于不饱和状态。④在盆地深部(埋深大于 1500m),尤其是盆地向斜轴部,煤层埋深增大,储层压力进一步增高,煤层气饱和度亦处于不饱和状态。

　　临界解吸压力是指煤层中的甲烷开始解吸的压力点。根据临界解吸压力与储层压力可以了解煤层气早期排采动态,为制定排采方案提供重要依据。

　　临界解吸压力按下式计算:

$$P_{临界} = V_{实际} \cdot R_L / (V_L - V_{实际}) \tag{3.1}$$

式中,$P_{临界}$ 为临界解吸压力;$V_{实际}$ 为实际含气量,m^3/t;V_L 为 Langmuir 体积,m^3/t;P_L 为 Langmuir 压力,MPa。

　　含气饱和度按下式计算:

$$\Phi = \frac{V_{实际}}{V_L} \cdot \frac{P_L + P_{储层}}{P_{储层}} \tag{3.2}$$

式中,$P_{储层}$ 为煤储层压力,MPa;$V_{实际}$ 为实际含气量,m^3/t;Φ 为含气饱和度。

从表 3.19 可见临界解吸压力与含气饱和度呈近似正比例关系,2 号井中 3 号煤优于 15 号煤。

表 3.19　2 号井临界解吸压力与含气饱和度计算表

序号	煤层号	水分 /%	灰分 /%	Langmuir 体积 /(m³/t)	Langmuir 压力 /MPa	储层压力 /MPa	实测含 气量 /(m³/t)	临界解吸 压力 /MPa	含气 饱和度 /%
1	15 号煤	0.93	14.19	46.84	3.184	6.107	26.51	4.15	86.28
2	3 号煤	1.07	10.54	39.91	3.034	5.10	23.80	4.48	95.00

在排水降压作业时,压力只有降低到临界解吸压力,煤层气才可能产出。含气饱和度低的储层,压力降低幅度大,作业难度大;煤储层为过饱和或饱和储层,煤层气开发排水降压较小幅度,就会有煤层气产出。因此,储层含气饱和度是煤层气开发选区评价时的一个重要指标,对煤层气排采作业也具有指导作用。

根据井深结构所能达到的最低储层压力,即煤层气井的枯竭压力,可通过吸附等温线估算出残余气量,与实际含气量结合起来即可估算出最大采收率。理论最大采收率为

$$\eta = 1 - \frac{P_{枯竭}(P_L + P_{临界})}{P_{临界}(P_L + P_{枯竭})} \tag{3.3}$$

式中,η 为最大采收率;$P_{枯竭}$ 为枯竭压力(可达到的最低储层压力),MPa。

图 3.47 为 2 号井枯竭压力分别为 1MPa、2MPa、3MPa、4MPa 时最大采收率分布直方图。由图可以看出随着枯竭压力的降低,最大采收率提高,枯竭压力到达 1MPa 时,采收率达到 62.3%。开采过程中要尽可能地降低枯竭压力,以获取更高的采收率,但也要考虑经济因素。

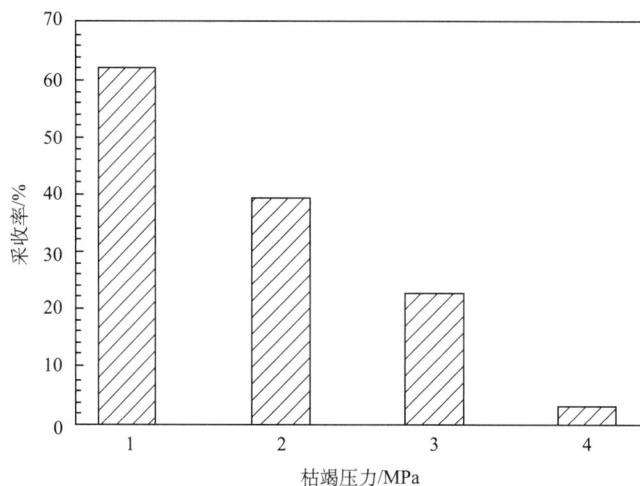

图 3.47　2 号井不同枯竭压力下最大采收率分布直方图

（七）煤储层温度

储层温度是影响煤层气富集条件的敏感因素,直接影响到煤层气的吸附能力和解吸能力。从储气角度分析,温度高,则煤的吸附能力降低,煤的储气能力降低;而从开发角度来说,温度越高,煤中甲烷的解吸能力增强,有利于煤层气产出。

研究区在煤田勘探过程中进行了钻孔近稳态测温,恒温带深度为 30m 左右,恒温带温度为 14.7℃,实测资料表明盆地内,山西组 3 煤层储层温度 15.6～27.75℃,平均储层温度 23.41℃。太原组 15 煤层储层温度 20.44～33.43℃,平均储层温度 27.21℃。500m以上地温梯度平均为 1.15℃/100m,500m 以下地温梯度平均为 1.45℃/100m;根据中联煤层气有限责任公司施工的 TL-001、TL-002 煤层气井测温数据计算,地温梯度为 0.76～1.24℃/100m,平均为 0.99℃/100m(表 3.20)。因此可以确定研究区地温梯度低于正常值 3.0℃/100m。研究区煤储层温度低,有利于煤层气的吸附,但是不利于煤层气的解吸、产出。

表 3.20 研究区地温梯度计算结果表

井号	煤层号	深度 /m	温度 /℃	地温梯度 /(℃/100m)
TL-001	3	777.12	24	1.24
TL-002	3	513.80	18.4	0.76
	15	631.25	20.44	0.95

五、煤层气勘探开发现状

（一）煤层气资源分布

根据沁水盆地的构造发育特征、煤层埋藏深度(300～2000m)、煤阶分布、煤层气含量变化等特点,沁水盆地石炭-二叠纪含煤地层的煤层气富集单元可划分为沁南富气区、东翼斜坡带富气区、西翼斜坡带富气区、西山富气区和高平-晋城富气区。

1. 沁南富气区

该区指文王山断层以南、浮山断层以东和晋获大断层以西的广大地区,南部以煤层风化带为界限。该区位于大型复向斜的南端,总体构造形式呈向北倾的单斜,构造简单,主要构造类型为一系列北北东和南北向的宽缓褶皱。地层连续完整且平缓,地层倾角一般为 5°～10°,煤层埋深在 300～1200m 之间。煤层含气量在 8～20m³/t。区内煤的演化受深成变质作用和区域性岩浆变质作用的共同影响,煤阶由南向北依次为无烟煤、贫煤和瘦煤。该区是中国目前煤层气勘探程度相对较高的地区之一,在该区发现了中国第一个煤层气大气田。

2. 东翼斜坡带富气区

该区指复向斜轴部以东、文王山断层以北、北部和东部以盆地边界或甲烷风化带为界的广大地区。该区是盆地内构造最简单的地区,仅发育一些宽缓的褶皱,几乎没有断层发育。构造形式也同样表现为单斜构造,其中该区的南半段为西倾单斜,而北半段因为整个复向斜轴部走向的变化,表现为南倾单斜。煤层埋深由盆地边缘向中心逐渐变深,一般在300～1500m,最深处可达2000m。该区的甲烷风化带变化也较大,变化范围为300～600m。煤层厚度多数在10m以上,煤层气含量为8～24m³/t。煤的演化主要受深成变质作用的影响,盆地的边缘向中心位置依次为瘦煤、贫煤和无烟煤。但该区最北部阳泉地区因受区域性岩浆变质作用的影响,煤阶为无烟煤。

3. 西翼斜坡带富气区

该区指复向斜轴部以西和霍山凸起东部的沁源地区,北部以晋中断陷为界,为一东倾的单斜。受霍山凸起的影响,与东翼斜坡带相比,构造相对复杂,斜坡带的坡度相对较大。煤层厚度和煤层气含量也相对较小。煤的演化主要受深成变质作用影响,盆地的边缘向中心位置依次为焦煤、瘦煤、贫煤和无烟煤。

4. 西山富气区

该区位于盆地的西北部,南部以交城断层为界。该区以构造复杂为特征,发育南北向和北东向的正断层。煤层埋藏较浅,一般为300～800m,煤类主要是焦煤和瘦煤。

5. 高平-晋城富气区

该区位于盆地的东南部,西以晋获大断层为界与沁南富气区相隔。该区煤层埋深较浅,且受断层影响,煤层气含量较低。

(二)勘探开发现状及开发潜力评价

沁水盆地一直是我国煤层气勘探开发的重中之重,其资源量名列前茅。根据中联煤层气有限责任公司全国煤层气资源评价,沁水盆地2000m以浅煤层气资源量为5.52×10^{12}m³,平均资源丰度2.01×10^8m³/km²。截至2007年年底,在沁水盆地南部共钻煤层气参数井和煤层气井共1800余口,获得了很好的效果。储层模拟和经济评价结果还显示,本地区煤层气在实现规模开发后将取得较好的经济效益。

(1)煤层气资源充足,具备滚动开发的区域优势

寺头断层以东是目前煤层气高勘探区,具有煤层厚度大、分布广、区域稳定分布、埋藏深度适中、构造相对简单、煤层顶板封盖性能好、吨煤含气量高、储层渗透性好、含气饱和度较高等特点,资源丰度高且储量级别高,可作为煤层气滚动开发的基点。

(2)高阶煤开发技术日趋成熟,单井日产量获得重大突破

中国高阶煤不但能产气,而且能高产气,这已为沁水盆地的勘探实践所证实。几乎所

有的煤层气井均产气,而且多口井日产量达万立方米以上。国外对煤层气井的经济评价分析表明,当实现商业化生产后,单井日产在3000m³左右具经济效益。为了进一步证实中国高阶煤的产气能力,目前有关单位已经利用井组排采得到了产能证实,下一步将继续开展更大规模的生产,努力实现上、下游一体化。

(3)下游市场需求广阔,具备就近使用的良好地域优势

山西省是煤炭生产大户,同时也是消费大户,落后的产业结构已经制约着地方经济的可持续发展。近年来,该省天然气需求旺盛,同时,较近的河北省需求量也很大,总之煤层气利用市场广阔。

(4)煤炭开发成本不断增高,急需煤、气一体化开采

沁水盆地周围500m埋深以浅的煤炭资源开采日趋枯竭,随着向深部掘进开采,煤层含气量相应增加,矿井瓦斯通风设备所需动力也增加,煤炭开采成本不断增加。同时由于瓦斯利用率不高,对环境也造成了严重的污染。因此气、煤一体化开采已经成了实现环境保护和资源利用的必由之路。

(5)国家和各投资企业重视

国家对煤层气开发的重视,极大地鼓励了投资企业的积极性。近年来,国家和各投资企业都加大了资金和人力的投入,沁水盆地煤层气开发前景十分广阔,它必将为推动中国煤层气开发的对外合作和勘探开发发挥重要的作用。

(三)煤层气勘探开发技术

由于煤层气是以吸附状态赋存于地下煤层之中,且煤储层又是一种低渗透、变形双重介质,给煤层气藏的识别和开采带来了较高的难度。近年来,国内外加强对煤层气勘探和开发的技术攻关,例如,煤层气地球物理勘探技术、煤层气钻井技术、煤层气完井技术、煤层气增产工艺技术等。特别是我国高变质无烟煤煤层气的开采技术,通过多年的攻关取得了实质性的进展。

(1)基于动力学条件的有利区带优选技术

该项技术包括两个方面:一是煤层气储层弹性能聚散程度的三元判识标志,用于煤层气成藏效应的预测;二是煤储层弹性能能量聚散模式,形成了基于该模式的煤层气有利区带动力学定量预测方法。采用三元判别标志,将煤层气成藏效应分为三个级别组合和27个类型,有关方法在沁水盆地煤层气富集高渗动力学条件发育区预测中得到了证实,形成了适合我国地质条件的煤层气有利区带先进预测技术。

(2)煤层气地球物理勘探技术

地球物理资料在煤层气勘探中的作用主要表现在:利用测井资料准确确定煤层厚度,

测井资料和工业分析相结合确定煤层气含量,利用地震资料确定煤层的构造发育程度,利用多波多分量、AVO 资料确定煤层的裂缝发育情况。

近年来,国内许多研究人员利用地震勘探技术进行煤层及煤层气勘探研究,取得了较大的进展。他们主要是利用多分量地震勘探和振幅随偏移距变化 AVO 的分析方法,预测煤储层性质和流体含量。地震速度各相异性特征具有可测量的特征效应,而且地震速度各向异性与裂缝密度和含气量的特征成正相关关系,从而可以对煤层气产率进行预测。采用地震差异层间速度分析方法,同时与常规的泊松比剖面相结合,可以很好的评估煤储层中裂缝系统的存在、方位和密度,进行煤层气勘探开发有利区块的预测。根据地震理论推导出薄层煤厚与反射波振幅之间为单调增减关系公式,又根据孔隙度与地震反射瞬间时频率成正比关系,可采含气量与地震反射瞬间振幅成反比关系,研究预测储层厚度、孔隙度、含气量等参数的变化。

(3) 煤层气钻井、完井工艺技术

当前,我国煤层气钻井在非煤层段一般采用泥浆钻进,目的层段用清水、优质低固相泥浆或无固相作为钻井液,防止煤储层的伤害。大多数煤层气井采用绳索取心,低温低压固井技术以及套管完井、射孔、水力压裂技术。

1) 煤层气钻井技术。地面煤层气井主要有垂直井和水平井两种,钻井工艺方式也有所不同。对于压力低的煤层一般采用旋转或冲击钻钻井,用空气、泡沫做循环介质,由于煤层压力低,孔渗低,易污染,在欠平衡方式下钻进,对地层伤害小;对于压力较高的煤层一般采用常规旋转。煤层气完井方式有五种:裸眼完井、套管完井、混合完井、裸眼洞穴完井和水平排空衬管完井。

除了常规煤层气钻井技术,目前开发出的钻井新技术为定向羽状水平井钻井,其单井体产量很高,5 年采出程度能达到 85%。羽状水平井开采技术的优点有:增加有效供给范围;提高导流能力;对煤层的伤害减少;单井日产量高,采出程度高;井场占地面积小,环境影响小,地面集输设施少;经济效益好。

2) 取心技术。采用绳索取心技术使煤层采收率达到 90% 以上。

3) 固井技术。高强低密度固井技术已成为目前国内煤层气勘探开发的完井规范技术,其水泥浆密度可控制在 $1.3 \sim 1.60 \text{g}/\text{cm}^3$,而强度可以满足工程需要。

4) 完井技术。我国大部分煤层气井采用全套管完井、射孔压裂。少数井进行了套管和裸眼复合完井技术。有些钻井也进行了裸眼筒穴完井。后两者或由于储层条件不合适,或因动力设备不够,没有取得成功。

(4) 煤层气增产工艺技术

1) 压裂增产
目前压裂主要有以下几个方面:支撑剂;裂缝评价技术;压裂施工技术和水力压裂技术等。
因中国煤层类型多样,储层物性差异大,压裂形成的裂缝比较复杂,因此必须根据煤层埋深、煤岩岩石力学参数、施工规模进行水力压裂设计。

2）注气增产法

注气增产法是美国 Amoco 公司开发的一项提高煤层气产量的新方法。该方法被认为是一种具有发展前途的新措施，受到各方面的广泛关注。注气增产法是将 N_2、CO_2 或烟道气注入煤层，降低甲烷在煤层中的分压，有利于甲烷从煤体中置换解吸出来，提高单井产量和采收率。该工艺可以有效地提高煤层气的生产潜力，而且还可以利用该工艺开发深部低渗透性煤层中的煤层气。因为 CO_2 有助于维持孔隙压力，可以较好的保护深部煤层中的割理和其他孔隙的开启程度。

第四章 煤层气开采储层数值模拟模型建立及软件开发

一、煤储层渗透率理论模型研究

煤层气的储层岩体物理性质不同于常规的石油天然气储层岩体物理性质,具有许多独有的特点。煤层具有极其发育的微孔隙系统和裂隙系统,形成了巨大的内表面积。煤层气在煤基质表面分子的吸引力作用下,吸附在基质块的表面及其所含的孔隙内。在煤层气的排水降压开采过程中,当储层压力降到临界解吸压力以下时,煤层气开始解吸。随着煤层气解吸量的增加,煤基质开始收缩,从而裂隙宽度变大,造成渗透率显著地增加;同时随着有效应力的增加,裂隙宽度变小,导致渗透率降低。随着煤层气藏开采作业技术在一些盆地的成熟以及煤层气强化开采注入方式的出现,煤层气储层的这些特性再一次成为研究焦点。目前建立的具有代表性的两个理论模型:ARI 模型(Sawyer et al.,1990)和 P&M 模型(Palmer and Mansoori,1998)在实际应用中具有一定的局限性。这两个模型在计算过程中所用到的煤基质的收缩系数和膨胀系数不易获得,尽管国内外的许多学者(Moffat and Weale,1955;Recroft and Patel,1986;Seidle and Huit,1995)通过实验得到了部分数值,但这些实验结果没有代表性,不能应用到煤层气的数值模拟中。本章基于表面物理化学原理,建立了一种新的考虑煤基质收缩及应变影响的煤储层裂隙孔隙度与渗透率理论模型。

研究表明,煤基质对 CH_4、N_2、CO_2 等气体的吸附服从 Langmuir 等温吸附方程:

$$V = \frac{V_L bP}{1 + bP} \tag{4.1}$$

式中,V 为平衡压力下煤层气的吸附量,m^3/t;b 为 Langmuir 压力常数,$1/MPa$;V_L 为 Langmuir 体积常数,m^3/t;P 为吸附平衡时气体压力,MPa。

若考虑煤层气中组分的影响,则煤基质的吸附量可用扩展的 Langmuir 等温吸附方程描述(Arri et al.,1992):

$$V_i = \frac{V_{Li} b_i y_i P}{1 + \sum_1^n b_i y_i P} \tag{4.2}$$

式中,b_i 为煤层气 i 组分的 Langmuir 压力常数,$1/MPa$;V_{Li} 为煤层气 i 组分的 Langmuir 体积常数,m^3/t;y_i 为煤层气 i 组分的摩尔分数。

煤基质吸附气体后使其表面自由能降低,Bangham(亚当森,1984;谈慕华、黄蕴元,1985)认为固体的膨胀变形与其表面自由能降低值成正比:

$$\varepsilon = \rho_c S \Delta\gamma / E \tag{4.3}$$

式中,ε 为固体的相对变形量,小数;ρ_c 为煤基质的密度,t/m^3;S 为煤基质的比表面积,m^2/t;E 为煤体弹性模量,MPa;$\Delta\gamma$ 为表面自由能变化量,J/m^2。

吸附气体引起煤基质表面自由能变化量为(亚当森,1984;谈慕华、黄蕴元,1985)

$$\Delta\gamma = \gamma_0 - \gamma = \int_0^P \Gamma RT \mathrm{dln}P \tag{4.4}$$

式中,γ_0 为煤体真空条件下的表面自由能,$\mathrm{J/m^2}$;γ 为煤体吸附气体后的表面自由能,$\mathrm{J/m^2}$;Γ 为表面浓度与本体相浓度之差,$\Gamma = V/(V_0 S)$,$\mathrm{mol/m^2}$,其中 V_0 为标准状况下气体摩尔体积,22.4L/mol;R 为普适气体常数,8.3143J/(mol·K);T 为绝对温度,K;P 为实际气体压力,MPa。

将式(4.4)代入式(4.3),得

$$\varepsilon(P) = \frac{\rho_c RT}{V_0 E} \int_0^P \frac{V}{P} \mathrm{d}P \tag{4.5}$$

气体解吸时情况正好相反,煤体收缩。当储层压力由 P_0 下降到 P 时,煤基质的收缩量为

$$\Delta\varepsilon = \varepsilon(P_0) - \varepsilon(P) = \frac{\rho_c RT}{V_0 E} \int_P^{P_0} \frac{V}{P} \mathrm{d}P \tag{4.6}$$

将式(4.1)代入式(4.6),得到单组分吸附的煤基质收缩量如下:

$$\Delta\varepsilon = \frac{\rho_c V_L RT}{V_0 E} \ln\left(\frac{1+bP_0}{1+bP}\right) \tag{4.7}$$

将式(4.2)代入式(4.6),得到多组分吸附的煤基质收缩量如下:

$$\Delta\varepsilon = \sum_{i=1}^{n} \frac{V_{Li} b_i y_i \rho_c RT}{EV_0 \sum_{j=1}^{n} b_j y_j} \ln\left[\frac{1+P_0 \sum_{k=1}^{n} b_k y_k}{1+P \sum_{k=1}^{n} b_k y_k}\right] \tag{4.8}$$

假设煤储层中煤基质与裂隙网络之间的关系可用火柴棍模型描述。根据 Seidle 模型(Seidle and Huit,1995)的推导,可得

$$\frac{\Delta\phi_f}{\phi_{f0}} = (1 + 2/\phi_{f0})\Delta\varepsilon \tag{4.9}$$

式中,$\Delta\phi_f$ 为煤基质收缩效应导致的裂隙孔隙度变化量;ϕ_{f0} 为前一时刻的裂隙孔隙度。

另外,煤储层流体压力降低,有效应力势必增大,煤骨架在应力作用下要发生改变。如果仅考虑有效应力的压缩效应,Schwerer 和 Pavone(1984)得到煤储层孔隙度和渗透率关系式:

$$\phi_f = \phi_{f0} e^{C_P(P-P_0)} \tag{4.10}$$

$$K_f = K_{f0}(\phi_f/\phi_{f0})^3 \tag{4.11}$$

式中,K_f 为裂隙渗透率,$10^{-3}\mu m^2$;K_{f0} 为前一时刻的裂隙渗透率,$10^{-3}\mu m^2$。

综合式(4.9)及式(4.10),得到新的煤储层裂隙孔隙度关系式:

$$\frac{\phi_f}{\phi_{f0}} = e^{C_P(P-P_0)} + (1+2/\phi_{f0})\Delta\varepsilon \tag{4.12}$$

将式(4.12)代入式(4.11),即可得到裂隙渗透率变化关系式如下:

$$\frac{K_f}{K_{f0}} = \left[e^{C_P(P-P_0)} + (1+2/\phi_{f0})\Delta\varepsilon\right]^3 \tag{4.13}$$

二、煤储层气、水两相耦合流动数学模型建立

借鉴现有模型并结合我国现场实际,建立双重介质煤层气藏气、水两相耦合流动数学模型。

(一) 基 本 假 设

1) 煤层为由基质微孔系统和裂隙宏观孔隙系统组成的特殊双重介质;

2) 煤体可压缩,储层非均质、各向异性;

3) 煤层内的流动为等温流动,自由气为真实气体;

4) 煤层在原始状态下被水100%饱和,不含游离气及溶解气,气体均以吸附态储集在煤基质的内表面;

5) 水是微可压缩流体,由于煤基质的孔径小,水不能进入,仅含气;

6) 气体在裂隙系统中的流动服从渗流和扩散两种机理,而水的流动机理仅为渗流,渗流和扩散分别服从达西定律及 Fick 第一定律,并考虑重力、毛管压力的影响;

7) 气体的扩散过程为非平衡拟稳态过程,服从 Fick 第一扩散定律。

(二) 裂隙系统中气、水相流动方程

对于裂隙系统,气体从基质块中不断扩散进入其中,可以看作连续性方程中的源项,裂隙系统中气相的流动方程为

$$\nabla \cdot \left[\frac{K_f K_{rg}}{B_g \mu_g} \nabla(P_{fg} - \gamma_g H) + D_f \nabla\left(\frac{S_g}{B_g}\right) \right] + q_{vm} - q_{vg} = \frac{\partial}{\partial t}\left(\frac{\phi_f S_g}{B_g}\right) \tag{4.14}$$

式中,K_{rg} 为气相相对渗透率;μ_g 为气的黏度,mPa·s;B_g 为气的体积系数;P_{fg} 为裂隙系统中气相的压力,MPa;γ_g 为气体的重度,$\gamma_g = \rho_g g$;D_f 为裂隙的气体扩散系数;q_{vg} 为井点所在网格单位体积储层的产气量,$m^3/(m^3 \cdot d)$;q_{vm} 为单位体积储层的煤基质表面煤层气经解吸扩散进入裂隙系统中的速率,$m^3/(m^3 \cdot d)$;ϕ_f 为裂隙的孔隙度;S_g 为裂隙中气的饱和度。

裂隙系统中的水相主要以渗透方式运移,故利用连续性方程和达西定律,可得水相的流动方程为

$$\nabla \cdot \left[\frac{K_f K_{rw}}{B_w \mu_w} \nabla(P_{fw} - \gamma_w H) \right] - q_{vw} = \frac{\partial}{\partial t}\left(\frac{\phi_f S_w}{B_w}\right) \tag{4.15}$$

式中,K_{rw} 为水相相对渗透率;B_w 为水的体积系数;μ_w 为水的黏度,mPa·s;ρ_w 为水的密度,kg/m^3;P_{fw} 为裂隙系统中水相压力,MPa;S_w 为水饱和度。

为了完整地描述和求解气、水在割理系统中的运移过程,除了气、水相流动方程外,还必须提供以下辅助方程来完善数学模型:饱和度方程和毛管压力方程。

$$S_g + S_w = 1 \tag{4.16}$$

$$P_c = P_{fg} - P_{fw} \tag{4.17}$$

式中，P_c 为毛管压力，MPa。

（三）基质系统中解吸扩散方程

煤层气的吸附与解吸是一个可逆过程，解吸同样可用 Langmuir 等温吸附方程描述：

$$V_E(P_{fg}) = \frac{V_L b P_{fg}}{1 + b P_{fg}} \tag{4.18}$$

式中，V_E 为基质-裂隙面上煤层气的平衡吸附量，m^3/t。

煤层气从基质向割理的扩散遵循 Fick 第一定律，认为解吸速度与煤基质内表面气体浓度和煤基质中平均浓度的差成正比(King $et\ al.$,1986)。即

$$\frac{\partial V_m}{\partial t} = D_m \sigma \left[V_E(P_{fg}) - V_m \right] \tag{4.19}$$

且

$$q_{vm} = -\rho_c \frac{\partial V_m}{\partial t} \tag{4.20}$$

式中，V_m 为基质中吸附气平均含量，m^3/t；D_m 为煤基质的气体扩散系数，m^2/d；σ 为 Warren-Root 形状因子，与基质单元的尺寸大小和形状有关；q_{vm} 为单位体积储层的煤基质表面煤层气经解吸扩散进入裂隙系统中的速率，$m^3/(m^3 \cdot d)$。

定义吸附时间常数 $\tau = 1/(D_m\sigma)$，则有

$$\frac{\partial V_m}{\partial t} = -\frac{1}{\tau} \left[V_m - V_E(P_{fg}) \right] \tag{4.21}$$

（四）定 解 条 件

初始条件:给定煤层气开发的某一时刻作为初始时刻，给定此时刻的煤储层内的压力分布和饱和度分布为

$$P_{fg} \big|_{t=t_0} = P_I \tag{4.22}$$

$$S_w \big|_{t=t_0} = S_{wI} \tag{4.23}$$

$$V_m \big|_{t=t_0} = V_{mI} \tag{4.24}$$

式中，P_I 为裂隙系统初始压力，MPa；S_{wI} 为裂隙系统初始水饱和度，小数；V_{mI} 为初始含气量，m^3/t。

外边界条件:在煤层气储层数值模拟中，一般取定压边界或封闭边界，即

$$P_{fg} \big|_{\Gamma} = P_I \tag{4.25}$$

或

$$\frac{\partial P_{fg}}{\partial n} \bigg|_{\Gamma} = 0 \tag{4.26}$$

内边界条件:在煤层气储层数值模拟中,一般给定井底流动压力。

三、数值模型及求解

在不均匀网格条件下,采用块中心差分格式,对气、水相偏微分方程的左端项进行空间差分,右端项进行时间差分。

首先,对气相偏微分方程进行差分:

$$
\frac{1}{\Delta x_{i,j,k}} \left\{ \left(\alpha \frac{K_{rg}K_{fx}}{\mu_g B_g} \right)_{i+1/2,j,k} \left[\frac{P_{fgi+1,j,k} - P_{fgi,j,k}}{\Delta x_{i+1/2,j,k}} - \gamma_{gi+1/2,j,k} \frac{H_{i+1,j,k} - H_{i,j,k}}{\Delta x_{i+1/2,j,k}} \right] \right.
$$

$$
+ \frac{D_{fxi+1/2,j,k}}{\Delta x_{i+1/2,j,k}} \left[\left(\frac{S_g}{B_g} \right)_{i+1,j,k} - \left(\frac{S_g}{B_g} \right)_{i,j,k} \right] - \left(\alpha \frac{K_{rg}K_{fx}}{\mu_g B_g} \right)_{i-1/2,j,k} \left[\frac{P_{fgi,j,k} - P_{fgi-1,j,k}}{\Delta x_{i-1/2,j,k}} \right.
$$

$$
\left. - \gamma_{gi-1/2,j,k} \frac{H_{i,j,k} - H_{i-1,j,k}}{\Delta x_{i-1/2,j,k}} \right] - \frac{D_{fxi-1/2,j,k}}{\Delta x_{i-1/2,j,k}} \left[\left(\frac{S_g}{B_g} \right)_{i,j,k} - \left(\frac{S_g}{B_g} \right)_{i-1,j,k} \right] \right\}
$$

$$
\frac{1}{\Delta y_{i,j,k}} \left\{ \left(\alpha \frac{K_{rg}K_{fy}}{\mu_g B_g} \right)_{i,j+1/2,k} \left[\frac{P_{fgi,j+1,k} - P_{fgi,j,k}}{\Delta y_{i,j+1/2,k}} - \gamma_{gi,j+1/2,k} \frac{H_{i,j+1,k} - H_{i,j,k}}{\Delta y_{i,j+1/2,k}} \right] \right.
$$

$$
+ \frac{D_{fyi,j+1/2,k}}{\Delta y_{i,j+1/2,k}} \left[\left(\frac{S_g}{B_g} \right)_{i,j+1,k} - \left(\frac{S_g}{B_g} \right)_{i,j,k} \right] - \left(\alpha \frac{K_{rg}K_{fy}}{\mu_g B_g} \right)_{i,j-1/2,k} \left[\frac{P_{fgi,j,k} - P_{fgi,j-1,k}}{\Delta y_{i,j-1/2,k}} \right.
$$

$$
\left. - \gamma_{gi,j-1/2,k} \frac{H_{i,j,k} - H_{i,j-1,k}}{\Delta y_{i,j-1/2,k}} \right] - \frac{D_{fyi,j-1/2,k}}{\Delta y_{i,j-1/2,k}} \left[\left(\frac{S_g}{B_g} \right)_{i,j,k} - \left(\frac{S_g}{B_g} \right)_{i,j-1,k} \right] \right\}
$$

$$
+ \frac{1}{\Delta z_{i,j,k}} \left\{ \left(\alpha \frac{K_{rg}K_{fz}}{\mu_g B_g} \right)_{i,j,k+1/2} \left[\frac{P_{fgi,j,k+1} - P_{fgi,j,k}}{\Delta z_{i,j,k+1/2}} - \gamma_{gi,j,k+1/2} \frac{H_{i,j,k+1} - H_{i,j,k}}{\Delta z_{i,j,k+1/2}} \right] \right.
$$

$$
+ \frac{D_{fyi,j,k+1/2}}{\Delta z_{i,j,k+1/2}} \left[\left(\frac{S_g}{B_g} \right)_{i,j,k+1} - \left(\frac{S_g}{B_g} \right)_{i,j,k} \right] - \left(\alpha \frac{K_{rg}K_{fz}}{\mu_g B_g} \right)_{i,j,k-1/2} \left[\frac{P_{fgi,j,k} - P_{fgi,j,k-1}}{\Delta z_{i,j,k-1/2}} \right.
$$

$$
\left. - \gamma_{gi,j,k-1/2} \frac{H_{i,j,k} - H_{i,j,k-1}}{\Delta z_{i,j,k-1/2}} \right] - \frac{D_{fyi,j,k-1/2}}{\Delta z_{i,j,k-1/2}} \left[\left(\frac{S_g}{B_g} \right)_{i,j,k} - \left(\frac{S_g}{B_g} \right)_{i,j,k-1} \right] \right\} + q_{vmi,j,k} - q_{vgi,j,k}
$$

$$
= \frac{1}{\Delta t} \left[\left(\frac{\phi_f S_g}{B_g} \right)^{n+1}_{i,j,k} - \left(\frac{\phi_f S_g}{B_g} \right)^{n}_{i,j,k} \right] \tag{4.27}
$$

两边同乘以单元网格块(i,j,k)的体积 $\Delta V_{i,j,k} = (\Delta x \Delta y \Delta z)_{i,j,k}$,得

$$
(\Delta y \Delta z)_{i,j,k} \left\{ \left(\alpha \frac{K_{rg}K_{fx}}{\Delta x \mu_g B_g} \right)_{i+1/2,j,k} \left[(P_{fgi+1,j,k} - P_{fgi,j,k}) - \gamma_{gi+1/2,j,k} (H_{i+1,j,k} - H_{i,j,k}) \right] \right.
$$

$$
+ \left(\frac{D_{fx}}{\Delta x} \right)_{i+1/2,j,k} \left[\left(\frac{S_g}{B_g} \right)_{i+1,j,k} - \left(\frac{S_g}{B_g} \right)_{i,j,k} \right] - \left(\alpha \frac{K_{rg}K_{fx}}{\Delta x \mu_g B_g} \right)_{i-1/2,j,k} \left[(P_{fgi,j,k} - P_{fgi-1,j,k}) \right.
$$

$$
\left. - \gamma_{gi-1/2,j,k} (H_{i,j,k} - H_{i-1,j,k}) \right] - \left(\frac{D_{fx}}{\Delta x} \right)_{i-1/2,j,k} \left[\left(\frac{S_g}{B_g} \right)_{i,j,k} - \left(\frac{S_g}{B_g} \right)_{i-1,j,k} \right] \right\}

$$

$$+ (\Delta x \Delta z)_{i,j,k} \left\{ \left(\alpha \frac{K_{rg} K_{fy}}{\Delta y \mu_g B_g} \right)_{i,j+1/2,k} \left[(P_{fgi,j+1,k} - P_{fgi,j,k}) - \gamma_{gi,j+1/2,k} (H_{i,j+1,k} - H_{i,j,k}) \right] \right.$$

$$+ \left(\frac{D_{fy}}{\Delta y} \right)_{i,j+1/2,k} \left[\left(\frac{S_g}{B_g} \right)_{i,j+1,k} - \left(\frac{S_g}{B_g} \right)_{i,j,k} \right] - \left(\alpha \frac{K_{rg} K_{fy}}{\Delta y \mu_g B_g} \right)_{i,j-1/2,k} \left[(P_{fgi,j,k} - P_{fgi,j-1,k}) \right.$$

$$\left. - \gamma_{gi,j-1/2,k} (H_{i,j,k} - H_{i,j-1,k}) \right] - \left(\frac{D_{fy}}{\Delta y} \right)_{i,j-1/2,k} \left[\left(\frac{S_g}{B_g} \right)_{i,j,k} - \left(\frac{S_g}{B_g} \right)_{i,j-1,k} \right] \right\}$$

$$+ (\Delta x \Delta y)_{i,j,k} \left\{ \left(\alpha \frac{K_{rg} K_{fz}}{\Delta z \mu_g B_g} \right)_{i,j,k+1/2} \left[(P_{fgi,j,k+1} - P_{fgi,j,k}) - \gamma_{gi,j,k+1/2} (H_{i,j,k+1} - H_{i,j,k}) \right] \right.$$

$$+ \left(\frac{D_{fz}}{\Delta z} \right)_{i,j,k+1/2} \left[\left(\frac{S_g}{B_g} \right)_{i,j,k+1} - \left(\frac{S_g}{B_g} \right)_{i,j,k} \right] - \left(\alpha \frac{K_{rg} K_{fz}}{\Delta z \mu_g B_g} \right)_{i,j,k-1/2}$$

$$\left[(P_{fgi,j,k} - P_{fgi,j,k-1}) - \gamma_{gi,j,k-1/2} (H_{i,j,k} - H_{i,j,k-1}) \right]$$

$$\left. - \left(\frac{D_{fz}}{\Delta z} \right)_{i,j,k-1/2} \left[\left(\frac{S_g}{B_g} \right)_{i,j,k} - \left(\frac{S_g}{B_g} \right)_{i,j,k-1} \right] \right\} + \Delta V_{i,j,k} q_{vmi,j,k} - \Delta V_{i,j,k} q_{vgi,j,k}$$

$$= \frac{\Delta V_{i,j,k}}{\Delta t} \left[\left(\frac{\phi_f S_g}{B_g} \right)_{i,j,k}^{n+1} - \left(\frac{\phi_f S_g}{B_g} \right)_{i,j,k}^{n} \right] \tag{4.28}$$

令几何因子：$F_{i\pm1/2,j,k} = (\Delta y \Delta z)_{i,j,k}$，$F_{i,j\pm1/2,k} = (\Delta x \Delta z)_{i,j,k}$，$F_{i,j,k\pm1/2} = (\Delta x \Delta y)_{i,j,k}$；传导系数：$T_{gi\pm1/2,j,k} = \alpha \left(F \frac{K_f}{\Delta x} \frac{K_{rg}}{B_g \mu_g} \right)_{i\pm1/2,j,k}$，$T_{gi,j\pm1/2,k} = \alpha \left(F \frac{K_f}{\Delta y} \frac{K_{rg}}{B_g \mu_g} \right)_{i,j\pm1/2,k}$，$T_{gi,j,k\pm1/2} = \alpha \left(F \frac{K_f}{\Delta z} \frac{K_{rg}}{B_g \mu_g} \right)_{i,j,k\pm1/2}$；扩散项系数：$T_{Di\pm1/2,j,k} = \left(F \frac{D_{fx}}{\Delta x} \right)_{i\pm1/2,j,k}$，$T_{Di,j\pm1/2,k} = \left(F \frac{D_{fy}}{\Delta y} \right)_{i,j\pm1/2,k}$，$T_{Di,j,k\pm1/2} = \left(F \frac{D_{fz}}{\Delta z} \right)_{i,j,k\pm1/2}$。

代入可得

$$T_{gi+1/2,j,k} \left[(P_{fgi+1,j,k} - P_{fgi,j,k}) - \gamma_{gi+1/2,j,k} (H_{i+1,j,k} - H_{i,j,k}) \right]$$

$$- T_{gi-1/2,j,k} \left[(P_{fgi,j,k} - P_{fgi-1,j,k}) - \gamma_{gi-1/2,j,k} (H_{i,j,k} - H_{i-1,j,k}) \right]$$

$$+ T_{Di+1/2,j,k} \left[\left(\frac{S_g}{B_g} \right)_{i+1,j,k} - \left(\frac{S_g}{B_g} \right)_{i,j,k} \right] - T_{Di-1/2,j,k} \left[\left(\frac{S_g}{B_g} \right)_{i,j,k} - \left(\frac{S_g}{B_g} \right)_{i-1,j,k} \right]$$

$$+ T_{gi,j+1/2,k} \left[(P_{fgi,j+1,k} - P_{fgi,j,k}) - \gamma_{gi,j+1/2,k} (H_{i,j+1,k} - H_{i,j,k}) \right]$$

$$- T_{gi,j-1/2,k} \left[(P_{fgi,j,k} - P_{fgi,j-1,k}) - \gamma_{gi,j-1/2,k} (H_{i,j,k} - H_{i,j-1,k}) \right]$$

$$+ T_{Di,j+1/2,k} \left[\left(\frac{S_g}{B_g} \right)_{i,j+1,k} - \left(\frac{S_g}{B_g} \right)_{i,j,k} \right] - T_{Di,j-1/2,k} \left[\left(\frac{S_g}{B_g} \right)_{i,j,k} - \left(\frac{S_g}{B_g} \right)_{i,j-1,k} \right]$$

$$+ T_{gi,j,k+1/2} \left[(P_{fgi,j,k+1} - P_{fgi,j,k}) - \gamma_{gi,j,k+1/2} (H_{i,j,k+1} - H_{i,j,k}) \right]$$

$$- T_{gi,j,k-1/2} \left[(P_{fgi,j,k} - P_{fgi,j,k-1}) - \gamma_{gi,j,k-1/2} (H_{i,j,k} - H_{i,j,k-1}) \right]$$

$$+ T_{Di,j,k+1/2} \left[\left(\frac{S_g}{B_g} \right)_{i,j,k+1} - \left(\frac{S_g}{B_g} \right)_{i,j,k} \right] - T_{Di,j,k-1/2} \left[\left(\frac{S_g}{B_g} \right)_{i,j,k} - \left(\frac{S_g}{B_g} \right)_{i,j,k-1} \right]$$

$$+ (q_{vm} \Delta V)_{i,j,k} - (q_{vg} \Delta V)_{i,j,k}$$

$$= \frac{\Delta V_{i,j,k}}{\Delta t} \left[\left(\frac{\phi_f S_g}{B_g} \right)_{i,j,k}^{n+1} - \left(\frac{\phi_f S_g}{B_g} \right)_{i,j,k}^{n} \right] \tag{4.29}$$

为简化方程,引入如下线性微分算子:

$$\Delta A \Delta B = \Delta_x A \Delta_x B + \Delta_y A \Delta_y B + \Delta_z A \Delta_z B \tag{4.30}$$

其中 $\Delta_x A \Delta_x B = A_{i+1/2,j,k}(B_{i+1,j,k} - B_{i,j,k}) - A_{i-1/2,j,k}(B_{i,j,k} - B_{i-1,j,k})$,其他类似。

引入上述算子,则上述方程记为

$$\Delta T_g \Delta P_{fg} - \Delta T_g \gamma_g \Delta H + \Delta T_D \Delta \left(\frac{S_g}{B_g} \right) + (q_{vm} \Delta V)_{i,j,k} - (q_{vg} \Delta V)_{i,j,k}$$

$$= \frac{\Delta V_{i,j,k}}{\Delta t} \left[\left(\frac{\phi_f S_g}{B_g} \right)^{n+1}_{i,j,k} - \left(\frac{\phi_f S_g}{B_g} \right)^{n}_{i,j,k} \right] \tag{4.31}$$

进一步整理得

$$\Delta T_g \Delta (P_{fg} - \gamma_g H) + \Delta T_D \Delta \left(\frac{S_g}{B_g} \right) + (q_{vm} \Delta V)_{i,j,k} - (q_{vg} \Delta V)_{i,j,k}$$

$$= \frac{\Delta V_{i,j,k}}{\Delta t} \left[\left(\frac{\phi_f S_g}{B_g} \right)^{n+1}_{i,j,k} - \left(\frac{\phi_f S_g}{B_g} \right)^{n}_{i,j,k} \right] \tag{4.32}$$

同理,可得水相的差分算子方程为

$$\Delta T_w \Delta (P_{fw} - \gamma_w H) - (q_{vw} \Delta V)_{i,j,k} = \frac{\Delta V_{i,j,k}}{\Delta t} \left[\left(\frac{\phi_f S_w}{B_w} \right)^{n+1}_{i,j,k} - \left(\frac{\phi_f S_w}{B_w} \right)^{n}_{i,j,k} \right] \tag{4.33}$$

由此得到气、水两相的隐式差分方程组:

$$\begin{cases} \Delta T_g \Delta (P_{fg} - \gamma_g H) + \Delta T_D \Delta \left(\frac{S_g}{B_g} \right) + (q_{vm} \Delta V)_{i,j,k} - (q_{vg} \Delta V)_{i,j,k} \\ = \frac{\Delta V_{i,j,k}}{\Delta t} \left[\left(\frac{\phi_f S_g}{B_g} \right)^{n+1}_{i,j,k} - \left(\frac{\phi_f S_g}{B_g} \right)^{n}_{i,j,k} \right] \\ \Delta T_w \Delta (P_{fw} - \gamma_w H) - (q_{vw} \Delta V)_{i,j,k} = \frac{\Delta V_{i,j,k}}{\Delta t} \left[\left(\frac{\phi_f S_w}{B_w} \right)^{n+1}_{i,j,k} - \left(\frac{\phi_f S_w}{B_w} \right)^{n}_{i,j,k} \right] \end{cases} \tag{4.34}$$

令 $\Delta \Phi = \Delta (P - \gamma H)$,$Q_{vl} = q_{vl} \Delta V$ $(l = m, g, w)$,最终得到描述煤储层中气、水两相流体运移规律的差分方程组,即数值模型为

$$\begin{cases} \Delta T_g \Delta \Phi_g + \Delta T_D \Delta \left(\frac{S_g}{B_g} \right) + Q_{vm\,i,j,k} - Q_{vg\,i,j,k} = \frac{\Delta V_{i,j,k}}{\Delta t} \left[\left(\frac{\phi_f S_g}{B_g} \right)^{n+1}_{i,j,k} - \left(\frac{\phi_f S_g}{B_g} \right)^{n}_{i,j,k} \right] \\ \Delta T_w \Delta \Phi_w - Q_{vw\,i,j,k} = \frac{\Delta V_{i,j,k}}{\Delta t} \left[\left(\frac{\phi_f S_w}{B_w} \right)^{n+1}_{i,j,k} - \left(\frac{\phi_f S_w}{B_w} \right)^{n}_{i,j,k} \right] \end{cases}$$

$$\tag{4.35}$$

上述方程组包括四个未知变量 P_{fg}、P_{fw}、S_g、S_w,实际上只有两个是独立变量,其余变量可作为这两个独立变量的函数处理。本模型选择气相压力 P_{fg} 和水相饱和度 S_w 为独立变量进行求解。

(一) 全隐式解法

目前油气藏数值模拟中广泛采用的全隐式方法(韩大匡等,1993),具有稳定性好、收敛快、时间步长大等优点。对差分方程组左端的达西项、解吸-扩散项和井的产量项均作

隐式处理,得到全隐式的非线性差分方程组如下:

$$
\begin{cases}
\Delta T_{\mathrm{g}}^{n+1}\Delta\Phi_{\mathrm{g}}^{n+1}+\Delta T_{D}^{n+1}\Delta\left(\dfrac{S_{\mathrm{g}}}{B_{\mathrm{g}}}\right)^{n+1}+Q_{\mathrm{v}mi,j,k}^{n+1}-Q_{\mathrm{v}gi,j,k}^{n+1}=\dfrac{\Delta V_{i,j,k}}{\Delta t}\left[\left(\dfrac{\phi_{\mathrm{f}}S_{\mathrm{g}}}{B_{\mathrm{g}}}\right)_{i,j,k}^{n+1}-\left(\dfrac{\phi_{\mathrm{f}}S_{\mathrm{g}}}{B_{\mathrm{g}}}\right)_{i,j,k}^{n}\right] \\[4mm]
\Delta T_{\mathrm{w}}^{n+1}\Delta\Phi_{\mathrm{w}}^{n+1}-Q_{\mathrm{v}wi,j,k}^{n+1}=\dfrac{\Delta V_{i,j,k}}{\Delta t}\left[\left(\dfrac{\phi_{\mathrm{f}}S_{\mathrm{w}}}{B_{\mathrm{w}}}\right)_{i,j,k}^{n+1}-\left(\dfrac{\phi_{\mathrm{f}}S_{\mathrm{w}}}{B_{\mathrm{w}}}\right)_{i,j,k}^{n}\right]
\end{cases}
$$

$$\tag{4.36}$$

根据全隐式方法求解基本原理,从 t^n 到 t^{n+1} 的时间步迭代过程内,上述方程组变成

$$
\begin{cases}
\Delta T_{\mathrm{g}}^{l+1}\Delta\Phi_{\mathrm{g}}^{l+1}+\Delta T_{D}^{l+1}\Delta\left(\dfrac{S_{\mathrm{g}}}{B_{\mathrm{g}}}\right)^{l+1}+Q_{\mathrm{v}mi,j,k}^{l+1}-Q_{\mathrm{v}gi,j,k}^{l+1} \\[3mm]
=\dfrac{\Delta V_{i,j,k}}{\Delta t}\left[\left(\dfrac{\phi_{\mathrm{f}}S_{\mathrm{g}}}{B_{\mathrm{g}}}\right)^{l}+\bar\delta\left(\dfrac{\phi_{\mathrm{f}}S_{\mathrm{g}}}{B_{\mathrm{g}}}\right)-\left(\dfrac{\phi_{\mathrm{f}}S_{\mathrm{g}}}{B_{\mathrm{g}}}\right)^{n}\right]_{i,j,k} \\[4mm]
\Delta T_{\mathrm{w}}^{l+1}\Delta\Phi_{\mathrm{w}}^{l+1}-Q_{\mathrm{v}wi,j,k}^{l+1}=\dfrac{\Delta V_{i,j,k}}{\Delta t}\left[\left(\dfrac{\phi_{\mathrm{f}}S_{\mathrm{w}}}{B_{\mathrm{w}}}\right)^{l}+\bar\delta\left(\dfrac{\phi_{\mathrm{f}}S_{\mathrm{w}}}{B_{\mathrm{w}}}\right)-\left(\dfrac{\phi_{\mathrm{f}}S_{\mathrm{w}}}{B_{\mathrm{w}}}\right)^{n}\right]_{i,j,k}
\end{cases}
$$

$$\tag{4.37}$$

下面分别对方程的左端项和右端项进行全隐式线性化展开。为了求解方便,在实际求解方程时并非直接求解 $l+1$ 迭代步的 P_{fg}^{l+1} 和 S_{w}^{l+1},而是求解增量 $\bar\delta P_{\mathrm{fg}}$ 和 $\bar\delta S_{\mathrm{w}}$,故方程组又可化为如下形式:

$$
\Delta(T_{\mathrm{g}}^{l}+\bar\delta T_{\mathrm{g}})\Delta(\Phi_{\mathrm{g}}^{l}+\bar\delta\Phi_{\mathrm{g}})+\Delta(T_{D}^{l}+\bar\delta T_{D})\Delta\left[\left(\dfrac{S_{\mathrm{g}}}{B_{\mathrm{g}}}\right)^{l}+\bar\delta\left(\dfrac{S_{\mathrm{g}}}{B_{\mathrm{g}}}\right)\right]
$$
$$
+Q_{\mathrm{v}mi,j,k}^{l+1}-(Q_{\mathrm{v}gi,j,k}^{l}+\bar\delta Q_{\mathrm{v}gi,j,k})
$$
$$
=\dfrac{\Delta V_{i,j,k}}{\Delta t}\left[\left(\dfrac{\phi_{\mathrm{f}}S_{\mathrm{g}}}{B_{\mathrm{g}}}\right)^{l}+\bar\delta\left(\dfrac{\phi_{\mathrm{f}}S_{\mathrm{g}}}{B_{\mathrm{g}}}\right)-\left(\dfrac{\phi_{\mathrm{f}}S_{\mathrm{g}}}{B_{\mathrm{g}}}\right)^{n}\right]_{i,j,k}
$$

$$\tag{4.38}$$

$$
\Delta(T_{\mathrm{w}}^{l}+\bar\delta T_{\mathrm{w}})\Delta(\Phi_{\mathrm{w}}^{l}+\bar\delta\Phi_{\mathrm{w}})-(Q_{\mathrm{v}wi,j,k}^{l}+\bar\delta Q_{\mathrm{v}wi,j,k})
$$
$$
=\dfrac{\Delta V_{i,j,k}}{\Delta t}\left[\left(\dfrac{\phi_{\mathrm{f}}S_{\mathrm{w}}}{B_{\mathrm{w}}}\right)^{l}+\bar\delta\left(\dfrac{\phi_{\mathrm{f}}S_{\mathrm{w}}}{B_{\mathrm{w}}}\right)-\left(\dfrac{\phi_{\mathrm{f}}S_{\mathrm{w}}}{B_{\mathrm{w}}}\right)^{n}\right]_{i,j,k}
$$

$$\tag{4.39}$$

1. 方程组左端的达西项线性化

首先,对于气相方程(4.38),

$$
\Delta(T_{\mathrm{g}}^{l}+\bar\delta T_{\mathrm{g}})\Delta(\Phi_{\mathrm{g}}^{l}+\bar\delta\Phi_{\mathrm{g}}^{l})=\Delta T_{\mathrm{g}}^{l}\Delta\Phi_{\mathrm{g}}^{l}+\Delta T_{\mathrm{g}}^{l}\Delta\bar\delta\Phi_{\mathrm{g}}+\Delta\bar\delta T_{\mathrm{g}}\Delta\bar\delta\Delta\Phi_{\mathrm{g}}^{l}+\Delta\bar\delta T_{\mathrm{g}}\Delta\bar\delta\Phi_{\mathrm{g}}
$$

$$\tag{4.40}$$

$$
\Delta(T_{D}^{l}+\bar\delta T_{D})\Delta\left[\left(\dfrac{S_{\mathrm{g}}}{B_{\mathrm{g}}}\right)^{l}+\bar\delta\left(\dfrac{S_{\mathrm{g}}}{B_{\mathrm{g}}}\right)\right]
$$
$$
=\Delta T_{D}^{l}\Delta\left(\dfrac{S_{\mathrm{g}}}{B_{\mathrm{g}}}\right)^{l}+\Delta\bar\delta T_{D}\Delta\left(\dfrac{S_{\mathrm{g}}}{B_{\mathrm{g}}}\right)^{l}+\Delta T_{D}^{l}\Delta\bar\delta\left(\dfrac{S_{\mathrm{g}}}{B_{\mathrm{g}}}\right)+\Delta\bar\delta T_{D}\Delta\bar\delta\left(\dfrac{S_{\mathrm{g}}}{B_{\mathrm{g}}}\right)
$$

$$\tag{4.41}$$

对方程(4.40)展开 $\bar\delta T_{\mathrm{g}}$ 及 $\bar\delta\Phi_{\mathrm{g}}$,由于重度 γ_{g} 在一个迭代步内变化不大,可以取前一迭代步 l 时的值,而 T_{g} 是 P_{fg} 和 S_{w} 的函数,所以

$$\bar{\delta}\Phi_g = \bar{\delta}(P_{fg} - \gamma_g^l H) = \bar{\delta}P_{fg} \tag{4.42}$$

代入式(4.40)，得

$$\Delta(T_g^l + \bar{\delta}T_g)\Delta(\Phi_g^l + \bar{\delta}\Phi_g) = \Delta T_g^l \Delta\Phi_g^l + \Delta T_g^l \Delta\bar{\delta}P_{fg} + \Delta\bar{\delta}T_g\Delta\Phi_g^l + \Delta\bar{\delta}T_g\Delta\bar{\delta}P_{fg} \tag{4.43}$$

在上述公式中，$\Delta\bar{\delta}T_g\Delta\bar{\delta}P_{fg}$是二阶小量项，考虑到一个迭代步内都很小，忽略之，得

$$\Delta(T_g^l + \bar{\delta}T_g)\Delta(\Phi_g^l + \bar{\delta}\Phi_g) = \Delta T_g^l \Delta\Phi_g^l + \Delta T_g^l \Delta\bar{\delta}P_{fg} + \Delta\bar{\delta}T_g\Delta\Phi_g^l \tag{4.44}$$

对方程(4.41)展开$\bar{\delta}T_D$及$\bar{\delta}\left(\dfrac{S_g}{B_g}\right)$，由于扩散项系数本身很小，在一个迭代步内的变化亦很小，故取$T_D^{l+1} = T_D$，此外令$c_g = -\dfrac{1}{B_g}\dfrac{\partial B_g}{\partial P_{fg}}$，则

$$\bar{\delta}\left(\frac{S_g}{B_g}\right) = -\left(\frac{1}{B_g}\right)^{l+1}\bar{\delta}S_w + S_g^l\bar{\delta}\left(\frac{1}{B_g}\right) = -\left(\frac{1}{B_g}\right)^l\bar{\delta}S_w + \left(\frac{S_g c_g}{B_g}\right)^l\bar{\delta}P_{fg} \tag{4.45}$$

将式(4.45)代入式(4.41)，得

$$\Delta(T_D^l + \bar{\delta}T_D)\Delta\left[\left(\frac{S_g}{B_g}\right)^l + \bar{\delta}\left(\frac{S_g}{B_g}\right)\right]$$

$$= \Delta T_D^l \Delta\left(\frac{S_g}{B_g}\right)^l - \Delta T_D^l \Delta\left[\left(\frac{1}{B_g}\right)^l\bar{\delta}S_w\right] + \Delta T_D^l \Delta\left[\left(\frac{S_g c_g}{B_g}\right)^l\bar{\delta}P_{fg}\right] \tag{4.46}$$

对于水相方程(4.39)可按类似方法处理，对于γ_w仍取l时的值，所以

$$\Delta(T_w^l + \bar{\delta}T_w)\Delta(\Phi_w^l + \bar{\delta}\Phi_w) = \Delta T_w^l \Delta\Phi_w^l + \Delta\bar{\delta}T_w\Delta\Phi_w^l + \Delta T_w^l \Delta\bar{\delta}\Phi_w + \Delta\bar{\delta}T_w\Delta\bar{\delta}\Phi_w \tag{4.47}$$

由于$\bar{\delta}\Phi_w = \bar{\delta}(P_{fg} - P_c - \gamma_w^l H) = \bar{\delta}P_{fg} - \dfrac{\partial P_c}{\partial S_w}\bar{\delta}S_w$，代入上式，得

$$\Delta(T_w^l + \bar{\delta}T_w)\Delta(\Phi_w^l + \bar{\delta}\Phi_w) = \Delta T_w^l \Delta\Phi_w^l + \Delta\bar{\delta}T_w\Delta\Phi_w^l + \Delta T_w^l \Delta\bar{\delta}P_{fg} - \Delta T_w^l \Delta\left(\frac{\partial P_c}{\partial S_w}\bar{\delta}S_w\right) \tag{4.48}$$

2. 方程组左端的扩散解吸项线性化

首先，对解吸扩散项的隐式差分形式进行推导：

$$\frac{\partial V_{mi,j,k}}{\partial t} = -\frac{1}{\tau}(V_{mi,j,k} - V_{Ei,j,k}) \tag{4.49}$$

为了得到$n+1$时刻煤基质中吸附气含量$V_{mi,j,k}^{n+1}$的表达式，对该微分方程进行分离变量并积分：

$$\frac{dV_{mi,j,k}}{V_{mi,j,k} - V_{Ei,j,k}} = -\frac{1}{\tau}dt \tag{4.50}$$

$$\int_{V_{mi,j,k}^n}^{V_{mi,j,k}^{n+1}} \frac{dV_{mi,j,k}}{V_{mi,j,k} - V_{Ei,j,k}} = -\int_n^{n+1} \frac{1}{\tau}dt \tag{4.51}$$

假设在迭代步内平均压力下煤基质表面的吸附气含量是一个常数，取为$V_E^{n+1/2}$，则

$$\int_{V_{\mathrm{mi},j,k}^{n}}^{V_{\mathrm{mi},j,k}^{n+1}} \frac{\mathrm{d}V_{\mathrm{mi},j,k}}{(V_{\mathrm{mi},j,k}-V_{\mathrm{E}i,j,k}^{n+1/2})} = -\int_{n}^{n+1} \frac{1}{\tau}\mathrm{d}t \tag{4.52}$$

$$\ln\left(\frac{V_{\mathrm{mi},j,k}^{n+1}-V_{\mathrm{E}i,j,k}^{n+1/2}}{V_{\mathrm{mi},j,k}^{n}-V_{\mathrm{E}i,j,k}^{n+1/2}}\right) = -\frac{\Delta t}{\tau} \Rightarrow \frac{V_{\mathrm{mi},j,k}^{n+1}-V_{\mathrm{E}i,j,k}^{n+1/2}}{V_{\mathrm{mi},j,k}^{n}-V_{\mathrm{E}i,j,k}^{n+1/2}} = \mathrm{e}^{-\frac{\Delta t}{\tau}} \tag{4.53}$$

求解得

$$V_{\mathrm{mi},j,k}^{n+1} = V_{\mathrm{E}i,j,k}^{n+1/2} + (V_{\mathrm{mi},j,k}^{n}-V_{\mathrm{E}i,j,k}^{n+1/2})\,\mathrm{e}^{-\frac{\Delta t}{\tau}} \tag{4.54}$$

令 $V_{\mathrm{E}i,j,k}^{n+1/2}=V_{\mathrm{E}i,j,k}^{n+1}$，则

$$V_{\mathrm{mi},j,k}^{n+1} = V_{\mathrm{mi},j,k}^{n}\,\mathrm{e}^{-\frac{\Delta t}{\tau}} + (1-\mathrm{e}^{-\frac{\Delta t}{\tau}})V_{\mathrm{E}i,j,k}^{n+1} \tag{4.55}$$

这就是表述煤基质微孔表面上吸附气体体积的最终表达式。

将 $n \to n+1$ 迭代步内单位体积煤基质向裂缝解吸气体的平均解吸速率定义为

$$Q_{\mathrm{vm}i,j,k}^{n+1} = -\rho_{\mathrm{c}}\frac{V_{\mathrm{mi},j,k}^{n+1}-V_{\mathrm{mi},j,k}^{n}}{\Delta t} \tag{4.56}$$

其中 $V_{\mathrm{E}i,j,k}^{n+1} = \dfrac{V_{\mathrm{L},i,j,k}bP_{\mathrm{fg}i,j,k}^{n+1}}{1+bP_{\mathrm{fg}i,j,k}^{n+1}}$。

现采用全隐式方法对上式作线性化展开，

$$Q_{\mathrm{vm}i,j,k}^{l+1} = \frac{\rho_{\mathrm{c}}}{\Delta t}(\mathrm{e}^{-\frac{\Delta t}{\tau}}-1)(V_{\mathrm{E}i,j,k}^{l+1}-V_{\mathrm{mi},j,k}^{n}) \tag{4.57}$$

因为 $V_{\mathrm{E}i,j,k}^{l+1}=V_{\mathrm{E}i,j,k}^{l}+\bar{\delta}V_{\mathrm{E}i,j,k}$，而 $\bar{\delta}V_{\mathrm{E}}=\dfrac{\partial V_{\mathrm{E}}}{\partial P_{\mathrm{fg}}}\bar{\delta}P_{\mathrm{fg}}=\dfrac{V_{\mathrm{L}}b}{(1+bP_{\mathrm{fg}}^{l})^{2}}\bar{\delta}P_{\mathrm{fg}}$，故

$$Q_{\mathrm{vm}i,j,k}^{l+1} = \frac{\rho_{\mathrm{c}}}{\Delta t}(\mathrm{e}^{-\frac{\Delta t}{\tau}}-1)\left[V_{\mathrm{E}i,j,k}^{l}-V_{\mathrm{mi},j,k}^{n}+\frac{V_{\mathrm{L}}b}{(1+bP_{\mathrm{fg}}^{l})^{2}}\bar{\delta}P_{\mathrm{fg}}\right] \tag{4.58}$$

3. 方程组左端的产量项线性化

以定井底流压为例进行推导，先展开气产量项。

令 $Q_{\mathrm{vg}}=WI\times\lambda_{\mathrm{g}}\times(P_{\mathrm{fg}}-P_{\mathrm{wf}})$，$WI=\dfrac{2\alpha\pi h}{\ln(r_{\mathrm{e}}/r_{\mathrm{w}})+S}$，$\lambda_{\mathrm{g}}=\dfrac{K_{\mathrm{f}}K_{\mathrm{fg}}}{B_{\mathrm{g}}\mu_{\mathrm{g}}}$，则

$$\begin{aligned}
\bar{\delta}Q_{\mathrm{vg}} &= \bar{\delta}[WI\times\lambda_{\mathrm{g}}\times(P_{\mathrm{fg}}-P_{\mathrm{wf}})]=WI\times\bar{\delta}[\lambda_{\mathrm{g}}\times(P_{\mathrm{fg}}-P_{\mathrm{wf}})] \\
&= WI\times[(P_{\mathrm{fg}}-P_{\mathrm{wf}})^{l}\bar{\delta}\lambda_{\mathrm{g}}+\lambda_{\mathrm{g}}^{l+1}\bar{\delta}(P_{\mathrm{fg}}-P_{\mathrm{wf}})] \\
&= WI\times[(P_{\mathrm{fg}}-P_{\mathrm{wf}})^{l}\bar{\delta}\lambda_{\mathrm{g}}+(\lambda_{\mathrm{g}}^{l}+\bar{\delta}\lambda_{\mathrm{g}})\bar{\delta}(P_{\mathrm{fg}}-P_{\mathrm{wf}})] \\
&= WI\times[(P_{\mathrm{fg}}-P_{\mathrm{wf}})^{l}\bar{\delta}\lambda_{\mathrm{g}}+\lambda_{\mathrm{g}}^{l}\bar{\delta}P_{\mathrm{fg}}]
\end{aligned} \tag{4.59}$$

其中 $\bar{\delta}\lambda_{\mathrm{g}}=\dfrac{\partial\lambda_{\mathrm{g}}}{\partial P_{\mathrm{fg}}}\bar{\delta}P_{\mathrm{fg}}+\dfrac{\partial\lambda_{\mathrm{g}}}{\partial K_{\mathrm{rg}}}\dfrac{\partial K_{\mathrm{rg}}}{\partial S_{\mathrm{w}}}\bar{\delta}S_{\mathrm{w}}=(c_{\mathrm{g}}\times\lambda_{\mathrm{g}})^{l}\bar{\delta}P_{\mathrm{fg}}+\left(\dfrac{\lambda_{\mathrm{g}}}{K_{\mathrm{rg}}}\right)^{l}\dfrac{\partial K_{\mathrm{rg}}}{\partial S_{\mathrm{w}}}\bar{\delta}S_{\mathrm{w}}$，代入

上式：

$$\begin{aligned}
\bar{\delta}Q_{\mathrm{vg}} &= WI\times(c_{\mathrm{g}}\lambda_{\mathrm{g}})^{l}\times(P_{\mathrm{fg}}-P_{\mathrm{wf}})^{l}\bar{\delta}P_{\mathrm{fg}}+WI\times\lambda_{\mathrm{g}}^{l}\bar{\delta}P_{\mathrm{fg}} \\
&\quad +WI\times(P_{\mathrm{fg}}-P_{\mathrm{wf}})^{l}\times\left(\frac{\lambda_{\mathrm{g}}}{K_{\mathrm{rg}}}\right)^{l}\frac{\partial K_{\mathrm{rg}}}{\partial S_{\mathrm{w}}}\bar{\delta}S_{\mathrm{w}}
\end{aligned}$$

$$= \left[c_g Q_{vg} + \frac{Q_{vg}}{P_{fg} - P_{wf}} \right]^l \bar{\delta} P_{fg} + \left(\frac{Q_{vg}}{K_{rg}} \right)^l \frac{\partial K_{rg}}{\partial S_w} \bar{\delta} S_w \tag{4.60}$$

同理，令 $c_w = -\frac{1}{B_w} \frac{\partial B_w}{\partial P_{fg}}$，得水产量项的展开式如下：

$$\bar{\delta} Q_{vw} = \left[\left(\frac{Q_{vw}}{K_{rw}} \right)^l \frac{\partial K_{rw}}{\partial S_w} - \left(c_w Q_{vw} + \frac{Q_{vw}}{P_{fg} - P_c - P_{wf}} \right)^l \frac{\partial P_c}{\partial S_w} \right] \bar{\delta} S_w$$

$$+ \left[c_w Q_{vw} + \frac{Q_{vw}}{P_{fg} - P_c - P_{wf}} \right]^l \bar{\delta} P_{fg} \tag{4.61}$$

4. 方程组右端的累积项线性化

先展开气相方程的累积项：

$$\bar{\delta} \left(\frac{\phi_f S_g}{B_g} \right) = \left(\frac{\phi_f}{B_g} \right)^{l+1} \bar{\delta} S_g + S_g^l \bar{\delta} \left(\frac{\phi_f}{B_g} \right)$$

$$= \left(\frac{\phi_f}{B_g} \right)^{l+1} \bar{\delta} S_g + S_g^l \left[\phi_f^{l+1} \bar{\delta} \left(\frac{1}{B_g} \right) + \left(\frac{1}{B_g} \right)^l \bar{\delta} \phi_f \right]$$

$$= \left[\left(\frac{\phi_f}{B_g} \right)^l + \bar{\delta} \left(\frac{\phi_f}{B_g} \right) \right] \bar{\delta} S_g + S_g^l \left[(\phi_f^l + \bar{\delta} \phi_f) \bar{\delta} \left(\frac{1}{B_g} \right) + \left(\frac{1}{B_g} \right)^l \bar{\delta} \phi_f \right]$$

$$= -\left(\frac{\phi}{B_g} \right)^l \bar{\delta} S_w + S_g^l \left[\left(\frac{\phi_f c_g}{B_g} \right)^l + \left(\frac{1}{B_g} \right)^l \frac{\partial \phi_f}{\partial P_{fg}} \right] \bar{\delta} P_{fg} \tag{4.62}$$

所以

$$\frac{\Delta V_{i,j,k}}{\Delta t} \left[\left(\frac{\phi_f S_g}{B_g} \right)^l + \bar{\delta} \left(\frac{\phi_f S_g}{B_g} \right) - \left(\frac{\phi_f S_g}{B_g} \right)^n \right]$$

$$= \frac{\Delta V_{i,j,k}}{\Delta t} \left\{ \left(\frac{\phi_f S_g}{B_g} \right)^l - \left(\frac{\phi_f S_g}{B_g} \right)^n - \left(\frac{\phi_f}{B_g} \right)^l \bar{\delta} S_w + S_g^l \left[\left(\frac{\phi_f c_g}{B_g} \right)^l + \left(\frac{1}{B_g} \right)^l \frac{\partial \phi_f}{\partial P_{fg}} \right] \bar{\delta} P_{fg} \right\} \tag{4.63}$$

同理，展开水相方程的累积项：

$$\frac{\Delta V_{i,j,k}}{\Delta t} \left[\left(\frac{\phi_f S_w}{B_g} \right)^l + \bar{\delta} \left(\frac{\phi_f S_w}{B_w} \right) - \left(\frac{\phi_f S_w}{B_w} \right)^n \right]$$

$$= \frac{\Delta V_{i,j,k}}{\Delta t} \left\{ \left(\frac{\phi_f S_w}{B_w} \right)^l - \left(\frac{\phi_f S_w}{B_w} \right)^n + \left(\frac{\phi_f}{B_w} \right)^l \bar{\delta} S_w + S_w^l \left[\left(\frac{\phi_f c_w}{B_w} \right)^l + \left(\frac{1}{B_w} \right)^l \frac{\partial \phi_f}{\partial P_{fg}} \right] \bar{\delta} P_{fg} \right\} \tag{4.64}$$

（二）全隐式线性差分方程组的建立及求解

1. 全隐式线性差分方程组的建立

将上述左端项和右端项的展开结果代入式(4.38)及式(4.39)，得到完整的气、水两相全隐式差分方程组：

$$\Delta T_{\mathrm{g}}^{l} \Delta \bar{\delta} P_{\mathrm{fg}} + \Delta \bar{\delta} T_{\mathrm{g}} \Delta \Phi_{\mathrm{g}}^{l} + \Delta T_{\mathrm{D}}^{l} \Delta \left[\left(\frac{S_{\mathrm{g}} c_{\mathrm{g}}}{B_{\mathrm{g}}} \right)^{l} \bar{\delta} P_{\mathrm{fg}} \right] - \Delta T_{\mathrm{D}}^{l} \Delta \left[\left(\frac{1}{B_{\mathrm{g}}} \right)^{l} \bar{\delta} S_{\mathrm{w}} \right]$$

$$+ \frac{\rho_{\mathrm{c}}}{B_{\mathrm{g}}^{l} \Delta t} \left(e^{-\frac{\Delta t}{\tau}} - 1 \right) \frac{V_{\mathrm{L}} b}{(1 + b P_{\mathrm{fg}}^{l})^{2}} \bar{\delta} P_{\mathrm{fg}} - \left[c_{\mathrm{g}} Q_{\mathrm{vg}} + \frac{Q_{\mathrm{vg}}}{P_{\mathrm{fg}} - P_{\mathrm{wf}}} \right]^{l} \bar{\delta} P_{\mathrm{fg}}$$

$$- \frac{\Delta V_{i,j,k}}{\Delta t} \left[\left(\frac{\phi_{\mathrm{f}} c_{\mathrm{g}} S_{\mathrm{g}}}{B_{\mathrm{g}}} \right)^{l} + \left(\frac{S_{\mathrm{g}}}{B_{\mathrm{g}}} \right)^{l} \frac{\partial \phi_{\mathrm{f}}}{\partial P_{\mathrm{fg}}} \right] \bar{\delta} P_{\mathrm{fg}} + \left[\frac{\phi_{\mathrm{f}}^{l} \Delta V_{i,j,k}}{B_{\mathrm{g}}^{l} \Delta t} - \left(\frac{Q_{\mathrm{vg}}}{K_{\mathrm{rg}}} \right)^{l} \frac{\partial K_{\mathrm{rg}}}{\partial S_{\mathrm{w}}} \right] \bar{\delta} S_{\mathrm{w}}$$

$$= \frac{\Delta V_{i,j,k}}{\Delta t} \left[\left(\frac{\phi_{\mathrm{f}} S_{\mathrm{g}}}{B_{\mathrm{g}}} \right)^{l} - \left(\frac{\phi_{\mathrm{f}} S_{\mathrm{g}}}{B_{\mathrm{g}}} \right)^{n} \right] - \frac{\rho_{\mathrm{c}}}{\Delta t} \left(e^{-\frac{\Delta t}{\tau}} - 1 \right) \left(V_{\mathrm{E}i,j,k}^{l} - V_{\mathrm{m}i,j,k}^{n} \right) - \Delta T_{\mathrm{g}}^{l} \Delta \Phi_{\mathrm{g}}^{l}$$

$$- \Delta T_{\mathrm{D}}^{l} \Delta \left(\frac{S_{\mathrm{g}}}{B_{\mathrm{g}}} \right)^{l} + Q_{\mathrm{vg}}^{l} \tag{4.65}$$

$$\Delta T_{\mathrm{w}}^{l} \Delta \bar{\delta} P_{\mathrm{fg}} + \Delta \bar{\delta} T_{\mathrm{w}} \Delta \Phi_{\mathrm{w}}^{l} - \left[c_{\mathrm{w}} Q_{\mathrm{vw}} + \frac{Q_{\mathrm{vw}}}{P_{\mathrm{fg}} - P_{\mathrm{c}} - P_{\mathrm{wf}}} \right]^{l} \bar{\delta} P_{\mathrm{fg}}$$

$$- \left[\left(\frac{Q_{\mathrm{vw}}}{K_{\mathrm{rw}}} \right)^{l} \frac{\partial K_{\mathrm{rw}}}{\partial S_{\mathrm{w}}} + \frac{\phi_{\mathrm{f}}^{l} \Delta V_{i,j,k}}{B_{\mathrm{w}}^{l} \Delta t} \right] \bar{\delta} S_{\mathrm{w}} + \left[\left(c_{\mathrm{w}} Q_{\mathrm{vw}} + \frac{Q_{\mathrm{vw}}}{P_{\mathrm{fg}} - P_{\mathrm{c}} - P_{\mathrm{wf}}} \right)^{l} \frac{\partial P_{\mathrm{c}}}{\partial S_{\mathrm{w}}} \right] \bar{\delta} S_{\mathrm{w}}$$

$$- \frac{S_{\mathrm{w}}^{l} \Delta V_{i,j,k}}{\Delta t} \left[\left(\frac{\phi_{\mathrm{f}} c_{\mathrm{w}}}{B_{\mathrm{w}}} \right)^{l} + \frac{1}{B_{\mathrm{w}}^{l}} \frac{\partial \phi_{\mathrm{f}}}{\partial P_{\mathrm{fg}}} \right] \bar{\delta} P_{\mathrm{fg}}$$

$$= \frac{\Delta V_{i,j,k}}{\Delta t} \left[\left(\frac{\phi_{\mathrm{f}} S_{\mathrm{w}}}{B_{\mathrm{w}}} \right)^{l} - \left(\frac{\phi_{\mathrm{f}} S_{\mathrm{w}}}{B_{\mathrm{w}}} \right)^{n} \right] - \Delta T_{\mathrm{w}}^{l} \Delta \Phi_{\mathrm{w}}^{l} + Q_{\mathrm{vw}}^{l} \tag{4.66}$$

其中

$$\Delta \bar{\delta} T_{ph} \Delta \Phi_{ph}^{l} = \bar{\delta} T_{ph_{i+\frac{1}{2},j,k}} \left(\Phi_{ph_{i+1,j,k}}^{l} - \Phi_{ph_{i,j,k}}^{l} \right) + \bar{\delta} T_{ph_{i-\frac{1}{2},j,k}} \left(\Phi_{ph_{i-1,j,k}}^{l} - \Phi_{ph_{i,j,k}}^{l} \right)$$

$$+ \bar{\delta} T_{ph_{i,j+\frac{1}{2},k}} \left(\Phi_{ph_{i,j+1,k}}^{l} - \Phi_{ph_{i,j,k}}^{l} \right) + \bar{\delta} T_{ph_{i,j-\frac{1}{2},k}} \left(\Phi_{ph_{i,j-1,k}}^{l} - \Phi_{ph_{i,j,k}}^{l} \right)$$

$$+ \bar{\delta} T_{ph_{i,j,k+\frac{1}{2}}} \left(\Phi_{ph_{i,j,k+1}}^{l} - \Phi_{ph_{i,j,k}}^{l} \right) + \bar{\delta} T_{ph_{i,j,k-\frac{1}{2}}} \left(\Phi_{ph_{i,j,k-1}}^{l} - \Phi_{ph_{i,j,k}}^{l} \right)$$

$$\tag{4.67}$$

对于方程(4.67)中的 $\bar{\delta} T_{ph}$, $ph = \mathrm{g}, \mathrm{w}$, 可由下式求得:

$$\bar{\delta} T_{ph} = \frac{\partial T_{ph}}{\partial P_{fph}} \bar{\delta} P_{fph} + \frac{\partial T_{ph}}{\partial S_{\mathrm{w}}} \bar{\delta} S_{\mathrm{w}} = (c_{ph} T_{ph})^{l} \bar{\delta} P_{fph} + \left(\frac{T_{ph}}{K_{rph}} \right)^{l} \frac{\partial K_{rph}}{\partial S_{\mathrm{w}}} \bar{\delta} S_{\mathrm{w}} \tag{4.68}$$

对于水相, 上式整理为

$$\bar{\delta} T_{\mathrm{w}} = (c_{\mathrm{w}} T_{\mathrm{w}})^{l} \bar{\delta} P_{\mathrm{fw}} + \left(\frac{T_{\mathrm{w}}}{K_{\mathrm{rw}}} \right)^{l} \frac{\partial K_{\mathrm{rw}}}{\partial S_{\mathrm{w}}} \bar{\delta} S_{\mathrm{w}} \tag{4.69}$$

由于 c_{w} 非常小, 故上式第一项常被忽略, 则

$$\bar{\delta} T_{\mathrm{w}} = \left(\frac{T_{\mathrm{w}}}{K_{\mathrm{rw}}} \right)^{l} \frac{\partial K_{\mathrm{rw}}}{\partial S_{\mathrm{w}}} \bar{\delta} S_{\mathrm{w}} \tag{4.70}$$

对于气相, 有

$$\bar{\delta} T_{\mathrm{g}} = (c_{\mathrm{g}} T_{\mathrm{g}})^{l} \bar{\delta} P_{\mathrm{fg}} + \left(\frac{T_{\mathrm{g}}}{K_{\mathrm{rg}}} \right)^{l} \frac{\partial K_{\mathrm{rg}}}{\partial S_{\mathrm{w}}} \bar{\delta} S_{\mathrm{w}} \tag{4.71}$$

2. 差分方程组的空间展开

求出 $\bar{\delta} T_{\mathrm{w}}$, $\bar{\delta} T_{\mathrm{g}}$ 的展开式后, 将上述方程组在三维空间内展开。气相方程展开为

$$T^l_{\mathrm{g}_{i+\frac{1}{2},j,k}} (\bar{\delta} P_{\mathrm{fg}_{i+1,j,k}} - \bar{\delta} P_{\mathrm{fg}_{i,j,k}}) + T^l_{\mathrm{g}_{i-\frac{1}{2},j,k}} (\bar{\delta} P_{\mathrm{fg}_{i-1,j,k}} - \bar{\delta} P_{\mathrm{fg}_{i,j,k}})$$

$$+ T^l_{\mathrm{g}_{i,j+\frac{1}{2},k}} (\bar{\delta} P_{\mathrm{fg}_{i,j+1,k}} - \bar{\delta} P_{\mathrm{fg}_{i,j,k}}) + T^l_{\mathrm{g}_{i,j-\frac{1}{2},k}} (\bar{\delta} P_{\mathrm{fg}_{i,j-1,k}} - \bar{\delta} P_{\mathrm{fg}_{i,j,k}})$$

$$+ T^l_{\mathrm{g}_{i,j,k+\frac{1}{2}}} (\bar{\delta} P_{\mathrm{fg}_{i,j,k+1}} - \bar{\delta} P_{\mathrm{fg}_{i,j,k}}) + T^l_{\mathrm{g}_{i,j,k-\frac{1}{2}}} (\bar{\delta} P_{\mathrm{fg}_{i,j,k-1}} - \bar{\delta} P_{\mathrm{fg}_{i,j,k}})$$

$$+ (c_{\mathrm{g}} T_{\mathrm{g}})^l_{i-\frac{1}{2},j,k} (\Phi^l_{\mathrm{g}_{i-1,j,k}} - \Phi^l_{\mathrm{g}_{i,j,k}}) \bar{\delta} P_{\mathrm{fg}_{i-\frac{1}{2},j,k}}$$

$$+ (c_{\mathrm{g}} T_{\mathrm{g}})^l_{i+\frac{1}{2},j,k} (\Phi^l_{\mathrm{g}_{i+1,j,k}} - \Phi^l_{\mathrm{g}_{i,j,k}}) \bar{\delta} P_{\mathrm{fg}_{i+\frac{1}{2},j,k}}$$

$$+ (c_{\mathrm{g}} T_{\mathrm{g}})^l_{i,j-\frac{1}{2},k} (\Phi^l_{\mathrm{g}_{i,j-1,k}} - \Phi^l_{\mathrm{g}_{i,j,k}}) \bar{\delta} P_{\mathrm{fg}_{i,j-\frac{1}{2},k}}$$

$$+ (c_{\mathrm{g}} T_{\mathrm{g}})^l_{i,j+\frac{1}{2},k} (\Phi^l_{\mathrm{g}_{i,j+1,k}} - \Phi^l_{\mathrm{g}_{i,j,k}}) \bar{\delta} P_{\mathrm{fg}_{i,j+\frac{1}{2},k}}$$

$$+ (c_{\mathrm{g}} T_{\mathrm{g}})^l_{i,j,k-\frac{1}{2}} (\Phi^l_{\mathrm{g}_{i,j,k-1}} - \Phi^l_{\mathrm{g}_{i,j,k}}) \bar{\delta} P_{\mathrm{fg}_{i,j,k-\frac{1}{2}}}$$

$$+ (c_{\mathrm{g}} T_{\mathrm{g}})^l_{i,j,k+\frac{1}{2}} (\Phi^l_{\mathrm{g}_{i,j,k+1}} - \Phi^l_{\mathrm{g}_{i,j,k}}) \bar{\delta} P_{\mathrm{fg}_{i,j,k+\frac{1}{2}}}$$

$$+ \left(\frac{T_{\mathrm{g}}}{K_{\mathrm{rg}}} \frac{\partial K_{\mathrm{rg}}}{\partial S_{\mathrm{w}}} \right)^l_{i-\frac{1}{2},j,k} (\Phi^l_{\mathrm{g}_{i-1,j,k}} - \Phi^l_{\mathrm{g}_{i,j,k}}) \bar{\delta} S_{\mathrm{w}_{i-\frac{1}{2},j,k}}$$

$$+ \left(\frac{T_{\mathrm{g}}}{K_{\mathrm{rg}}} \frac{\partial K_{\mathrm{rg}}}{\partial S_{\mathrm{w}}} \right)^l_{i+\frac{1}{2},j,k} (\Phi^l_{\mathrm{g}_{i+1,j,k}} - \Phi^l_{\mathrm{g}_{i,j,k}}) \bar{\delta} S_{\mathrm{w}_{i+\frac{1}{2},j,k}}$$

$$+ \left(\frac{T_{\mathrm{g}}}{K_{\mathrm{rg}}} \frac{\partial K_{\mathrm{rg}}}{\partial S_{\mathrm{w}}} \right)^l_{i,j-\frac{1}{2},k} (\Phi^l_{\mathrm{g}_{i,j-1,k}} - \Phi^l_{\mathrm{g}_{i,j,k}}) \bar{\delta} S_{\mathrm{w}_{i,j-\frac{1}{2},k}}$$

$$+ \left(\frac{T_{\mathrm{g}}}{K_{\mathrm{rg}}} \frac{\partial K_{\mathrm{rg}}}{\partial S_{\mathrm{w}}} \right)^l_{i,j+\frac{1}{2},k} (\Phi^l_{\mathrm{g}_{i,j+1,k}} - \Phi^l_{\mathrm{g}_{i,j,k}}) \bar{\delta} S_{\mathrm{w}_{i,j+\frac{1}{2},k}}$$

$$+ \left(\frac{T_{\mathrm{g}}}{K_{\mathrm{rg}}} \frac{\partial K_{\mathrm{rg}}}{\partial S_{\mathrm{w}}} \right)^l_{i,j,k-\frac{1}{2}} (\Phi^l_{\mathrm{g}_{i,j,k-1}} - \Phi^l_{\mathrm{g}_{i,j,k}}) \bar{\delta} S_{\mathrm{w}_{i,j,k-\frac{1}{2}}}$$

$$+ \left(\frac{T_{\mathrm{g}}}{K_{\mathrm{rg}}} \frac{\partial K_{\mathrm{rg}}}{\partial S_{\mathrm{w}}} \right)^l_{i,j,k+\frac{1}{2}} (\Phi^l_{\mathrm{g}_{i,j,k+1}} - \Phi^l_{\mathrm{g}_{i,j,k}}) \bar{\delta} S_{\mathrm{w}_{i,j,k+\frac{1}{2}}}$$

$$+ T^l_{\mathrm{D}_{i+\frac{1}{2},j,k}} \left[\left(\frac{S_{\mathrm{g}} c_{\mathrm{g}}}{B_{\mathrm{g}}} \right)^l_{i+1,j,k} \bar{\delta} P_{\mathrm{fg}_{i+1,j,k}} - \left(\frac{S_{\mathrm{g}} c_{\mathrm{g}}}{B_{\mathrm{g}}} \right)^l_{i,j,k} \bar{\delta} P_{\mathrm{fg}_{i,j,k}} \right]$$

$$+ T^l_{\mathrm{D}_{i-\frac{1}{2},j,k}} \left[\left(\frac{S_{\mathrm{g}} c_{\mathrm{g}}}{B_{\mathrm{g}}} \right)^l_{i-1,j,k} \bar{\delta} P_{\mathrm{fg}_{i-1,j,k}} - \left(\frac{S_{\mathrm{g}} c_{\mathrm{g}}}{B_{\mathrm{g}}} \right)^l_{i,j,k} \bar{\delta} P_{\mathrm{fg}_{i,j,k}} \right]$$

$$+ T^l_{\mathrm{D}_{i,j+\frac{1}{2},k}} \left[\left(\frac{S_{\mathrm{g}} c_{\mathrm{g}}}{B_{\mathrm{g}}} \right)^l_{i,j+1,k} \bar{\delta} P_{\mathrm{fg}_{i,j+1,k}} - \left(\frac{S_{\mathrm{g}} c_{\mathrm{g}}}{B_{\mathrm{g}}} \right)^l_{i,j,k} \bar{\delta} P_{\mathrm{fg}_{i,j,k}} \right]$$

$$+ T^l_{\mathrm{D}_{i,j-\frac{1}{2},k}} \left[\left(\frac{S_{\mathrm{g}} c_{\mathrm{g}}}{B_{\mathrm{g}}} \right)^l_{i,j-1,k} \bar{\delta} P_{\mathrm{fg}_{i,j-1,k}} - \left(\frac{S_{\mathrm{g}} c_{\mathrm{g}}}{B_{\mathrm{g}}} \right)^l_{i,j,k} \bar{\delta} P_{\mathrm{fg}_{i,j,k}} \right]$$

$$+ T^l_{\mathrm{D}_{i,j,k+\frac{1}{2}}} \left[\left(\frac{S_{\mathrm{g}} c_{\mathrm{g}}}{B_{\mathrm{g}}} \right)^l_{i,j,k+1} \bar{\delta} P_{\mathrm{fg}_{i,j,k+1}} - \left(\frac{S_{\mathrm{g}} c_{\mathrm{g}}}{B_{\mathrm{g}}} \right)^l_{i,j,k} \bar{\delta} P_{\mathrm{fg}_{i,j,k}} \right]$$

$$+ T^l_{\mathrm{D}_{i,j,k-\frac{1}{2}}} \left[\left(\frac{S_{\mathrm{g}} c_{\mathrm{g}}}{B_{\mathrm{g}}} \right)^l_{i,j,k-1} \bar{\delta} P_{\mathrm{fg}_{i,j,k-1}} - \left(\frac{S_{\mathrm{g}} c_{\mathrm{g}}}{B_{\mathrm{g}}} \right)^l_{i,j,k} \bar{\delta} P_{\mathrm{fg}_{i,j,k}} \right]$$

$$-T_{\mathrm{D}_{i+\frac{1}{2},j,k}}^{l}\left[\left(\frac{1}{B_{\mathrm{g}}}\right)_{i+1,j,k}^{l}\bar{\delta}S_{\mathrm{w}_{i+1,j,k}}-\left(\frac{1}{B_{\mathrm{g}}}\right)_{i,j,k}^{l}\bar{\delta}S_{\mathrm{w}_{i,j,k}}\right]$$

$$-T_{\mathrm{D}_{i-\frac{1}{2},j,k}}^{l}\left[\left(\frac{1}{B_{\mathrm{g}}}\right)_{i-1,j,k}^{l}\bar{\delta}S_{\mathrm{w}_{i-1,j,k}}-\left(\frac{1}{B_{\mathrm{g}}}\right)_{i,j,k}^{l}\bar{\delta}S_{\mathrm{w}_{i,j,k}}\right]$$

$$-T_{\mathrm{D}_{i,j+\frac{1}{2},k}}^{l}\left[\left(\frac{1}{B_{\mathrm{g}}}\right)_{i,j+1,k}^{l}\bar{\delta}S_{\mathrm{w}_{i,j+1,k}}-\left(\frac{1}{B_{\mathrm{g}}}\right)_{i,j,k}^{l}\bar{\delta}S_{\mathrm{w}_{i,j,k}}\right]$$

$$-T_{\mathrm{D}_{i,j-\frac{1}{2},k}}^{l}\left[\left(\frac{1}{B_{\mathrm{g}}}\right)_{i,j-1,k}^{l}\bar{\delta}S_{\mathrm{w}_{i,j-1,k}}-\left(\frac{1}{B_{\mathrm{g}}}\right)_{i,j,k}^{l}\bar{\delta}S_{\mathrm{w}_{i,j,k}}\right]$$

$$-T_{\mathrm{D}_{i,j,k+\frac{1}{2}}}^{l}\left[\left(\frac{1}{B_{\mathrm{g}}}\right)_{i,j,k+1}^{l}\bar{\delta}S_{\mathrm{w}_{i,j,k+1}}-\left(\frac{1}{B_{\mathrm{g}}}\right)_{i,j,k}^{l}\bar{\delta}S_{\mathrm{w}_{i,j,k}}\right]$$

$$-T_{\mathrm{D}_{i,j,k-\frac{1}{2}}}^{l}\left[\left(\frac{1}{B_{\mathrm{g}}}\right)_{i,j,k-1}^{l}\bar{\delta}S_{\mathrm{w}_{i,j,k-1}}-\left(\frac{1}{B_{\mathrm{g}}}\right)_{i,j,k}^{l}\bar{\delta}S_{\mathrm{w}_{i,j,k}}\right]$$

$$+\frac{\rho_{c}}{\Delta t}(e^{-\frac{\Delta t}{\tau}}-1)\frac{V_{\mathrm{L}}b}{(1+bP_{\mathrm{fg}}^{l})^{2}}\bar{\delta}P_{\mathrm{fg}_{i,j,k}}-\left[c_{\mathrm{g}}Q_{\mathrm{vg}}+\frac{Q_{\mathrm{vg}}}{P_{\mathrm{fg}}-P_{\mathrm{wf}}}\right.$$

$$+\frac{\Delta V_{i,j,k}}{\Delta t}\left(\frac{\phi_{\mathrm{f}}c_{\mathrm{g}}S_{\mathrm{g}}}{B_{\mathrm{g}}}+\frac{S_{\mathrm{g}}}{B_{\mathrm{g}}}\frac{\partial\phi_{\mathrm{f}}}{\partial P_{\mathrm{fg}}}\right)\bigg]^{l}\bar{\delta}P_{\mathrm{fg}_{i,j,k}}+\left[\frac{\phi_{\mathrm{f}}\Delta V_{i,j,k}}{B_{\mathrm{g}}\Delta t}-\frac{Q_{\mathrm{vg}}}{K_{\mathrm{rg}}}\frac{\partial K_{\mathrm{rg}}}{\partial S_{\mathrm{w}}}\right]^{l}\bar{\delta}S_{\mathrm{w}}$$

$$=\frac{\Delta V_{i,j,k}}{\Delta t}\left[\left(\frac{\phi S_{\mathrm{g}}}{B_{\mathrm{g}}}\right)^{l}-\left(\frac{\phi S_{\mathrm{g}}}{B_{\mathrm{g}}}\right)^{n}\right]+Q_{\mathrm{vg}}^{l}-\frac{\rho_{c}}{\Delta t}(e^{-\frac{\Delta t}{\tau}}-1)(V_{\mathrm{E}i,j,k}^{l}-V_{\mathrm{m}i,j,k}^{n})$$

$$-T_{\mathrm{g}_{i+\frac{1}{2},j,k}}^{l}(\Phi_{\mathrm{g}_{i+1,j,k}}^{l}-\Phi_{\mathrm{g}_{i,j,k}}^{l})-T_{\mathrm{g}_{i-\frac{1}{2},j,k}}^{l}(\Phi_{\mathrm{g}_{i-1,j,k}}^{l}-\Phi_{\mathrm{g}_{i,j,k}}^{l})$$

$$-T_{\mathrm{g}_{i,j+\frac{1}{2},k}}^{l}(\Phi_{\mathrm{g}_{i,j+1,k}}^{l}-\Phi_{\mathrm{g}_{i,j,k}}^{l})-T_{\mathrm{g}_{i,j-\frac{1}{2},k}}^{l}(\Phi_{\mathrm{g}_{i,j-1,k}}^{l}-\Phi_{\mathrm{g}_{i,j,k}}^{l})$$

$$-T_{\mathrm{g}_{i,j,k+\frac{1}{2}}}^{l}(\Phi_{\mathrm{g}_{i,j,k+1}}^{l}-\Phi_{\mathrm{g}_{i,j,k}}^{l})-T_{\mathrm{g}_{i,j,k-\frac{1}{2}}}^{l}(\Phi_{\mathrm{g}_{i,j,k-1}}^{l}-\Phi_{\mathrm{g}_{i,j,k}}^{l})$$

$$-T_{\mathrm{D}_{i+\frac{1}{2},j,k}}^{l}\left[\left(\frac{S_{\mathrm{g}}}{B_{\mathrm{g}}}\right)_{i+1,j,k}^{l}-\left(\frac{S_{\mathrm{g}}}{B_{\mathrm{g}}}\right)_{i,j,k}^{l}\right]-T_{\mathrm{D}_{i-\frac{1}{2},j,k}}^{l}\left[\left(\frac{S_{\mathrm{g}}}{B_{\mathrm{g}}}\right)_{i-1,j,k}^{l}-\left(\frac{S_{\mathrm{g}}}{B_{\mathrm{g}}}\right)_{i,j,k}^{l}\right]$$

$$-T_{\mathrm{D}_{i,j+\frac{1}{2},k}}^{l}\left[\left(\frac{S_{\mathrm{g}}}{B_{\mathrm{g}}}\right)_{i,j+1,k}^{l}-\left(\frac{S_{\mathrm{g}}}{B_{\mathrm{g}}}\right)_{i,j,k}^{l}\right]-T_{\mathrm{D}_{i,j-\frac{1}{2},k}}^{l}\left[\left(\frac{S_{\mathrm{g}}}{B_{\mathrm{g}}}\right)_{i,j-1,k}^{l}-\left(\frac{S_{\mathrm{g}}}{B_{\mathrm{g}}}\right)_{i,j,k}^{l}\right]$$

$$-T_{\mathrm{D}_{i,j,k+\frac{1}{2}}}^{l}\left[\left(\frac{S_{\mathrm{g}}}{B_{\mathrm{g}}}\right)_{i,j,k+1}^{l}-\left(\frac{S_{\mathrm{g}}}{B_{\mathrm{g}}}\right)_{i,j,k}^{l}\right]-T_{\mathrm{D}_{i,j,k-\frac{1}{2}}}^{l}\left[\left(\frac{S_{\mathrm{g}}}{B_{\mathrm{g}}}\right)_{i,j,k-1}^{l}-\left(\frac{S_{\mathrm{g}}}{B_{\mathrm{g}}}\right)_{i,j,k}^{l}\right] \quad (4.72)$$

同理,水相方程展开为

$$T_{\mathrm{w}_{i+\frac{1}{2},j,k}}^{l}(\bar{\delta}P_{\mathrm{g}_{i+1,j,k}}-\bar{\delta}P_{\mathrm{g}_{i,j,k}})+T_{\mathrm{w}_{i-\frac{1}{2},j,k}}^{l}(\bar{\delta}P_{\mathrm{g}_{i-1,j,k}}-\bar{\delta}P_{\mathrm{g}_{i,j,k}})$$

$$+T_{\mathrm{w}_{i,j+\frac{1}{2},k}}^{l}(\bar{\delta}P_{\mathrm{g}_{i,j+1,k}}-\bar{\delta}P_{\mathrm{g}_{i,j,k}})+T_{\mathrm{w}_{i,j-\frac{1}{2},k}}^{l}(\bar{\delta}P_{\mathrm{g}_{i,j-1,k}}-\bar{\delta}P_{\mathrm{g}_{i,j,k}})$$

$$+T_{\mathrm{w}_{i,j,k+\frac{1}{2}}}^{l}(\bar{\delta}P_{\mathrm{g}_{i,j,k+1}}-\bar{\delta}P_{\mathrm{g}_{i,j,k}})+T_{\mathrm{w}_{i,j,k-\frac{1}{2}}}^{l}(\bar{\delta}P_{\mathrm{g}_{i,j,k-1}}-\bar{\delta}P_{\mathrm{g}_{i,j,k}})$$

$$+\left(\frac{T_{\mathrm{w}}}{K_{\mathrm{rw}}}\frac{\partial K_{\mathrm{rw}}}{\partial S_{\mathrm{w}}}\right)_{i+\frac{1}{2},j,k}^{l}(\Phi_{\mathrm{w}_{i+1,j,k}}^{l}-\Phi_{\mathrm{w}_{i,j,k}}^{l})\bar{\delta}S_{\mathrm{w}_{i+\frac{1}{2},j,k}}$$

$$+\left(\frac{T_{\mathrm{w}}}{K_{\mathrm{rw}}}\frac{\partial K_{\mathrm{rw}}}{\partial S_{\mathrm{w}}}\right)_{i-\frac{1}{2},j,k}^{l}(\Phi_{\mathrm{w}_{i-1,j,k}}^{l}-\Phi_{\mathrm{w}_{i,j,k}}^{l})\bar{\delta}S_{\mathrm{w}_{i-\frac{1}{2},j,k}}$$

$$+\left(\frac{T_\mathrm{w}}{K_\mathrm{rw}}\frac{\partial K_\mathrm{rw}}{\partial S_\mathrm{w}}\right)^l_{i,j+\frac{1}{2},k}(\Phi^l_{\mathrm{w}_{i,j+1,k}}-\Phi^l_{\mathrm{w}_{i,j,k}})\bar{\bar\delta}S_{\mathrm{w}_{i,j+\frac{1}{2},k}}$$

$$+\left(\frac{T_\mathrm{w}}{K_\mathrm{rw}}\frac{\partial K_\mathrm{rw}}{\partial S_\mathrm{w}}\right)^l_{i,j-\frac{1}{2},k}(\Phi^l_{\mathrm{w}_{i,j-1,k}}-\Phi^l_{\mathrm{w}_{i,j,k}})\bar{\bar\delta}S_{\mathrm{w}_{i,j-\frac{1}{2},k}}$$

$$+\left(\frac{T_\mathrm{w}}{K_\mathrm{rw}}\frac{\partial K_\mathrm{rw}}{\partial S_\mathrm{w}}\right)^l_{i,j,k+\frac{1}{2}}(\Phi^l_{\mathrm{w}_{i,j,k+1}}-\Phi^l_{\mathrm{w}_{i,j,k}})\bar{\bar\delta}S_{\mathrm{w}_{i,j,k+\frac{1}{2}}}$$

$$+\left(\frac{T_\mathrm{w}}{K_\mathrm{rw}}\frac{\partial K_\mathrm{rw}}{\partial S_\mathrm{w}}\right)^l_{i,j,k-\frac{1}{2}}(\Phi^l_{\mathrm{w}_{i,j,k-1}}-\Phi^l_{\mathrm{w}_{i,j,k}})\bar{\bar\delta}S_{\mathrm{w}_{i,j,k-\frac{1}{2}}}$$

$$-\left(c_\mathrm{w}Q_\mathrm{vw}+\frac{Q_\mathrm{vw}}{P_\mathrm{fg}-P_\mathrm{c}-P_\mathrm{wf}}+\frac{\Delta V_{i,j,k}}{\Delta t}\left(\frac{\phi_\mathrm{f}c_\mathrm{w}S_\mathrm{w}}{B_\mathrm{w}}+\frac{S_\mathrm{w}}{B_\mathrm{w}}\frac{\partial\phi_\mathrm{f}}{\partial P_\mathrm{fg}}\right)\right)^l\bar\delta P_\mathrm{fg}$$

$$+\left[\left(c_\mathrm{w}Q_\mathrm{vw}+\frac{Q_\mathrm{vw}}{P_\mathrm{fg}-P_\mathrm{c}-P_\mathrm{wf}}\right)\frac{\partial P_\mathrm{c}}{\partial S_\mathrm{w}}-\frac{Q_\mathrm{vw}}{K_\mathrm{rw}}\frac{\partial K_\mathrm{rw}}{\partial S_\mathrm{w}}+\frac{\phi_\mathrm{f}\Delta V_{i,j,k}}{B_\mathrm{w}\Delta t}\right]^l\bar\delta S_\mathrm{w}$$

$$=\frac{\Delta V_{i,j,k}}{\Delta t}\left[\left(\frac{\phi_\mathrm{f}S_\mathrm{w}}{B_\mathrm{w}}\right)^l-\left(\frac{\phi_\mathrm{f}S_\mathrm{w}}{B_\mathrm{w}}\right)^n\right]$$

$$+Q^l_\mathrm{vw}-T^l_{\mathrm{w}_{i+\frac{1}{2},j,k}}(\Phi^l_{\mathrm{w}_{i+1,j,k}}-\Phi^l_{\mathrm{w}_{i,j,k}})-T^l_{\mathrm{w}_{i-\frac{1}{2},j,k}}(\Phi^l_{\mathrm{w}_{i-1,j,k}}-\Phi^l_{\mathrm{w}_{i,j,k}})$$

$$-T^l_{\mathrm{w}_{i,j+\frac{1}{2},k}}(\Phi^l_{\mathrm{w}_{i,j+1,k}}-\Phi^l_{\mathrm{w}_{i,j,k}})-T^l_{\mathrm{g}_{i,j-\frac{1}{2},k}}(\Phi^l_{\mathrm{w}_{i,j-1,k}}-\Phi^l_{\mathrm{w}_{i,j,k}})$$

$$-T^l_{\mathrm{w}_{i,j,k+\frac{1}{2}}}(\Phi^l_{\mathrm{w}_{i,j,k+1}}-\Phi^l_{\mathrm{w}_{i,j,k}})-T^l_{\mathrm{w}_{i,j,k-\frac{1}{2}}}(\Phi^l_{\mathrm{w}_{i,j,k-1}}-\Phi^l_{\mathrm{w}_{i,j,k}}) \tag{4.73}$$

3. 参数取值

将上述方程组中在两节点之间取值的参数,即下标为 $(i-1/2,j,k)$,$(i+1/2,j,k)$,$(i,j-1/2,k)$,$(i,j+1/2,k)$,$(i,j,k-1/2)$,$(i,j,k+1/2)$ 的参数,进行相应的处理,使它们都用节点的参数值表达。

首先,绝对渗透率取调和平均值,即

$$K_{\mathrm{f}_{i\pm\frac{1}{2},j,k}}=\frac{(\Delta x_{i\pm1}+\Delta x_i)K_{\mathrm{f}_{i,j,k}}K_{\mathrm{f}_{i\pm1,j,k}}}{\Delta x_{i\pm1}K_{\mathrm{f}_{i,j,k}}+\Delta x_iK_{\mathrm{f}_{i\pm1,j,k}}} \tag{4.74}$$

$$K_{\mathrm{f}_{i,j\pm\frac{1}{2},k}}=\frac{(\Delta y_{j\pm1}+\Delta y_j)K_{\mathrm{f}_{i,j,k}}K_{\mathrm{f}_{i,j\pm1,k}}}{\Delta y_{j\pm1}K_{\mathrm{f}_{i,j,k}}+\Delta y_jK_{\mathrm{f}_{i,j\pm1,k}}} \tag{4.75}$$

$$K_{\mathrm{f}_{i,j,k\pm\frac{1}{2}}}=\frac{(\Delta z_{k\pm1}+\Delta z_k)K_{\mathrm{f}_{i,j,k}}K_{\mathrm{f}_{i,j,k\pm1}}}{\Delta z_{k\pm1}K_{\mathrm{f}_{i,j,k}}+\Delta z_kK_{\mathrm{f}_{i,j,k\pm1}}} \tag{4.76}$$

除绝对渗透率 K_f 取调和平均值外,对 $\dfrac{K_{rph}}{\mu_{ph}B_{ph}}$,$ph=\mathrm{g,w}$ 作上游权处理:

$$\left(\frac{K_{rph}}{\mu_{ph}B_{ph}}\right)_{i\pm\frac{1}{2},j,k}=\left(\frac{K_{rph}}{\mu_{ph}B_{ph}}\right)_\mathrm{up} \tag{4.77}$$

$$\left(\frac{K_{rph}}{\mu_{ph}B_{ph}}\right)_{i,j\pm\frac{1}{2},k}=\left(\frac{K_{rph}}{\mu_{ph}B_{ph}}\right)_\mathrm{up} \tag{4.78}$$

$$\left(\frac{K_{rph}}{\mu_{ph}B_{ph}}\right)_{i,j,k\pm\frac{1}{2}}=\left(\frac{K_{rph}}{\mu_{ph}B_{ph}}\right)_\mathrm{up} \tag{4.79}$$

其中,下标 up 表示上游权。

4. 线性方程组的求解

按照上游权原则,将上述方程组中所有下标为$(i-1/2,j,k)$,$(i+1/2,j,k)$,$(i,j-1/2,k)$,$(i,j+1/2,k)$,$(i,j,k-1/2)$,$(i,j,k+1/2)$的求解变量及系数归并到相应的节点上,并且将每个节点上的求解变量按$\bar{\delta}P_{fg}$和$\bar{\delta}S_w$的次序排列,整理得

$$
\begin{bmatrix} \bar{a}^1_{gi,j,k} & \bar{a}^2_{gi,j,k} \\ \bar{a}^1_{wi,j,k} & \bar{a}^2_{wi,j,k} \end{bmatrix} \begin{bmatrix} \bar{\delta}P_{fgi-1,j,k} \\ \bar{\delta}S_{wi-1,j,k} \end{bmatrix} + \begin{bmatrix} \bar{b}^1_{gi,j,k} & \bar{b}^2_{gi,j,k} \\ \bar{b}^1_{wi,j,k} & \bar{b}^2_{wi,j,k} \end{bmatrix} \begin{bmatrix} \bar{\delta}P_{fgi,j-1,k} \\ \bar{\delta}S_{wi,j-1,k} \end{bmatrix}
$$

$$
+ \begin{bmatrix} \bar{c}^1_{gi,j,k} & \bar{c}^2_{gi,j,k} \\ \bar{c}^1_{wi,j,k} & \bar{c}^2_{wi,j,k} \end{bmatrix} \begin{bmatrix} \bar{\delta}P_{fgi,j,k-1} \\ \bar{\delta}S_{wi,j,k-1} \end{bmatrix} + \begin{bmatrix} \bar{d}^1_{gi,j,k} & \bar{d}^2_{gi,j,k} \\ \bar{d}^1_{wi,j,k} & \bar{d}^2_{wi,j,k} \end{bmatrix} \begin{bmatrix} \bar{\delta}P_{fgi,j,k} \\ \bar{\delta}S_{wi,j,k} \end{bmatrix}
$$

$$
+ \begin{bmatrix} \bar{e}^1_{gi,j,k} & \bar{e}^2_{gi,j,k} \\ \bar{e}^1_{wi,j,k} & \bar{e}^2_{wi,j,k} \end{bmatrix} \begin{bmatrix} \bar{\delta}P_{fgi+1,j,k} \\ \bar{\delta}S_{wi+1,j,k} \end{bmatrix} + \begin{bmatrix} \bar{f}^1_{gi,j,k} & \bar{f}^2_{gi,j,k} \\ \bar{f}^1_{wi,j,k} & \bar{f}^2_{wi,j,k} \end{bmatrix} \begin{bmatrix} \bar{\delta}P_{fgi,j+1,k} \\ \bar{\delta}S_{wi,j+1,k} \end{bmatrix}
$$

$$
+ \begin{bmatrix} \bar{g}^1_{gi,j,k} & \bar{g}^2_{gi,j,k} \\ \bar{g}^1_{wi,j,k} & \bar{g}^2_{wi,j,k} \end{bmatrix} \begin{bmatrix} \bar{\delta}P_{fgi,j,k+1} \\ \bar{\delta}S_{wi,j,k+1} \end{bmatrix}
$$

$$
= \begin{bmatrix} \bar{h}_{gi,j,k} \\ \bar{h}_{wi,j,k} \end{bmatrix} \tag{4.80}
$$

其中,$\bar{a}$、$\bar{b}$、$\bar{c}$、$\bar{d}$、$\bar{e}$、$\bar{f}$、$\bar{g}$、$\bar{h}$分别表示节点上的求解变量的系数,上角标1、2分别表示$\bar{\delta}P_{fg}$、$\bar{\delta}S_w$的系数,g、w分别表示气、水相方程。

显然,全隐式方法形成的系数矩阵是一个七对角的块系数带状稀疏矩阵,即每个节点对应一个2阶子矩阵,对于$II \times JJ \times KK$的网格系统,展开后得到$2 \times II \times JJ \times KK$阶方程组。写成矩阵形式,有

$$
AX = b \tag{4.81}
$$

其中A是一个七对角分块矩阵,每个块都是2阶子矩阵。

针对最终形成的矩阵方程的特点,采用块系数预处理正交极小化方法(韩大匡,1993;张烈辉等,1997)来求解。这种方法的特点是收敛性十分可靠,且不需要任何迭代参数,对方程个数或矩阵带宽不敏感,同时速度快、精度高,特别适用于复杂气藏如煤层气藏问题的模拟计算。

先对矩阵A进行不完全LU分解,得到预优矩阵M(在迭代过程中只需选取一次),则原方程组$AX=b$等价于$(AM-1)MX=b$。令$y=MX$,则把解方程组$AX=b$的问题转化为解$(AM-1)y=b$的问题。用OrthoMin法求解该方程,再回代求得$X=M^{-1}y$,循环迭代至收敛。ILU-OrthoMin法的具体实现可表述如下:

$$
R^{(0)} = b - AX^{(0)} \tag{4.82}
$$

$$
V^{(k)} = M^{-1}R^{(k)} \tag{4.83}
$$

$$
q^{(k)} = V^{(k)} + \sum_{i=m,m \leqslant M}^{M} \alpha_i^{(k)} q^{(i)} \tag{4.84}
$$

$$Aq^{(k)} = AV^{(k)} + \sum_{i=m,m\leqslant M}^{M} \alpha_i^{(k)} Aq^{(i)} \qquad (4.85)$$

其中，正交化系数 $\alpha_i^{(k)} = -\dfrac{(AV^{(k)},Aq^{(i)})}{(Aq^{(i)},Aq^{(i)})}$，使得 $(Aq^{(k)},Aq^{(i)})=0$。

$$X^{(k+1)} = X^{(k)} + \omega^{(k)} q^{(k)} \qquad (4.86)$$

$$R^{(k+1)} = R^{(k)} - \omega^{(k)} Aq^{(k)} \qquad (4.87)$$

其中，极小化系数 $\omega^{(k)} = \dfrac{(Aq^{(k)},R^{(k)})}{(Aq^{(k)},Aq^{(k)})}$，使得 $\min \parallel R^{(k+1)} \parallel_2 = \min \parallel R^{(k)} - \omega^{(k)} Aq^{(k)} \parallel_2$。

四、软件开发

基于软件工程的设计思想，采用面向过程的设计方法，在 CoMPaq Visual Fortran6.6 环境下，使用 Fortran95 编程语言开发了煤层气藏储层数值模拟的计算机主程序并采用 Visual C++ 6.0 开发了 Windows 操作界面，这两部分统称为煤层气藏储层数值模拟软件 CMRSim-3D（Coalbed Methane Reservoir Simulator）。该模拟器功能强大、精度高，运算速度快，适用性广泛，易于维护和升级。该软件可以模拟煤层气藏在单井、多井情形下的生产动态，同时考虑孔隙度、渗透率随气藏压力发生变化的情况。在核心代码的编写过程中，尽量让各种功能模块化且相互独立，以便于今后的调试、升级和移植。在数据输入方面，处处以用户为中心，数据输入灵活、方便。

系统包含三大部分：前处理部分、计算主程序和后处理部分（图 4.1 至图 4.4）。其中

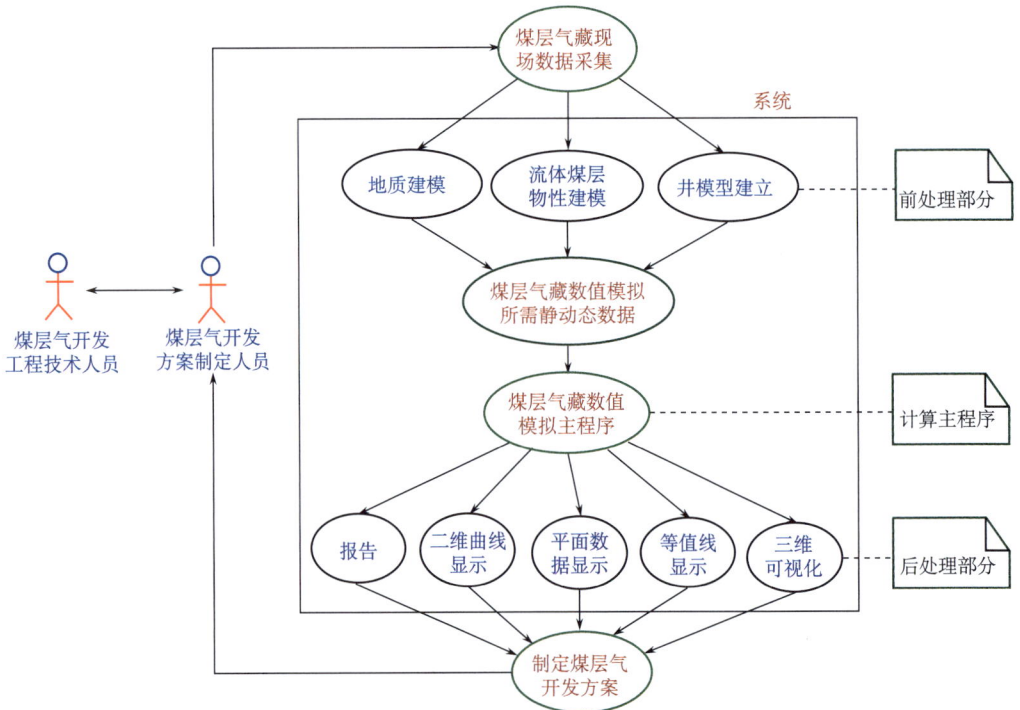

图 4.1　系统用例图

前处理部分包括地质建模、流体煤层物性建模、井模型建立；后处理包括报告、二维曲线显示、平面数据显示等值线显示、三维可视化。地质建模包括模拟区域选择、比例尺设置、边界绘制、网格划分、煤层气参数插值、无效网格；流体煤层物性建模包括相渗曲线、毛管力曲线、气相 PVT 表、水相 PVT 表、解吸信息；井模型建立包括基本井资料、井点处的煤层气参数值、完井信息、产量数据处理。

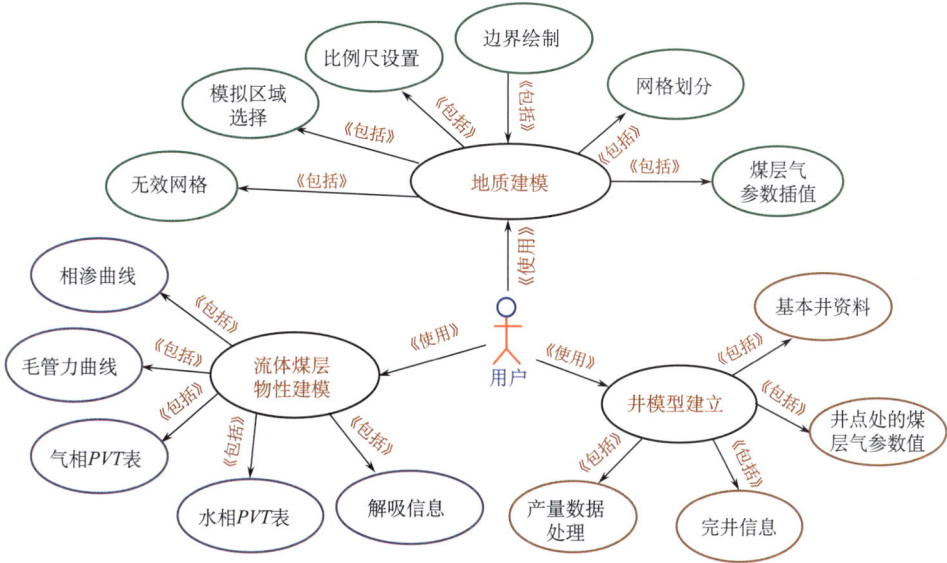

图 4.2　前处理模块用例图

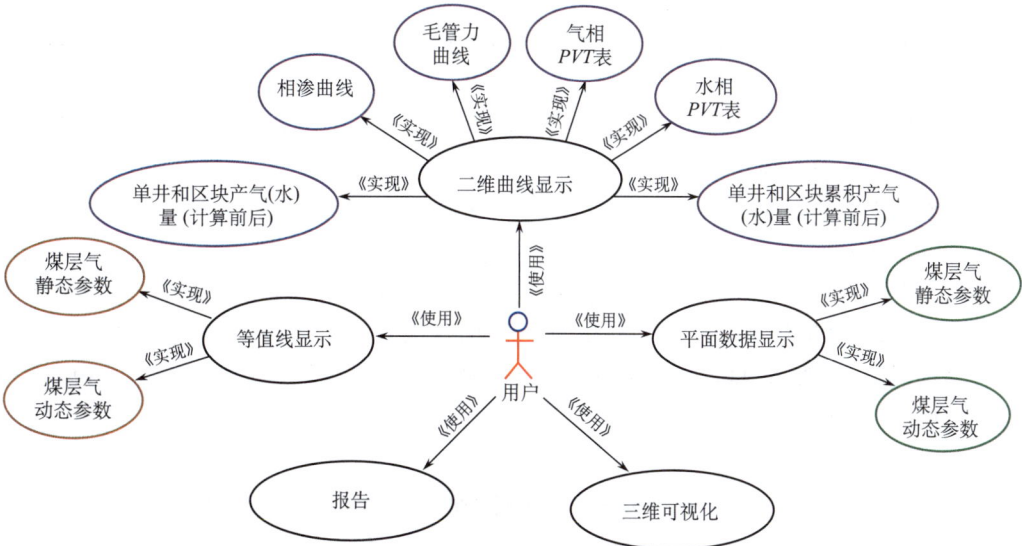

图 4.3　后处理模块用例图

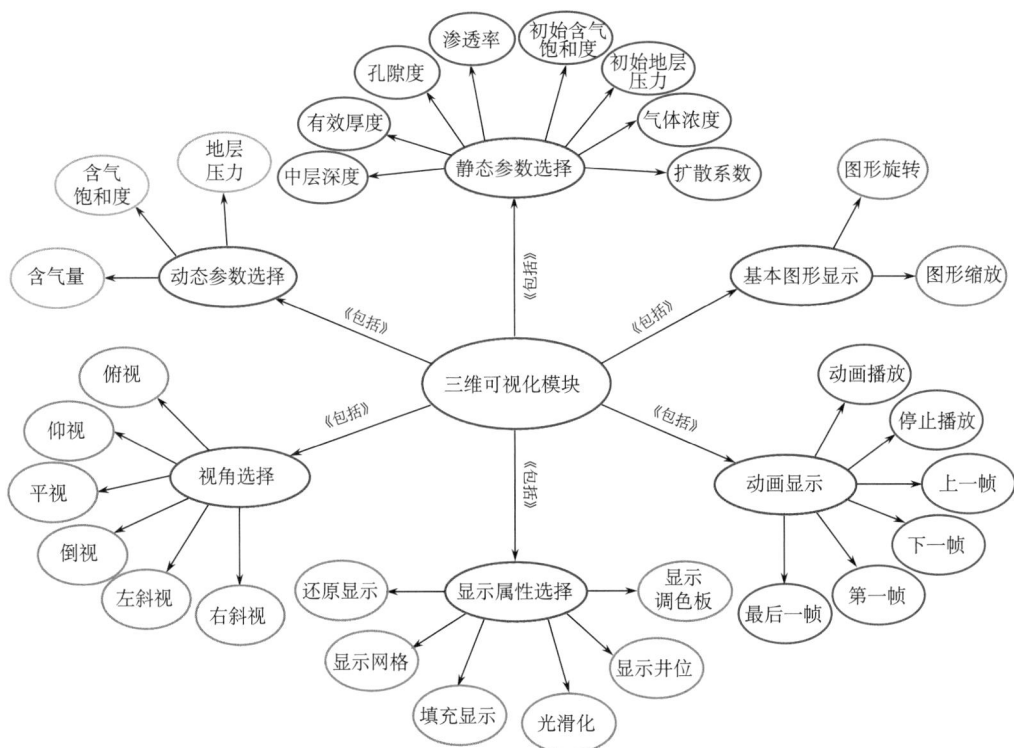

图 4.4　三维可视化模块结构

后处理包括报告、二维曲线显示、平面数据显示、等值线显示、三维可视化。其中二维曲线显示包括相渗曲线、毛管力曲线、气相 PVT 曲线、水相 PVT 曲线、单井实际产气量曲线、单井计算产气量曲线、单井实际累积产气量曲线、单井累积产气量曲线、区块实际产气量曲线、区块计算产气量曲线、区块实际累积产气量曲线、区块累积产气量曲线等；平面数据显示包括煤层气静态参数和动态参数的网格显示；等值线显示包括煤层气静态参数和动态参数的等值线显示。

三维可视化能够对煤层气进行立体显示，并利用网格的填充颜色显示煤层气静态参数和动态参数；可选择是否显示网格、井位、调色板，可选择是否进行颜色填充显示和对图像进行光滑化处理；固定观察视角为俯视、仰视、平视、倒视、左斜视、右斜视；立体图像可任意旋转，可整体缩放，并可在 x、y 方向上拉伸，可选择显示层位；不同时间的动态参数值可动画显示，可选择动画播放、播放停止，添加第一帧、最后一帧、上一帧、下一帧的按钮，并可选择显示任一帧。

（一）软件控制流程

CMRSim 煤层气数值模拟软件系统总体上分成三大部分：前处理模块、数模主模块和后处理模块。控制流程见图 4.5。

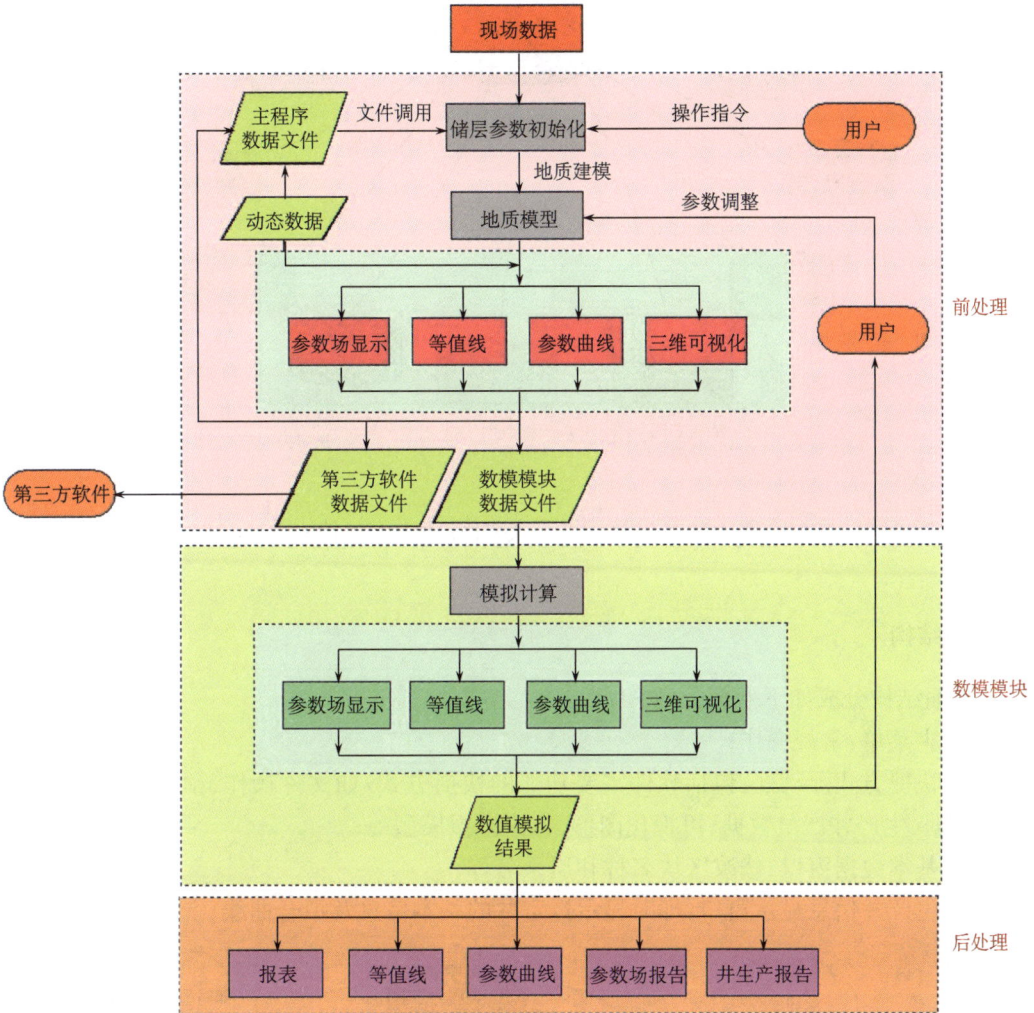

图 4.5　控制流程

（二）软件结构

1. 软件结构

根据 Vc 6.0 的特点及需求分析的要求，并方便用户操作，将 CMRSim 煤层气数值模拟软件的结构设计成九大部分：主框架类、应用程序类、数据文档类、启动视窗类、显示主视窗类、油藏参数数据显示视窗类、高压物性二维曲线显示视窗类、产量数据二维曲线显示视窗类、三维可视化视窗类（图 4.6）。

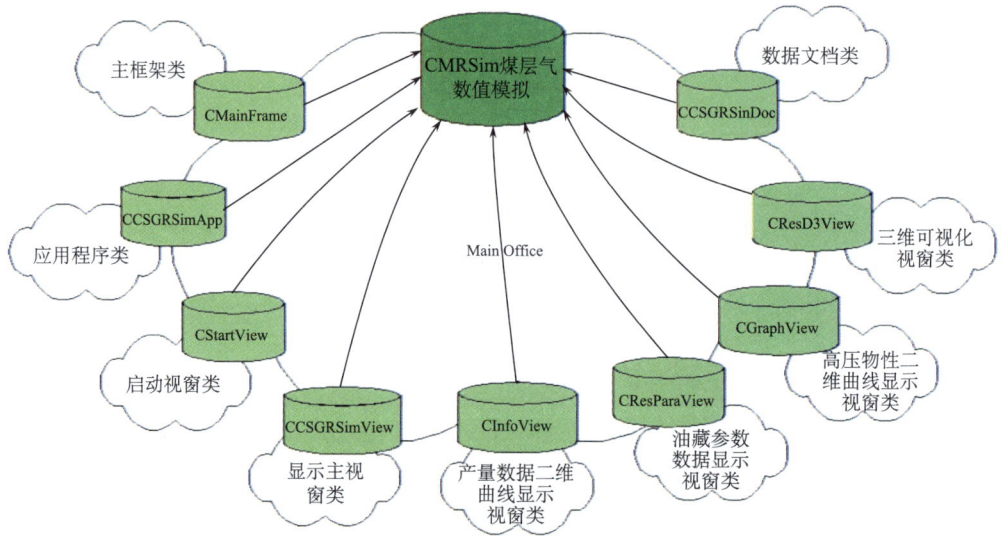

图 4.6 CMRSim 煤层气数值模拟软件软件结构

2. 界面结构

界面结构分成如下七部分(图 4.7):

1) 主菜单:常规操作;

2) 快捷方式浮动框:包括软件主要功能的快捷方式,如文件操作、预处理操作、岩石流体数据、生产井产量数据、可视化图形、数值模拟模型等;

3) 基本数据窗口:修改区块名称和层系名称;

4) 生产井信息显示窗口:即时显示选定井的基本信息及拟合曲线;

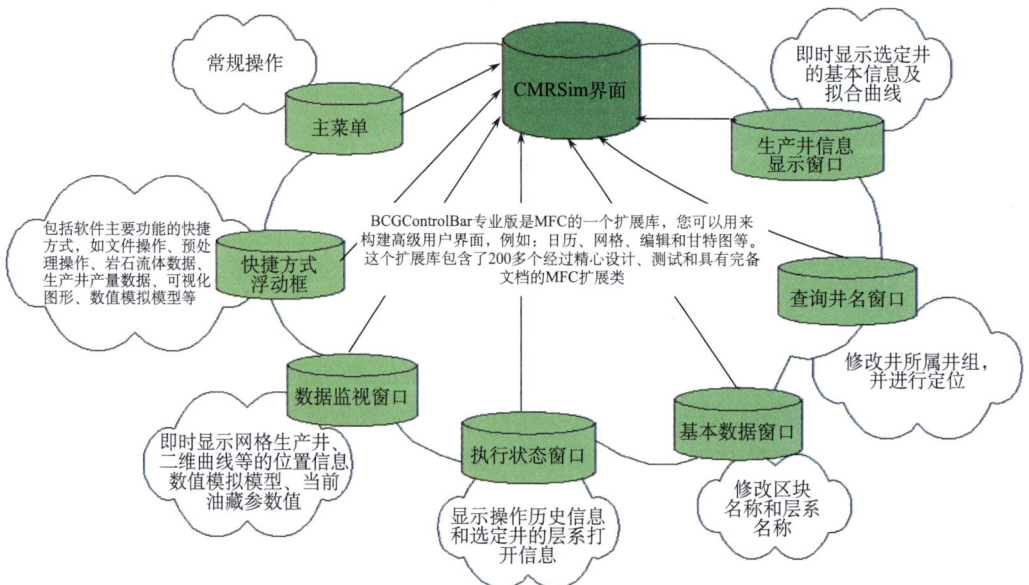

图 4.7 CMRSim 煤层气数值模拟软件界面结构

5）数据监视窗口：即时显示网格生产井、二维曲线等的位置信息数值模拟模型、当前油藏参数值；

6）执行状态窗口：显示操作历史信息和选定井的层系打开信息；

7）查询井名窗口：修改井所属井组，并进行定位。

（三）开 发 模 块

将 CMRSim 煤层气数值模拟软件的开发分成若干模块，见表 4.1。

表 4.1　模块开发列表

序号	编号	标　示	名　称	开 发 工 具
1	M001	KeywordModule	关键词模块	Micosoft Visual C++ 6.0
2	M002	CSGRSim	主模块	Micosoft Visual C++ 6.0
3	M003	GeoGridModule	网格数据模块	Micosoft Visual C++ 6.0
4	M004	GeoPointModule	数据点模块	Micosoft Visual C++ 6.0
5	M005	MeasureModule	比例尺模块	Micosoft Visual C++ 6.0
6	M006	ContourModul	等值线模块	Micosoft Visual C++ 6.0
7	M007	GraphModule	二维曲线绘图模块	Micosoft Visual C++ 6.0
8	M008	CurveModule	二维曲线模块	Micosoft Visual C++ 6.0
9	M009	GeoWellModule	井资料数据模块	Micosoft Visual C++ 6.0
10	M010	Simulator	数模主模块	CoMPaq Visual Fortran6.6
11	M011	ColorGridCtrlModule	彩色网格控件	Micosoft Visual C++ 6.0
12	M012	Res3DModule	三维显示模块	Micosoft Visual C++ 6.0
13	M013	BasicDataBarModule	基本数据窗口模块	Micosoft Visual C++ 6.0
14	M014	SearchWellBarModule	查询井名窗口模块	Micosoft Visual C++ 6.0
15	M015	OutputBarModule	数据监视窗口模块	Micosoft Visual C++ 6.0
16	M016	WatchBarModule	执行状态窗口模块	Micosoft Visual C++ 6.0
17	M017	WellInfoBarModule	生产井信息显示窗口模块	Micosoft Visual C++ 6.0
18	M018	ViewFunctionModule	全局函数模块	Micosoft Visual C++ 6.0
19	M019	BCGCBPRO940	CBCGPGridCtrl 控件	BCGCBPRO 控件库

（四）程序结构图

1. 关键词模块（图 4.8）

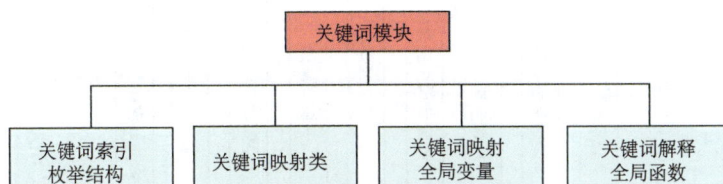

图 4.8　关键词模块结构图

2. 主模块(图 4.9)

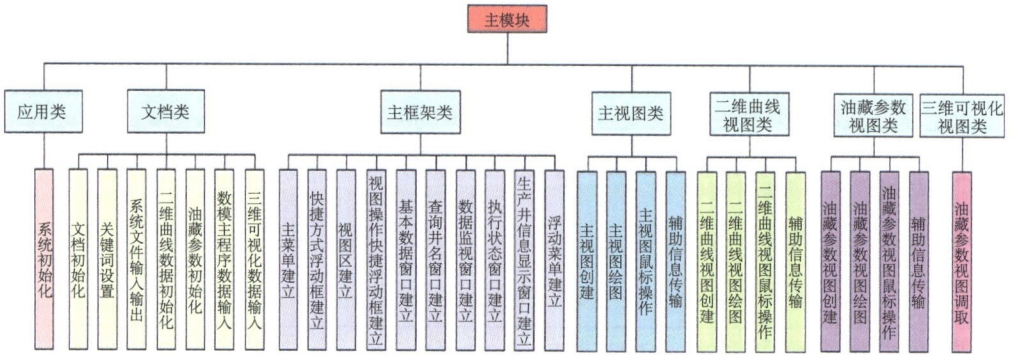

图 4.9 主模块结构图

3. 网格数据模块(图 4.10)

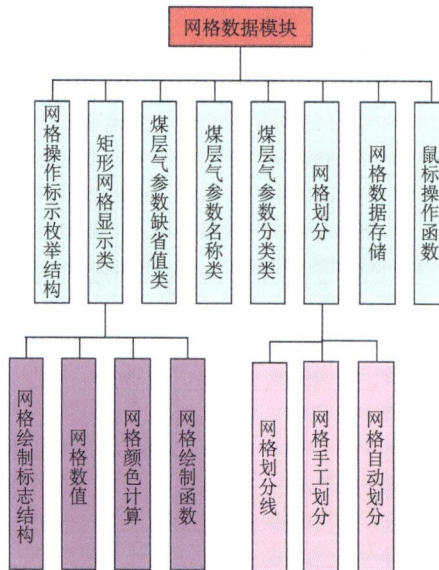

图 4.10 网格数据模块结构图

4. 数据点模块(图 4.11)

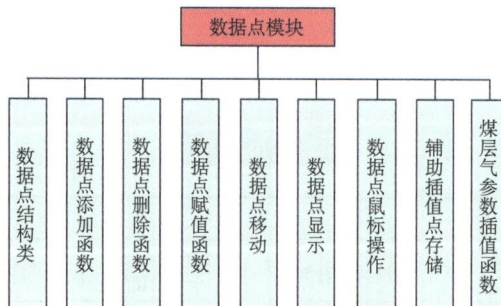

图 4.11 数据点模块结构图

注:数据点包括边界点和辅助插值点

5. 比例尺模块（图4.12）

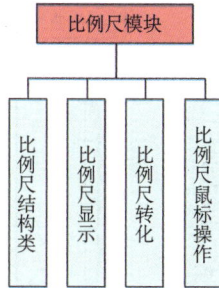

图4.12　比例尺模块结构图

6. 等值线模块（图4.13）

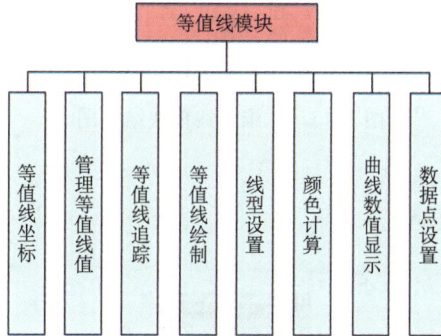

图4.13　等值线模块结构图

7. 二维曲线绘图模块（图4.14）

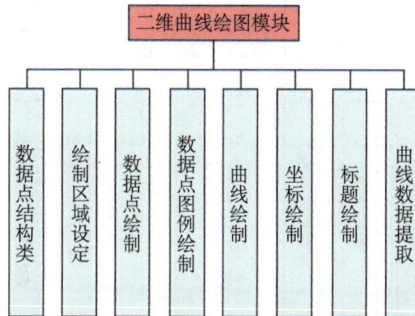

图4.14　二维曲线绘图模块结构图

8. 二维曲线模块(图 4.15)

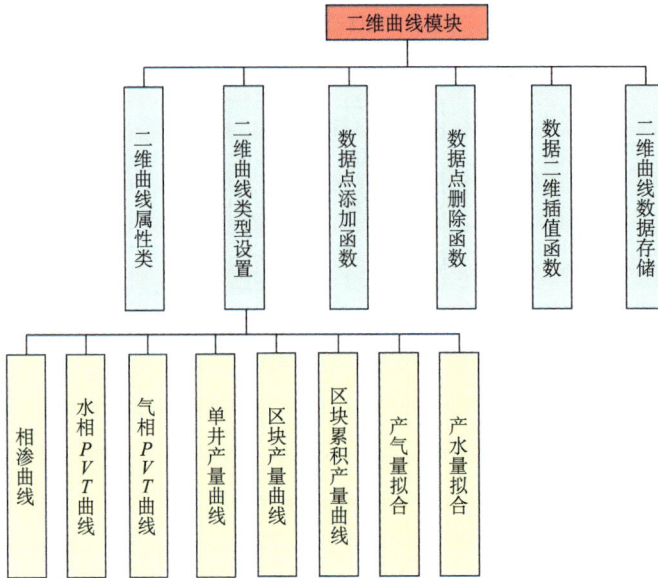

图 4.15　二维曲线模块结构图

9. 井资料数据模块(图 4.16)

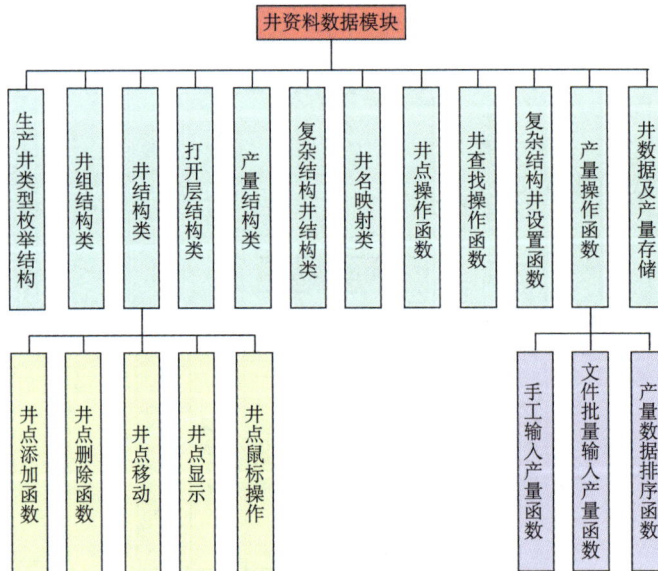

图 4.16　井资料数据模块结构图

10. 数模主模块（图 4.17）

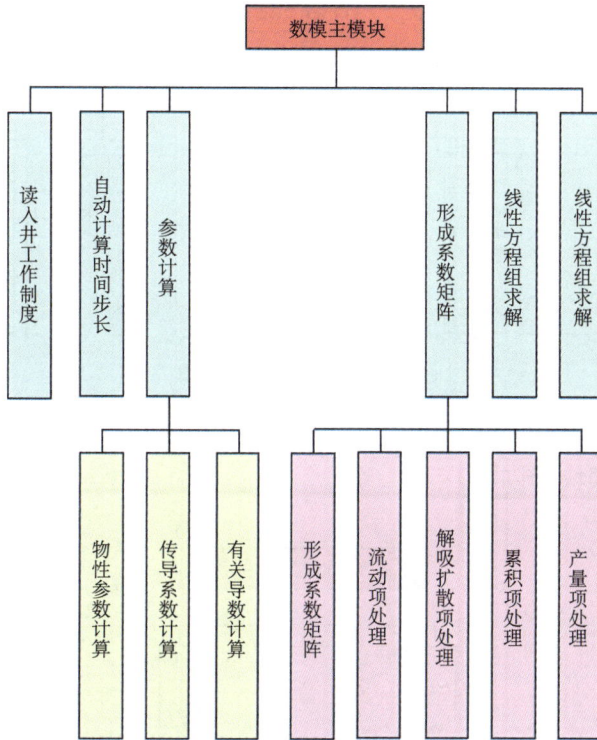

图 4.17　数模主模块结构图

11. 彩色网格控件（图 4.18）

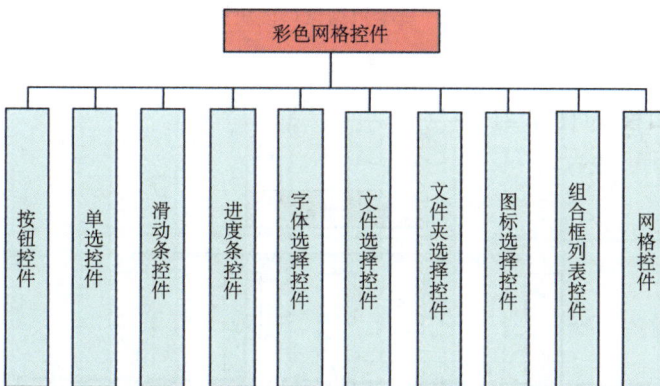

图 4.18　彩色网格控件结构图

12. 三维显示模块（图 4.19）

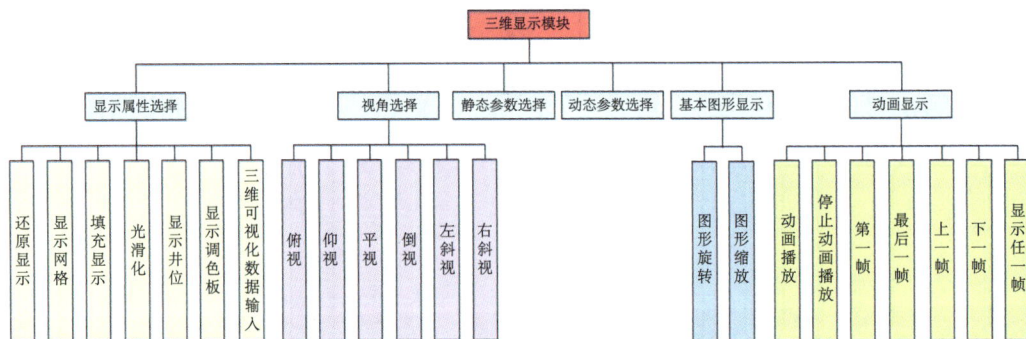

图 4.19 三维显示结构图

13. 基本数据窗口模块（图 4.20）

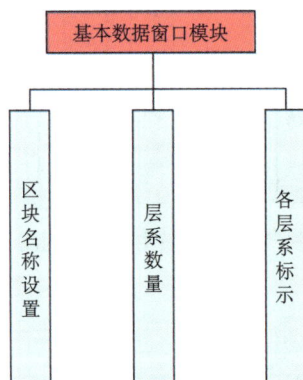

图 4.20 基本数据窗口模块结构图

14. 查询井名窗口模块（图 4.21）

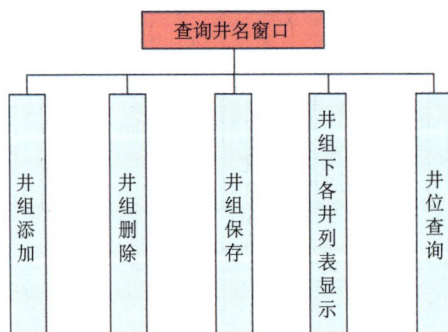

图 4.21 查询井名窗口模块结构图

15. **数据监视窗口模块**(图 4.22)

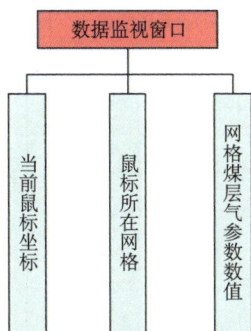

图 4.22　数据监视窗口模块结构图

16. **执行状态窗口模块**(图 4.23)

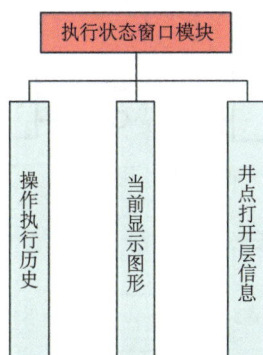

图 4.23　执行状态窗口模块结构图

17. **生产井信息显示窗口模块**(图 4.24)

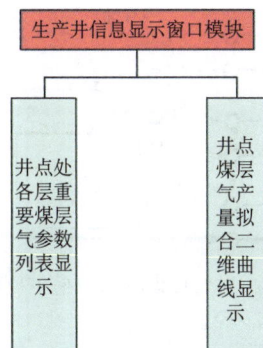

图 4.24　生产井信息显示窗口模块结构图

18. 全局函数模块(图 4.25)

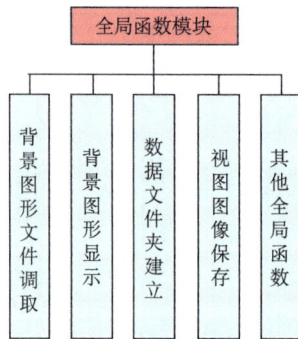

图 4.25　全局函数模块结构图

（五）软 件 接 口

1. 用户接口(图 4.26)

图 4.26　用户接口

2. 前处理模块与 Surfer 软件的接口(图 4.27)

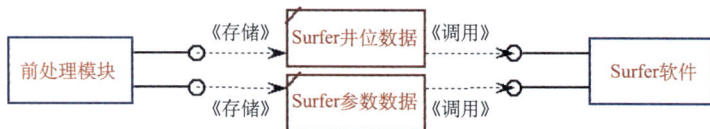

图 4.27　前处理模块与 Surfer 软件的接口

3. 前、后处理模块与数模主模块的接口(图 4.28)

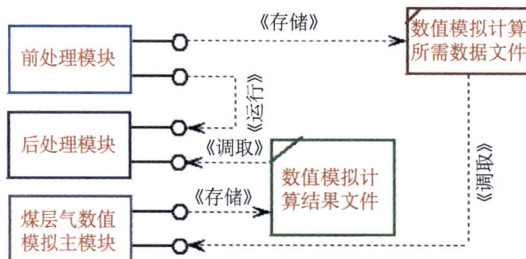

图 4.28　前、后处理模块与数模主模块的接口

　　前处理模块生成煤层气数值模拟主模块所需数据的文件,再由煤层气数值模拟主模块调用,计算完毕后,生成计算结果文件,再由后处理模块调取进行可视化显示。

4. 前处理模块与三维可视化模块的接口（图 4.29）

图 4.29　前处理模块与三维可视化模块的接口

前处理模块生成三维可视化所需数据的文件，三维可视化进行可视化显示。

（六）操作界面开发

1. 地质建模主界面（图 4.30）

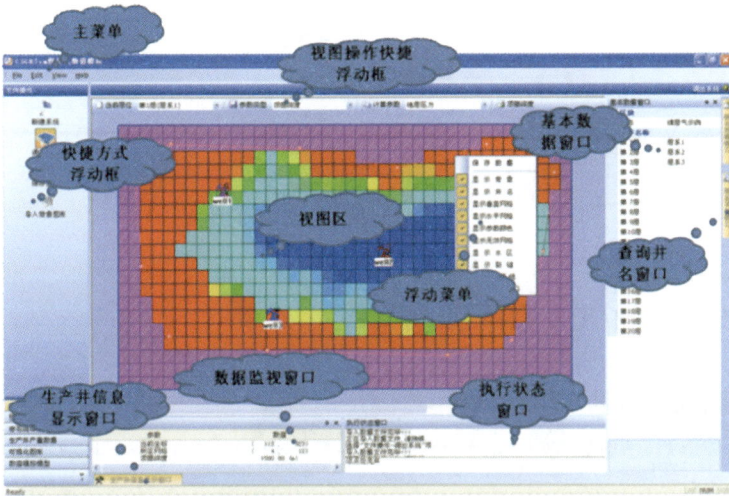

图 4.30　地质建模主界面

2. 煤层 *PVT* 参数设置流程和操作步骤（图 4.31）

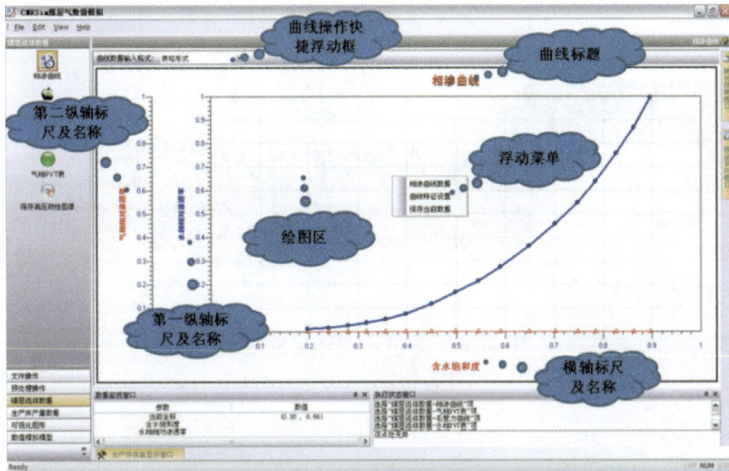

图 4.31　煤层流体高压物性设置主界面

3. 生产井产量数据处理（图 4.32）

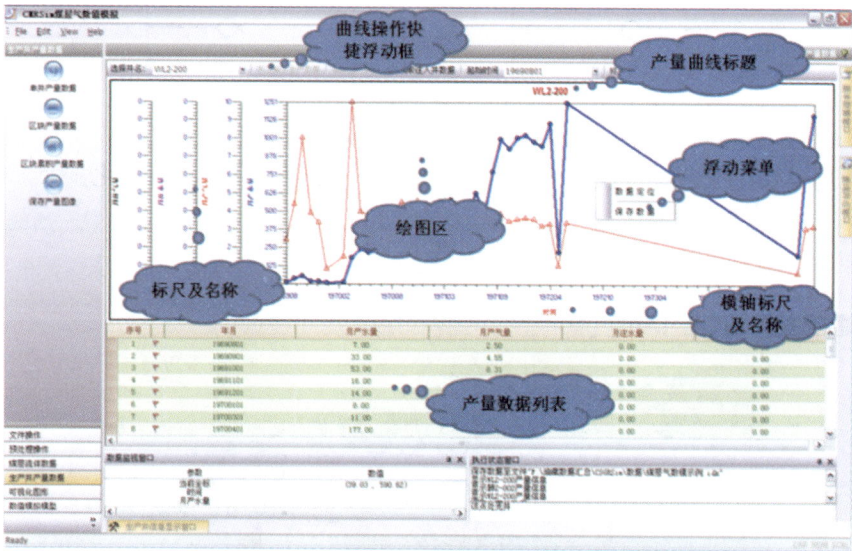

图 4.32　生产井产量数据处理主界面

4. 等值线图形文件输出（图 4.33）

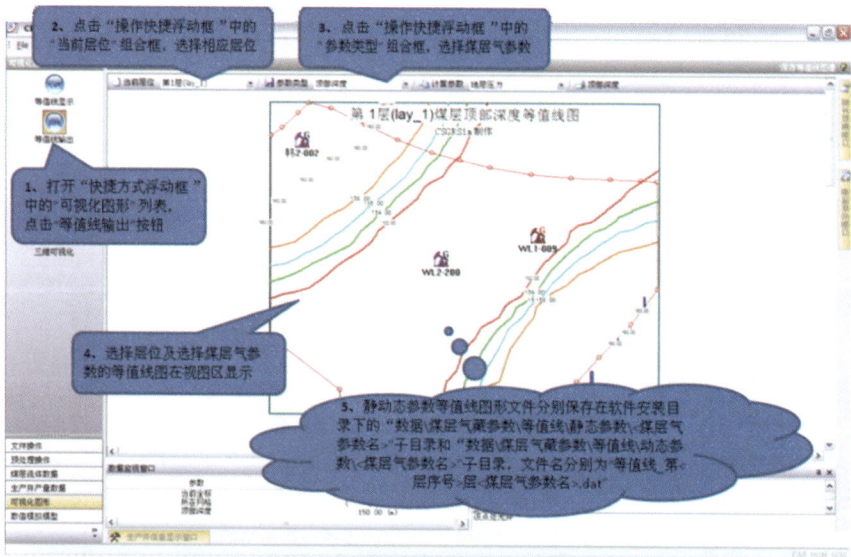

图 4.33　等值线图形文件输出

5. 三维可视化功能(图4.34)

三维可视化主界面包括如下两部分:三维可视化操作快捷浮动框;三维可视化显示区。

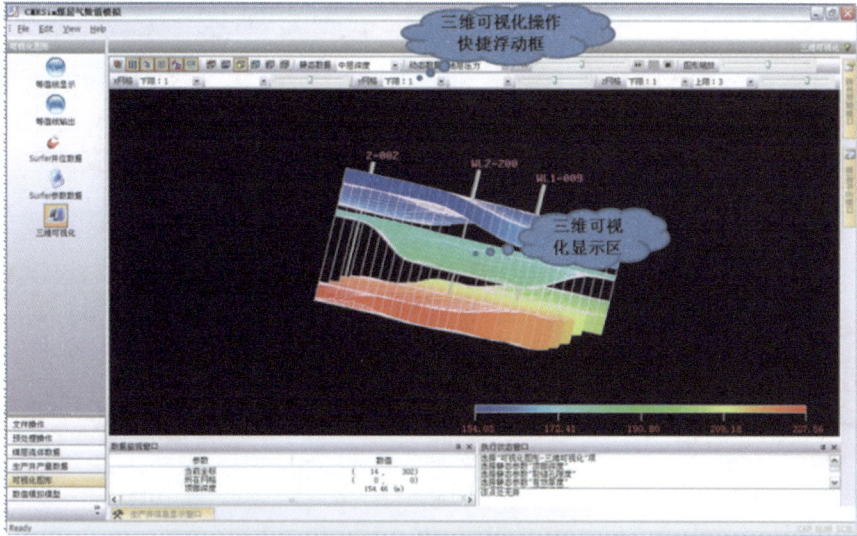

图4.34　三维可视化主界面

(1) 煤层气静态参数显示(图4.35)

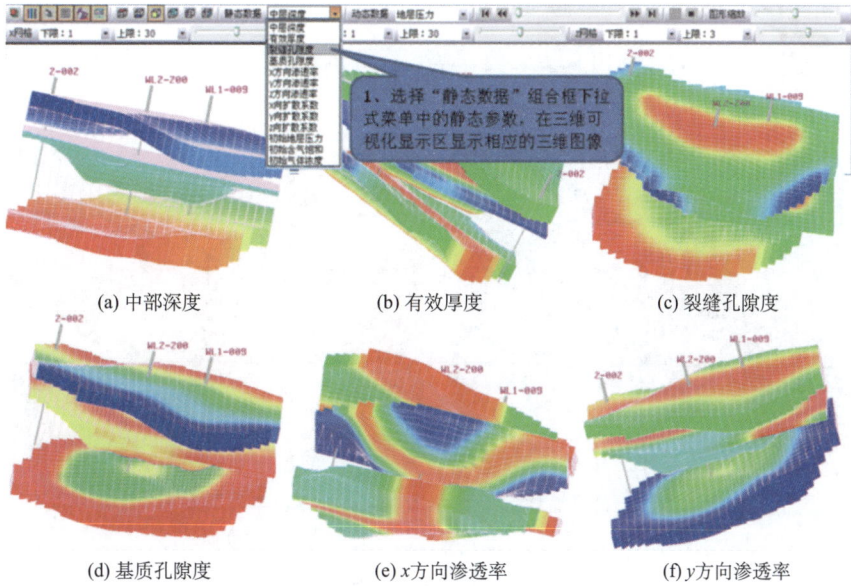

(a) 中部深度　　　　　(b) 有效厚度　　　　　(c) 裂缝孔隙度

(d) 基质孔隙度　　　　(e) x方向渗透率　　　(f) y方向渗透率

图4.35　三维可视化:煤层气静态参数显示示例

（2）煤层气动态参数显示(图 4.36)

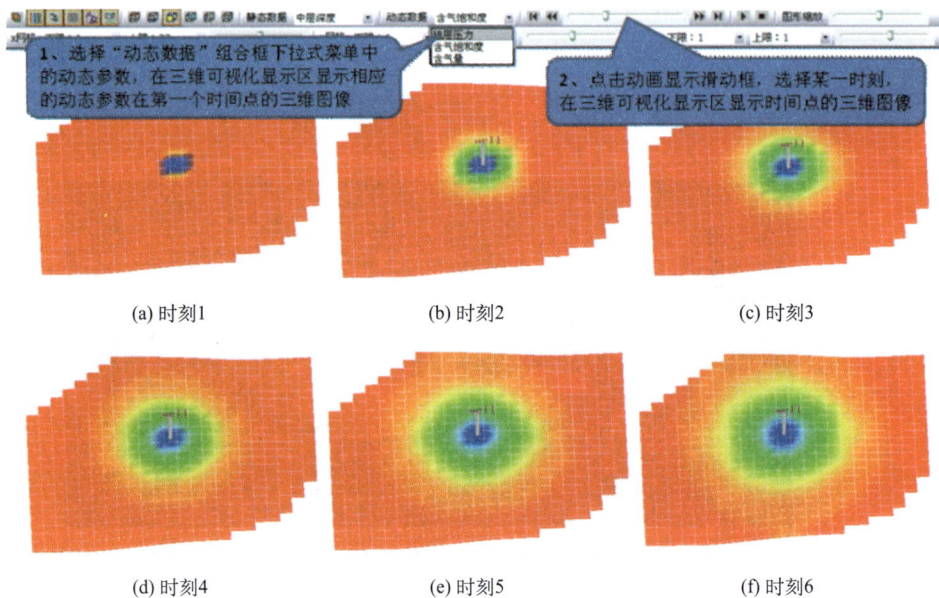

（a）时刻1　　　　　　　　　（b）时刻2　　　　　　　　　（c）时刻3

（d）时刻4　　　　　　　　　（e）时刻5　　　　　　　　　（f）时刻6

图 4.36　三维可视化：煤层气动态参数

（3）俯视与仰视(图 4.37)

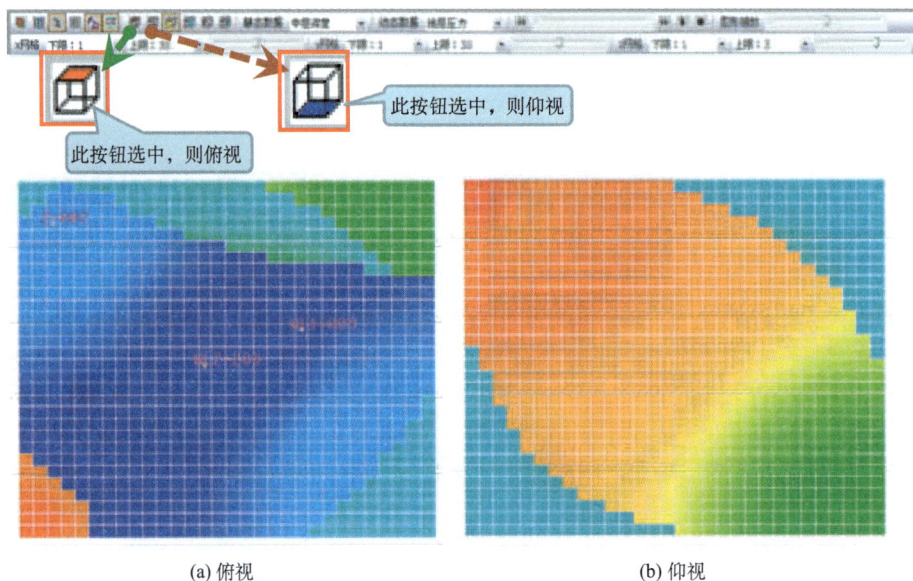

（a）俯视　　　　　　　　　　　　　　　　　（b）仰视

图 4.37　三维可视化：俯视与仰视

（4）平视与倒视（图 4.38）

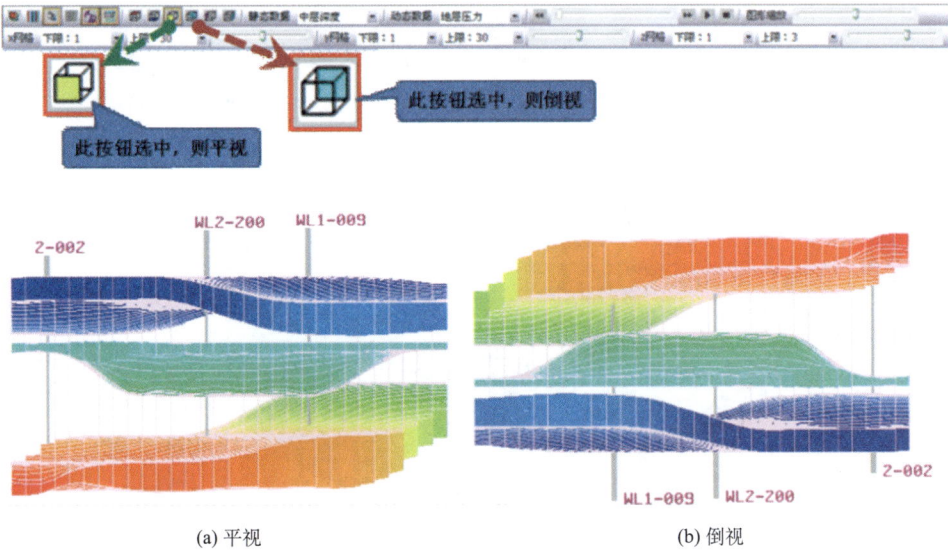

(a) 平视   (b) 倒视

图 4.38　三维可视化：平视与倒视

（5）左斜视与右斜视（图 4.39）

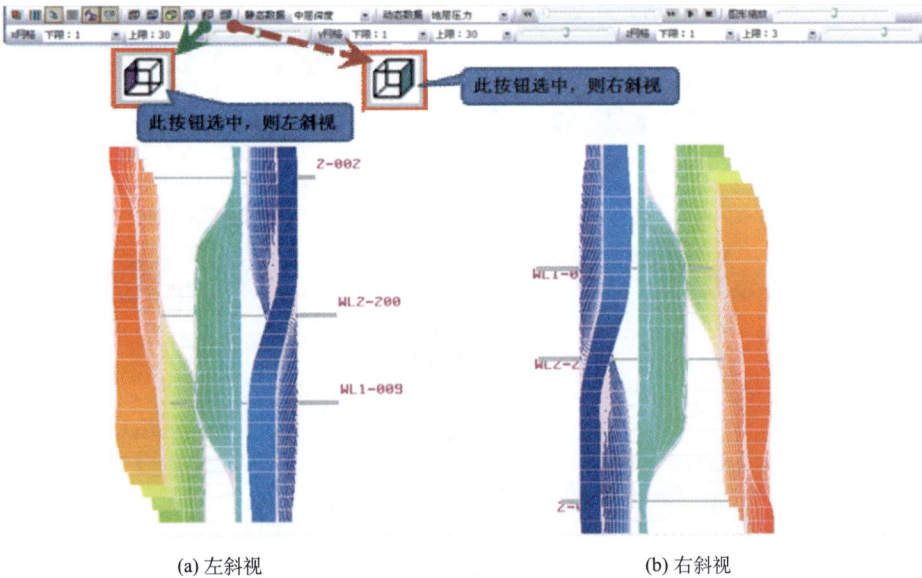

(a) 左斜视   (b) 右斜视

图 4.39　三维可视化：左斜视与右斜视

（6）图形缩放（图4.40）

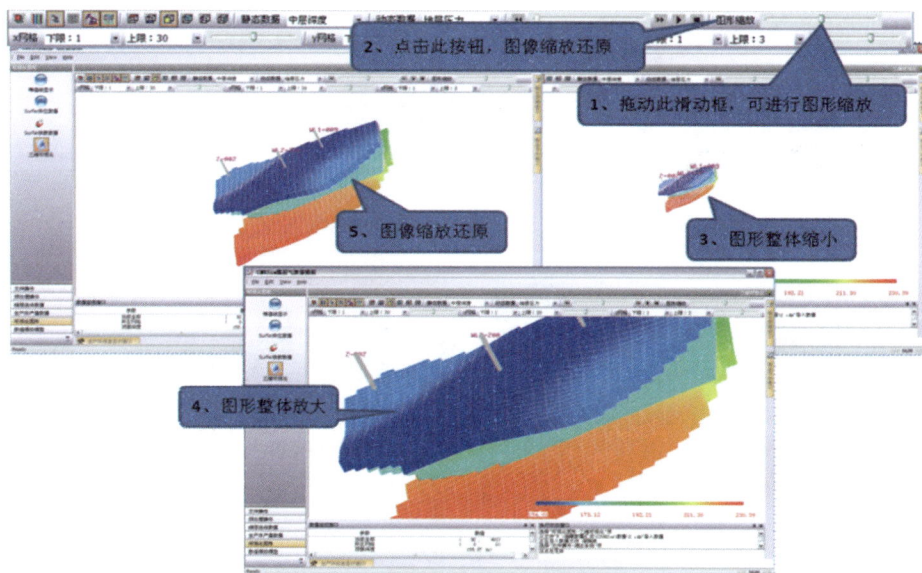

图4.40　三维可视化：图形缩放

（7）图形 z 方向缩放（图4.41）

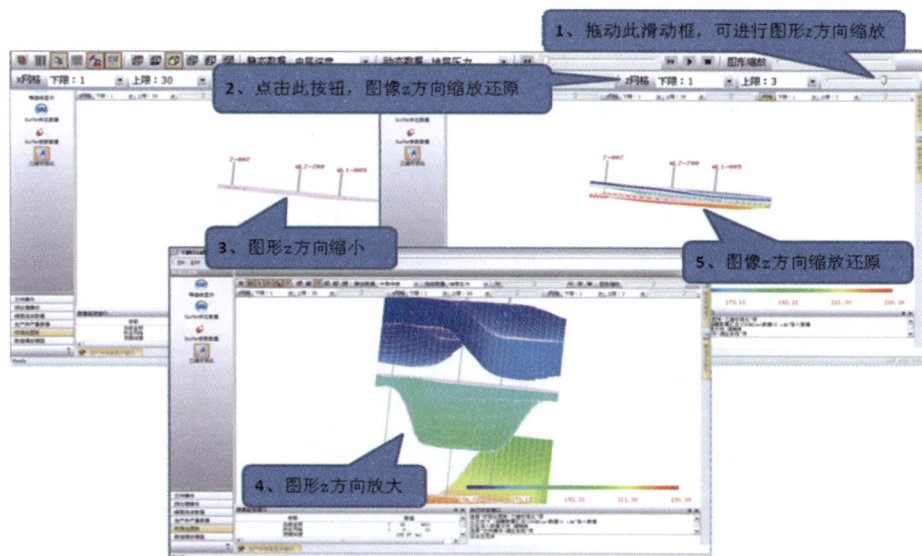

图4.41　三维可视化：z 方向图形缩放

(8) 网格局部显示(图 4.42)

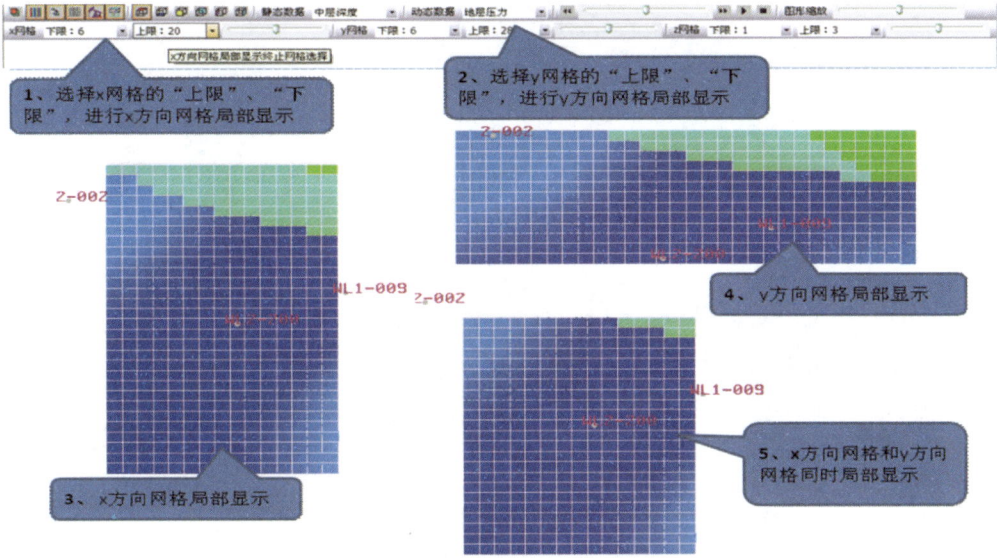

图 4.42　三维可视化：网格局部显示

(9) 多层显示(图 4.43)

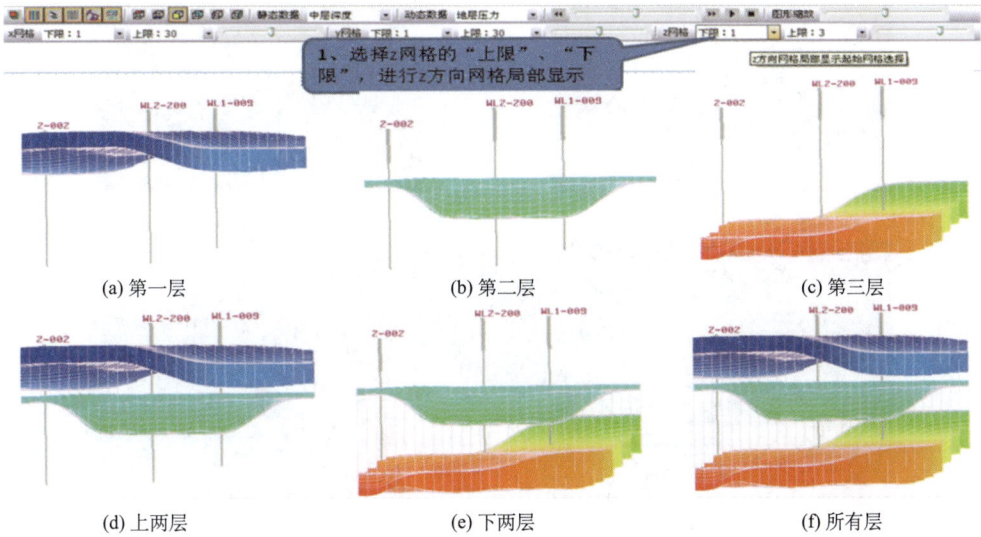

(a) 第一层　　　　(b) 第二层　　　　(c) 第三层

(d) 上两层　　　　(e) 下两层　　　　(f) 所有层

图 4.43　三维可视化：多层显示

（10）图形旋转（图 4.44）

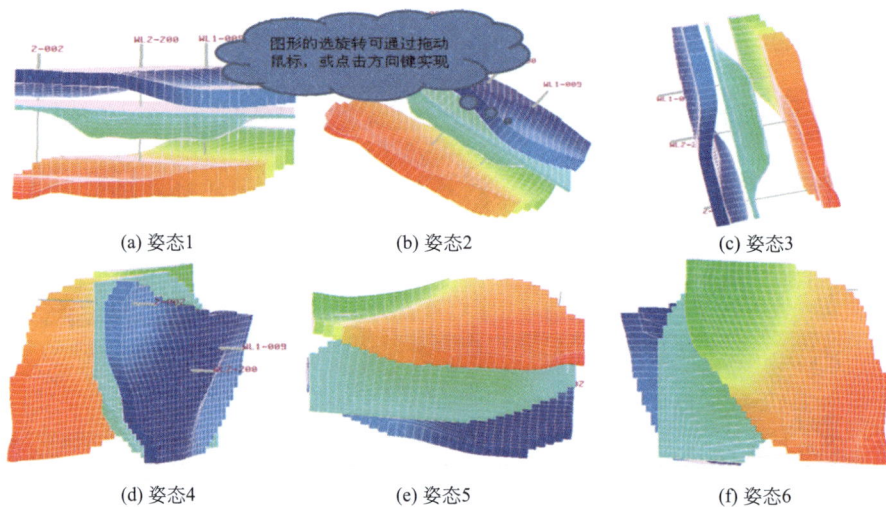

(a) 姿态1　　　　　　　　(b) 姿态2　　　　　　　　(c) 姿态3

(d) 姿态4　　　　　　　　(e) 姿态5　　　　　　　　(f) 姿态6

图 4.44　三维可视化：图形旋转

（11）有效区域显示（图 4.45）

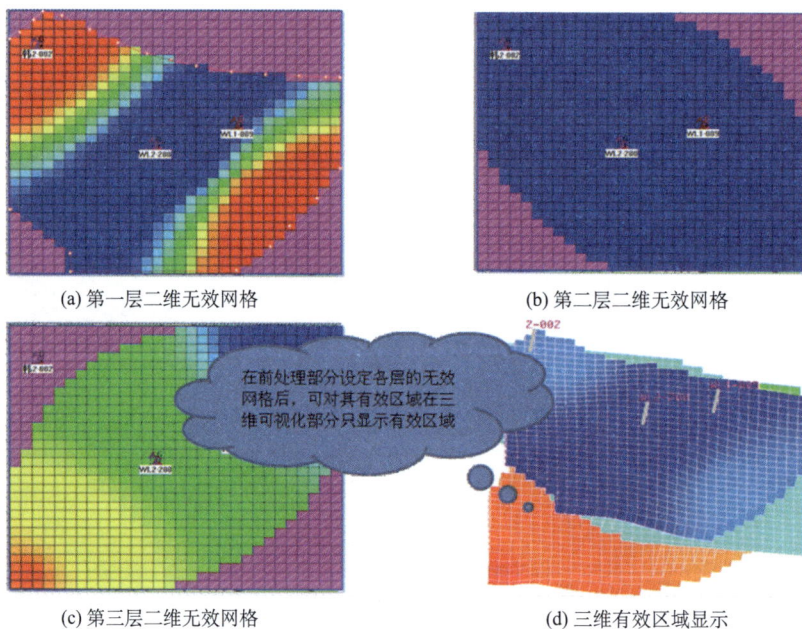

(a) 第一层二维无效网格　　　　　　　　(b) 第二层二维无效网格

(c) 第三层二维无效网格　　　　　　　　(d) 三维有效区域显示

图 4.45　三维可视化：有效区域显示

（七）软 件 功 能

煤层气储层数值模拟软件从科学研究和商业应用的角度出发,目的在于不仅要有专业技术水平,而且要有较强的矿场实用能力,特别是要适应千变万化的复杂的实际气藏的要求,软件可进行以下几种情形的数值模拟研究:

1) 非均质各向异性煤层介质中气、水产量的历史拟合与动态预测研究;
2) 煤层气单井或井网开发条件下气、水产量的历史拟合与动态预测研究;
3) 煤基质收缩效应对煤层气井产能的影响研究;
4) 含水层对煤层气单井或井网产能影响研究;
5) 砂岩含气层与煤层分压单排或合排的数值模拟研究。

五、储层数值模拟技术在煤层气勘探开发中的应用

（一）沁南煤层气藏单井生产数值模拟分析

沁水盆地内的TL003井自上而下穿过了第四系,二叠系上统的上石盒子组,下统的下石盒子组、山西组,石炭系上统的太原组,中统的本溪组,中奥陶统峰峰组。其中3号煤层和15号煤层是该井的主要产气层位,厚度分别为 6.33m 和 0.90m,埋深分别为472.37m 和 583.26m,K_2灰岩层厚9.14m。

代表性生产井的产层组合方式见表4.2。

表 4.2　代表性生产井的产层组合方式

代表井	产层组合方式			
	分压合排	先单排15号,后单排3号	单压单排3号	单压单排15号
TL-003	√			
晋试1-2		√		
PH45-05			√	
PH1-009				√

（1）PH1-009井生产历史拟合

PH1-009井生产历史拟合情况见表4.3和图4.46至图4.49。

表 4.3　PH1-009井煤储层径向数值模拟参数取值

参数 煤层	初始压力 /MPa	含气量 /(m³/t)	Langmuir 压力常数 /MPa⁻¹	Langmuir 体积常数 /(m³/t)	吸附时间 /d	孔隙度 /%	渗透率 /10⁻³μm²	含水 饱和度	压缩系数 /MPa⁻¹
15 号	2.86	21.0	2.8	42.3	10.5	0.068	4.80	1.00	0.018

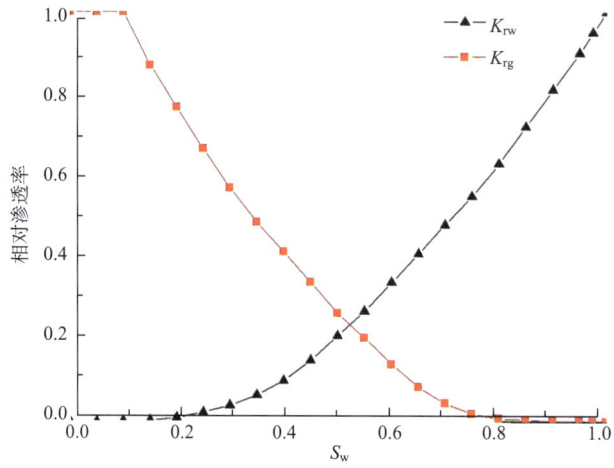

图 4.46 PH1-009 井模拟所用相渗曲线

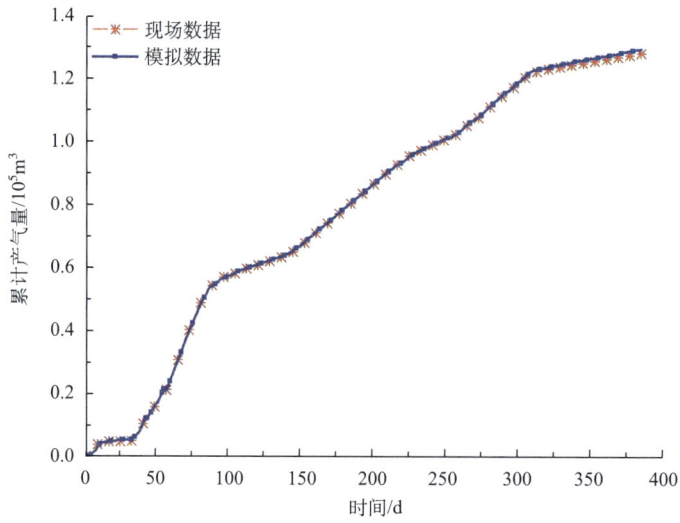

图 4.47 PH1-009 井累计产气量历史拟合图

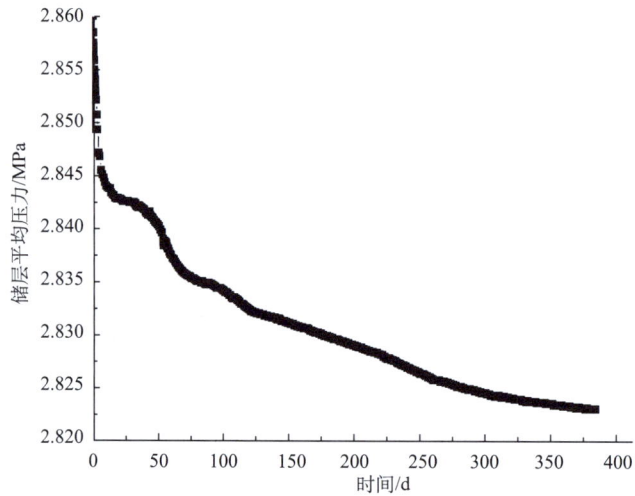

图 4.48 储层平均压力随时间变化曲线图

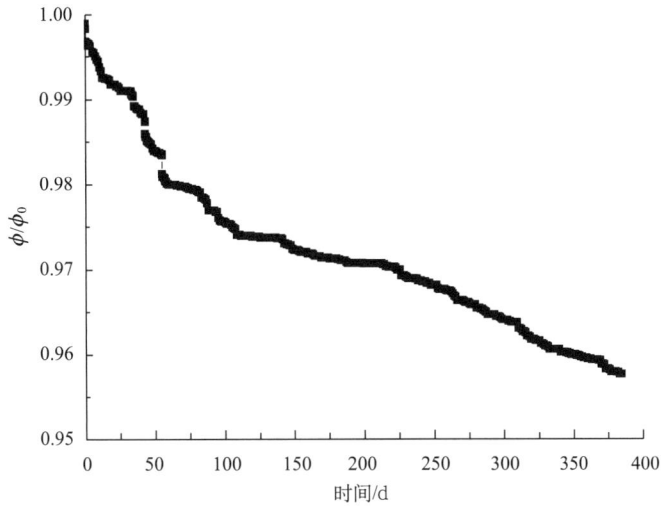

图 4.49　储层孔隙度随时间变化曲线图

（2）TL-003 井生产历史拟合

TL-003 井煤储层三维数值模拟参数取值见表 4.4。利用沁水盆地 TL-003 井 1998 年 3 月 16 日至 1999 年 4 月 11 日共 392 天的排采资料进行拟合计算，其间因为修井维护该井停产 1 周。由于 3 号和 15 号煤层在平面上无限延伸，在天然情况下被水所饱和，计

表 4.4　TL-003 井煤储层三维数值模拟参数取值

参　数 ＼ 产　层		3 号煤层	K2 灰岩	15 号煤层
初始压力/MPa		3.36	4.30	4.30
临界解吸压力/MPa		2.53	—	1.61
Langmuir 压力常数/MPa^{-1}		0.32	—	0.44
Langmuir 体积常数/(m^3/t)		44.27	—	48.92
吸附时间/d		10.50	—	10.50
储层孔隙度/%		2.00	5.00	2.00
渗透率/10$^{-3}\mu$m^2	K_x	3.40	21.00	1.20
	K_y	1.70	21.00	0.80
	K_z	0.00	2.10	0.10
初始含水饱和度/%		100	100	100
煤的密度/(t/m^3)		1.400	—	1.435
压缩系数/MPa^{-1}		0.062	0.0029	0.062
表皮系数		−3.20	−3.05	−4.55

算取外边界定压定饱和度并将定井底流压作为已知条件进行历史拟合,拟合结果如图4.50、图 4.51 所示。

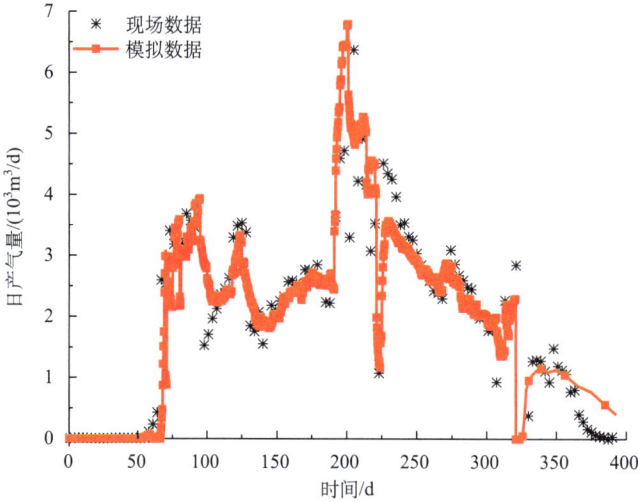

图 4.50　TL-003 井日产气量历史拟合曲线图

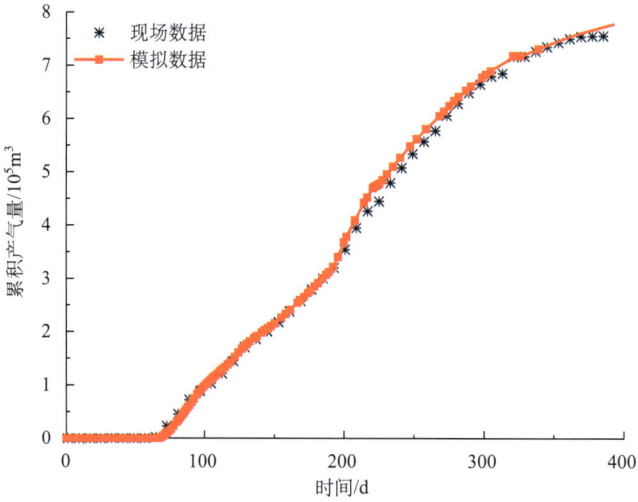

图 4.51　TL-003 井累积产气量历史拟合曲线图

从图 4.50 和图 4.51 可以模拟计算的日气产量与累积气产量与实际生产数据趋势相一致,较好的反映出了排采过程中气的动态变化过程。图 4.52 是井点所在网格孔隙度随时间变化曲线图,从图中可以看出在排水降压的初期,裂隙系统的有效应力处于统治地位,裂隙孔隙度不断减小,且煤层的压缩系数越大,孔隙度减小越显著;随着排水降压的不断进行,孔隙压力降至临界解吸压力以下,煤层气开始解吸,煤基质收缩逐渐处于统治地位,裂隙孔隙度呈现出较为明显的改善趋势。

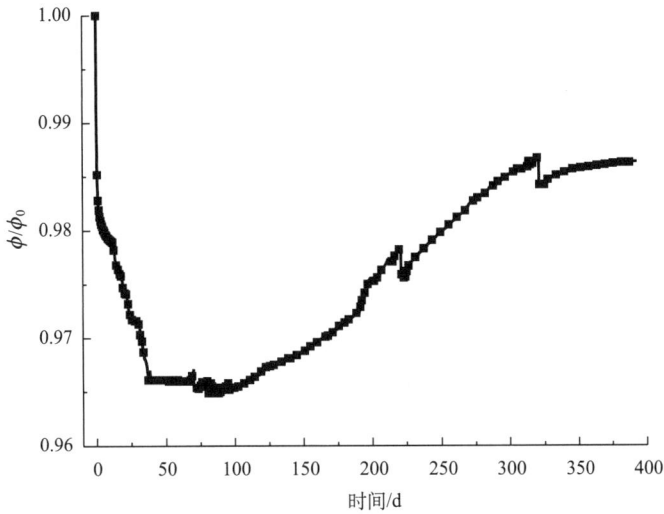

图 4.52　3 号煤层孔隙度随时间变化曲线图

（二）沁南煤层气藏开发方式优选

沁水盆地内的 TL-003 井自上而下穿过了第四系,二叠系上统的上石盒子组,下统的下石盒子组、山西组,石炭系上统的太原组,中统的本溪组,中奥陶统峰峰组。其中 3 号煤层和 15 号煤层是该井的主要产气层位,厚度分别为 6.33m 和 0.90m,埋深分别为 472.37m 和 583.26m,K2 灰岩层厚 9.14m。

根据沁水盆地煤层和含水层的不同组合方式以及流体流动方式编制了 4 种组合方案:

方案 1:3 号煤层、15 号煤层、K2 灰岩层作为产层,K2 灰岩层与 15 号煤层构成统一的水动力场,与井筒连通;

方案 2:3 号煤层、15 号煤层作为产层,K2 灰岩层与 15 号煤层构成统一的水动力场,与井筒不连通;

方案 3:3 号煤层、15 号煤层作为产层,不考虑 K2 灰岩层的生产或补给作用;

方案 4:3 号煤层单独排采。

利用数学模型自行编制数值模拟程序,并对 TL-003 井的不同产层组合方案进行数值模拟(图 4.53 至图 4.57)。

从图 4.53、图 4.54 可以看出:3 号煤层、15 号煤层作为产层,不考虑 K2 灰岩层的生产或补给作用,此方案无论日产气量还是累积产气量都是最高;若 3 号煤层、15 号煤层、K2 灰岩层联合作为产层,此方案仍具有较高的日产气量和累积产气量,但若考虑 K2 灰岩层与 15 号煤层构成统一的水动力场,与井筒不连通,此方案与 3 号煤层单独排采的方案无论日产气量还是累积产气量都无太大差别,说明 15 号煤层对产能的贡献很小或没有。

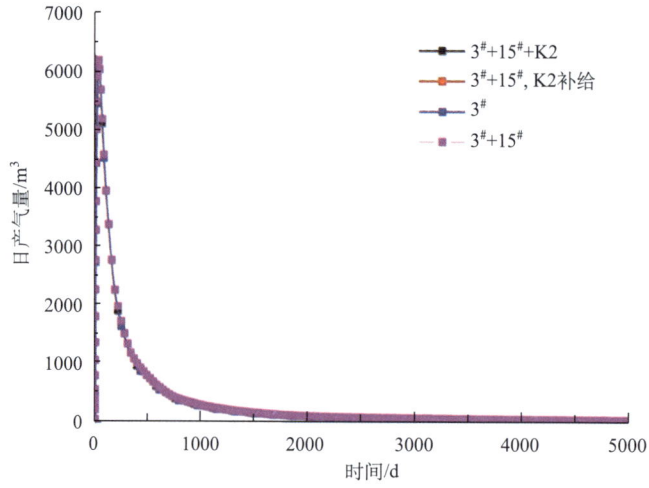

图 4.53　不同组合方案的日产气量曲线图

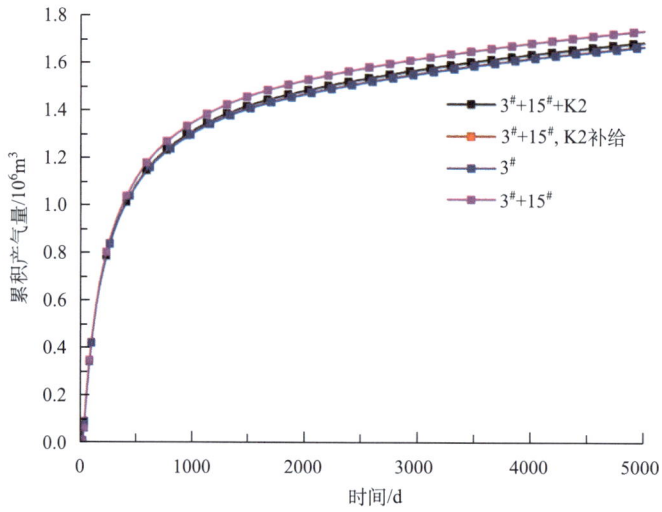

图 4.54　不同组合方案的累积产气量曲线图

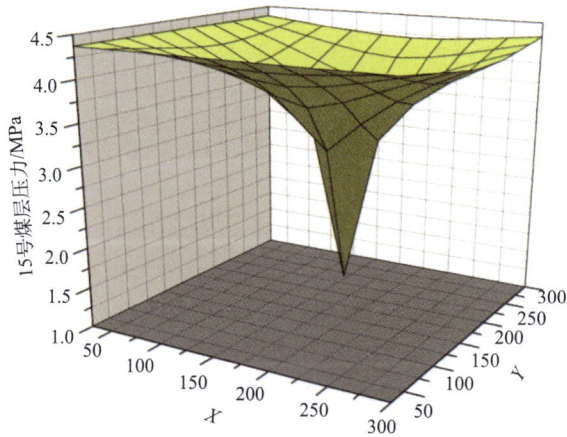

图 4.55　方案 1 中 15 号煤层生产 5000 天时形成的压降漏斗

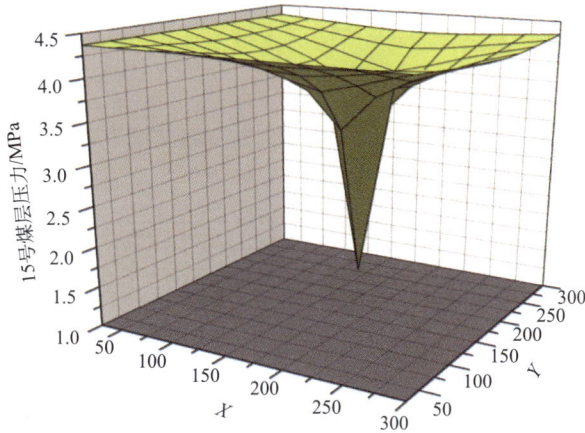

图 4.56　方案 2 中 15 号煤层生产 5000 天时形成的压降漏斗

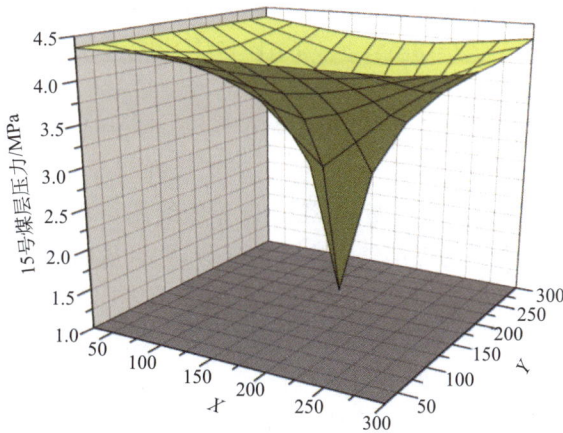

图 4.57　方案 3 中 15 号煤层生产 5000 天时形成的压降漏斗

从图 4.55 至图 4.57 可以看出,方案 3 形成的压降漏斗影响范围明显大于方案 1 和方案 2;方案 1 和方案 2 相比较,方案 1 形成的压降漏斗影响范围要大于方案 2。因此在实际的生产中,如果气井的水产量一直居高不下的话,此时应该考虑 K2 灰岩层的补给作用,因此将 3 号煤层、15 号煤层与 K2 灰岩分开,并作为产层是提高煤层气井产能的最优组合方案。

(三) 井网开采井间距对产能的影响

合理的开发井网是高效开发煤层气藏的重要因素之一,因为它是产量预测和经济评估的重要参数,影响到煤层气开发项目的经济效益和煤层气资源的回收率。对于任何一个气田,采用的井网形式没有一套固定的模式,合理的井网部署应以提高煤层气藏采收率为目标,力争有较高的采气速度和较长的稳产年限及较高的稳产期采出程度,井间距的大小取决于储层的性质和生产规模对经济性的影响,以矩形井网 9 口井联合开采为例,差分网格如图 4.58,采用是否考虑煤基质收缩对储层物性参数影响的两种数学模型进行数值模拟。由于煤层在平面上无限伸展,天然情况下被水所饱和,故模拟计算采用定压定饱和度外边界,井网控制面积为 $2.4 \times 10^6 \, \text{m}^2$。

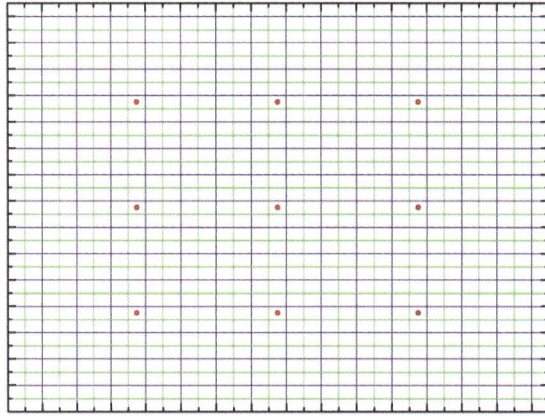

图 4.58　9 井布置图和差分网格

首先,对于渗透率较低的储层($K_x = 3.2 \times 10^{-3} \, \mu\text{m}^2$,$K_y = 1.6 \times 10^{-3} \, \mu\text{m}^2$)采用100m×100m 的井间距,对储层压力、含水饱和度及含气量进行了模拟预测,模拟结果如图 4.59—图 4.63。从储层压力和含气量的 2D、3D 等值线图可以看出,由于井群干扰形成统一的压降漏斗,漏斗范围内的煤层气采出较为充分,并且从图中也可以看出考虑煤基质收缩对储层物性参数影响模拟计算所得到的压降漏斗范围明显较大,漏斗范围内的煤层气采出程度也较不考虑基质收缩影响模拟计算的要高。然后选择 200m×200m、300m×300m 及 400m×400m 三种井间距进行模拟计算,结果如图 4.64—图 4.80。最后对于渗透率较高的储层($K_x = 10.0 \times 10^{-3} \, \mu\text{m}^2$,$K_y = 5.0 \times 10^{-3} \, \mu\text{m}^2$)选择 100m×100m、200m×200m 及 300m×300m 三种井间距进行了模拟计算,结果如图 4.81—图 4.88。

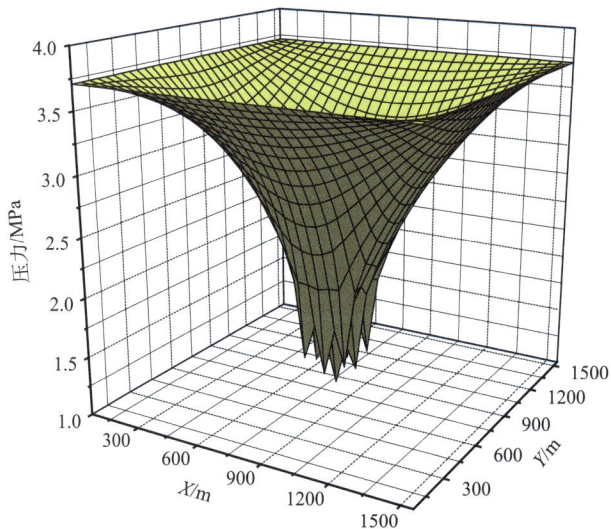

(a) 考虑煤基质收缩影响

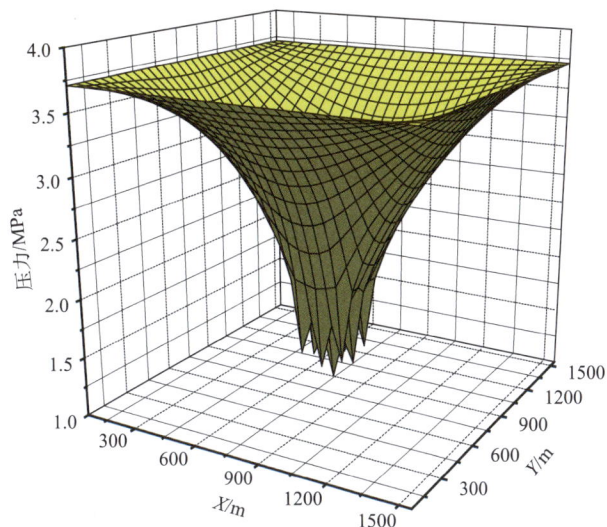

(b) 不考虑煤基质收缩影响

图 4.59　$K_x = 3.2 \times 10^{-3} \mu m^2$，$K_y = 1.6 \times 10^{-3} \mu m^2$ 时井间距 100m 生产
5000 天储层压力 3D 等值线图

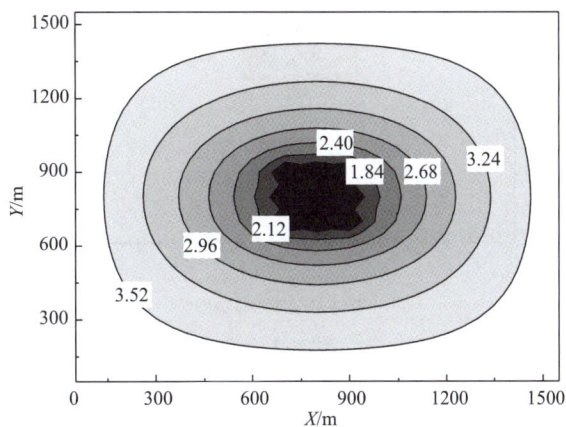

(a) 考虑煤基质收缩影响

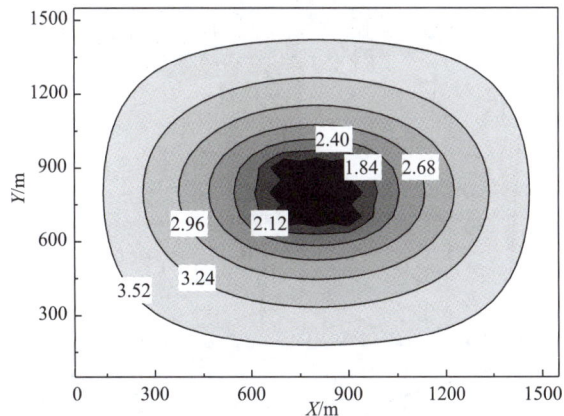

(b) 不考虑煤基质收缩影响

图 4.60　$K_x = 3.2 \times 10^{-3} \mu m^2$，$K_y = 1.6 \times 10^{-3} \mu m^2$ 时井间距 100m 生产
5000 天储层压力 2D 等值线图（单位：MPa）

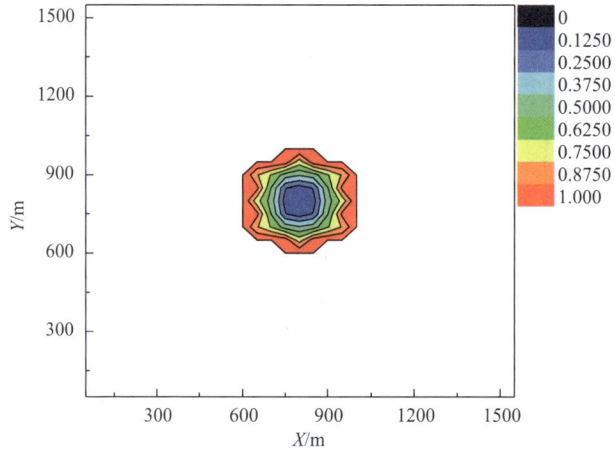

(a) 考虑煤基质收缩影响

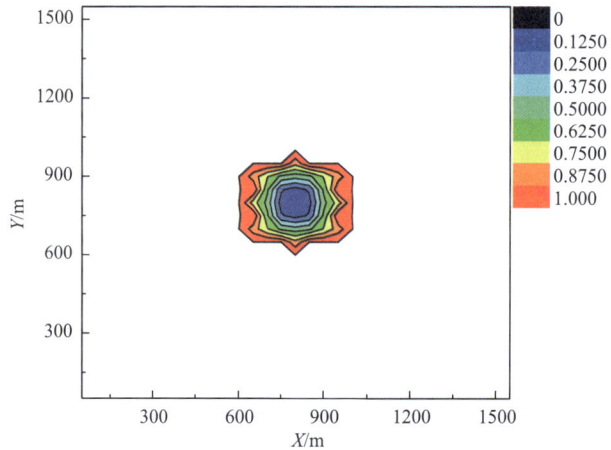

(b) 不考虑煤基质收缩影响

图 4.61 $K_x = 3.2 \times 10^{-3} \mu m^2$，$K_y = 1.6 \times 10^{-3} \mu m^2$ 时井间距 100m 生产 5000 天水饱和度 2D 连续等值线图

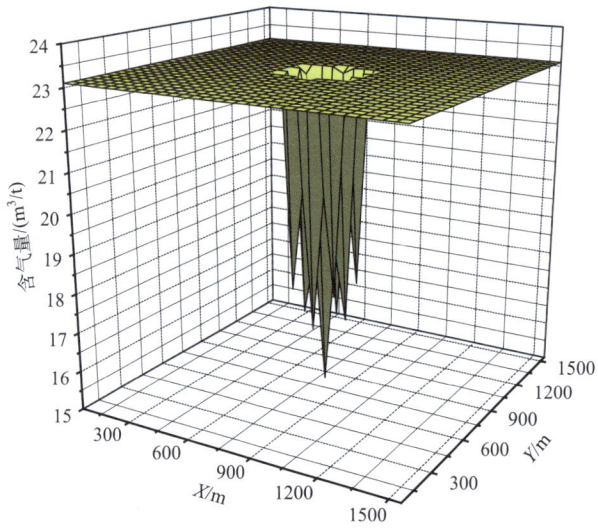

(a) 考虑煤基质收缩影响

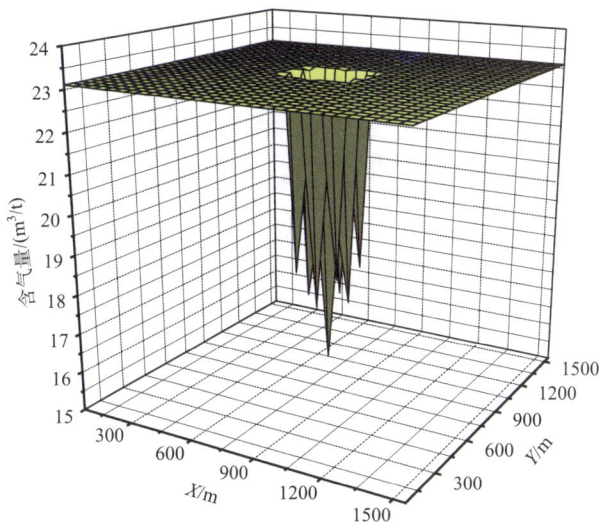

(b) 不考虑煤基质收缩影响

图 4.62　$K_x = 3.2 \times 10^{-3} \mu m^2$，$K_y = 1.6 \times 10^{-3} \mu m^2$ 时井间距 100m
生产 5000 天含气量 3D 等值线图

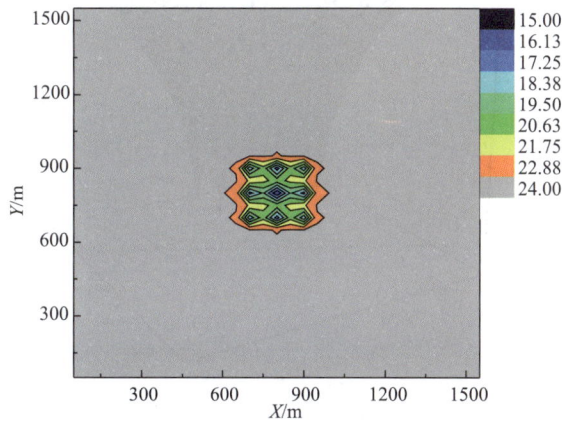

(a) 考虑煤基质收缩影响

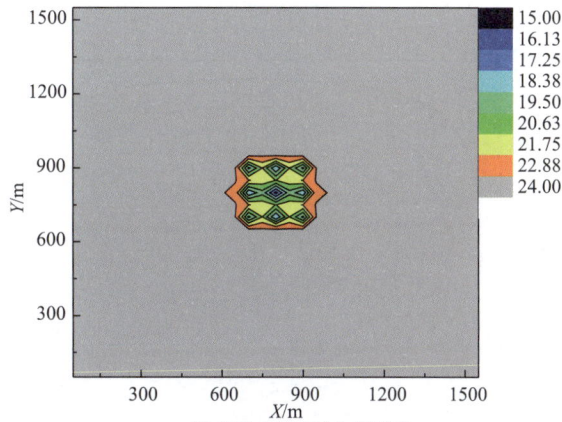

(b) 不考虑煤基质收缩影响

图 4.63　$K_x = 3.2 \times 10^{-3} \mu m^2$，$K_y = 1.6 \times 10^{-3} \mu m^2$ 时井间距 100m
生产 5000 天含气量 2D 连续等值线图

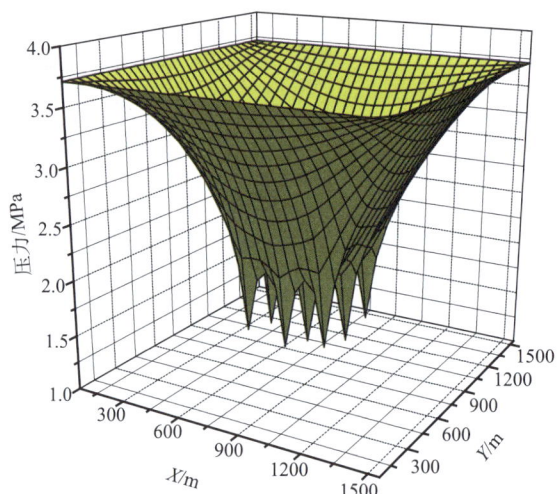

(a) 考虑煤基质收缩影响

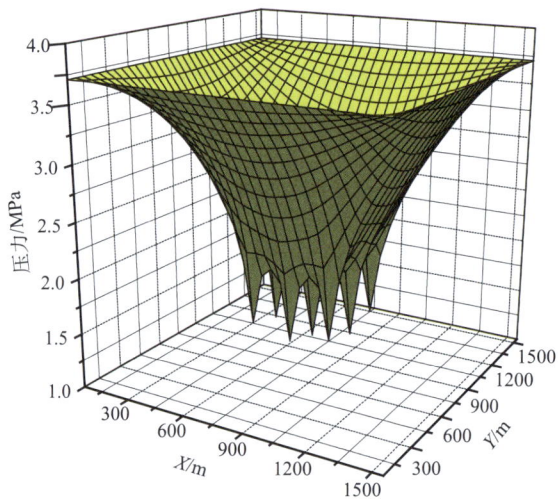

(b) 不考虑煤基质收缩影响

图 4.64　$K_x = 3.2 \times 10^{-3} \mu m^2$,$K_y = 1.6 \times 10^{-3} \mu m^2$ 时井间距 200m
生产 5000 天储层压力 3D 等值线图

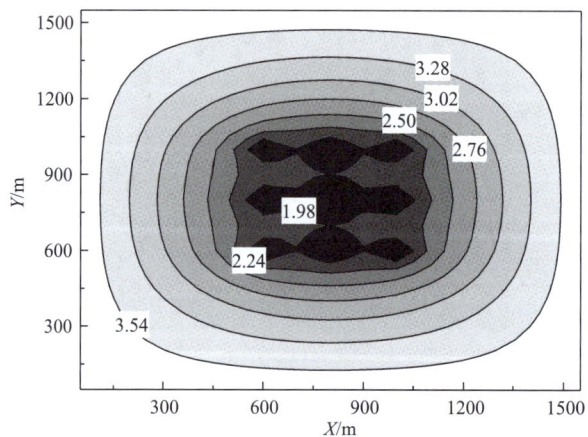

(a) 考虑煤基质收缩影响

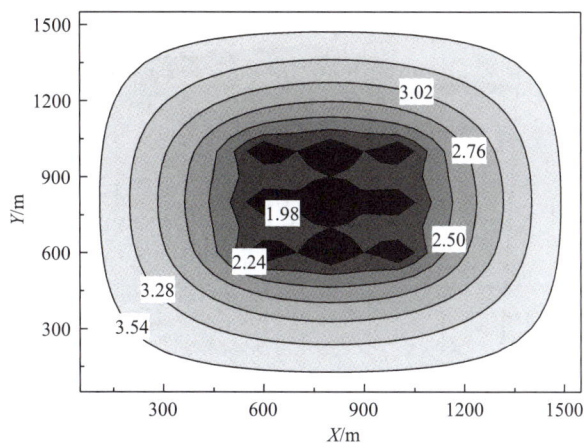

(b) 不考虑煤基质收缩影响

图 4.65 $K_x = 3.2 \times 10^{-3} \mu m^2$, $K_y = 1.6 \times 10^{-3} \mu m^2$ 时井间距 200m 生产 5000 天储层压力 2D 等值线图（单位：MPa）

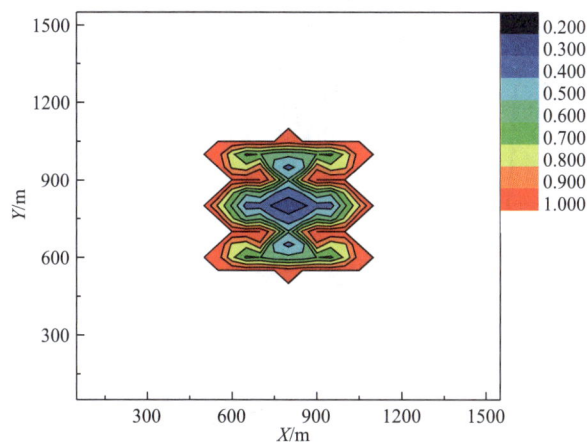

(a) 考虑煤基质收缩影响

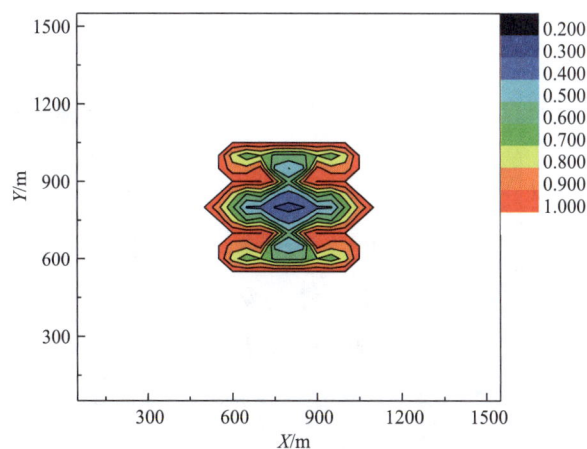

(b) 不考虑煤基质收缩影响

图 4.66 $K_x = 3.2 \times 10^{-3} \mu m^2$, $K_y = 1.6 \times 10^{-3} \mu m^2$ 时井间距 200m 生产 5000 天水饱和度 2D 连续等值线图

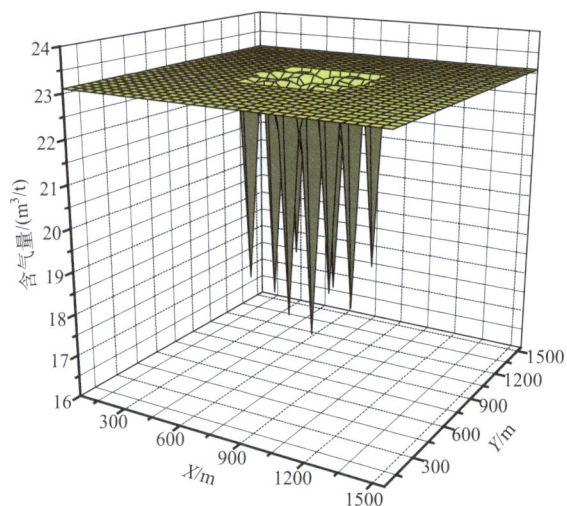

(a) 考虑煤基质收缩影响

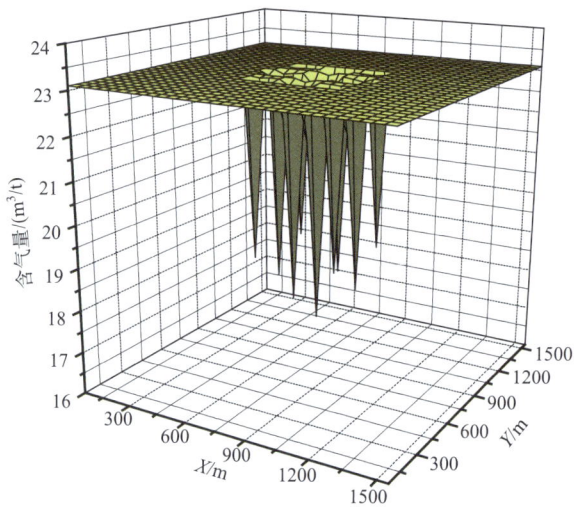

(b) 不考虑煤基质收缩影响

图 4.67 $K_x = 3.2 \times 10^{-3} \mu m^2, K_y = 1.6 \times 10^{-3} \mu m^2$ 时井间距 200m

生产 5000 天含气量 3D 等值线图

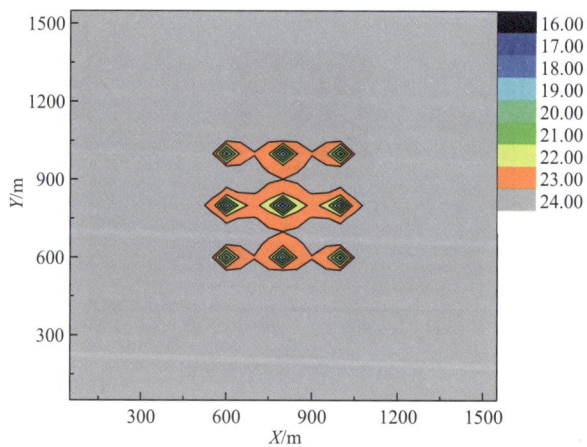

(a) 考虑煤基质收缩影响

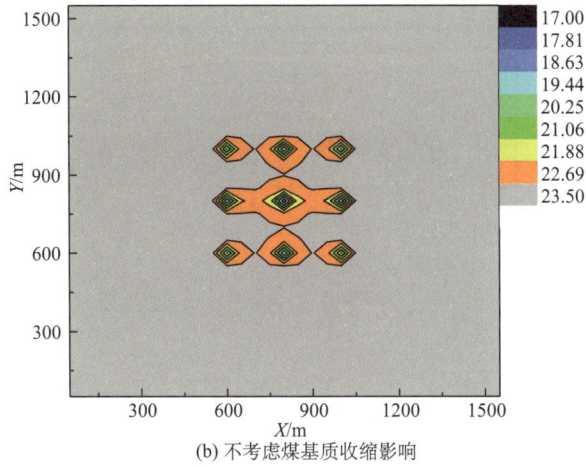

(b) 不考虑煤基质收缩影响

图 4.68　$K_x = 3.2 \times 10^{-3} \mu m^2$，$K_y = 1.6 \times 10^{-3} \mu m^2$ 时井间距 200m

生产 5000 天含气量 2D 连续等值线图

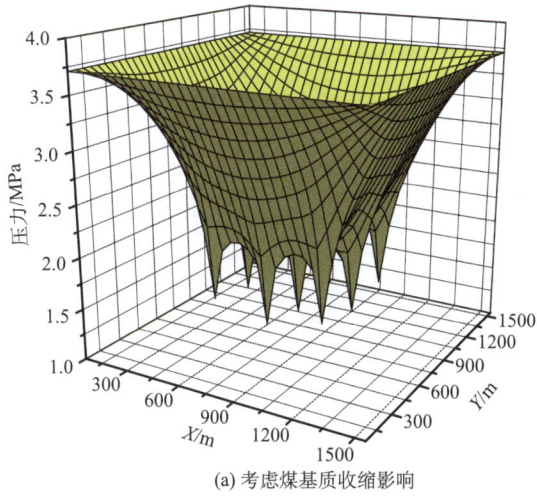

(a) 考虑煤基质收缩影响

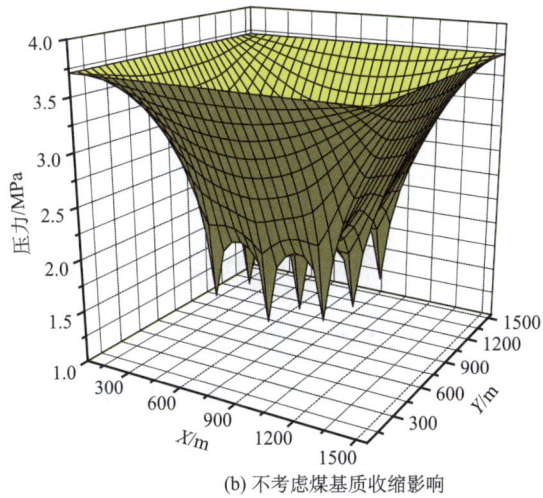

(b) 不考虑煤基质收缩影响

图 4.69　$K_x = 3.2 \times 10^{-3} \mu m^2$，$K_y = 1.6 \times 10^{-3} \mu m^2$ 时井间距 300m

生产 5000 天储层压力 3D 等值线图

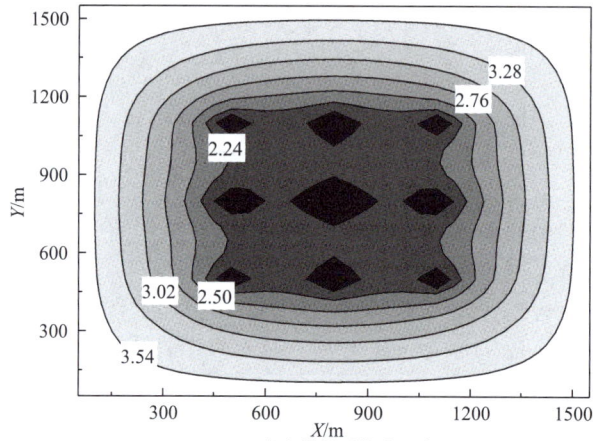

(a) 考虑煤基质收缩影响

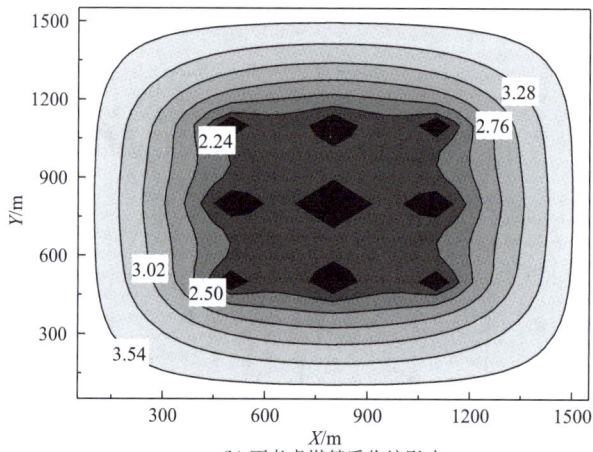

(b) 不考虑煤基质收缩影响

图 4.70 $K_x = 3.2 \times 10^{-3} \mu m^2$，$K_y = 1.6 \times 10^{-3} \mu m^2$ 时井间距 300m
生产 5000 天储层压力 2D 等值线图（单位：MPa）

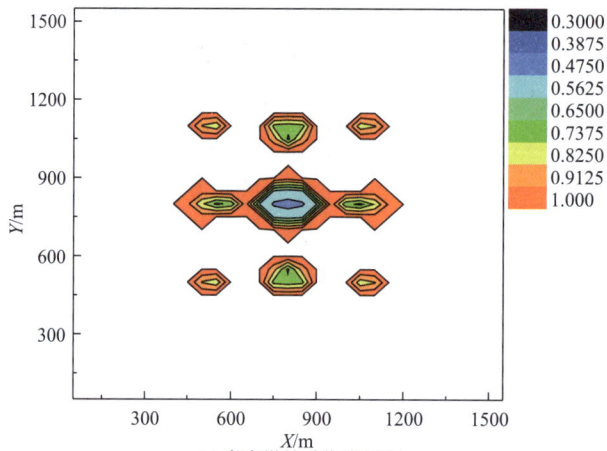

(a) 考虑煤基质收缩影响

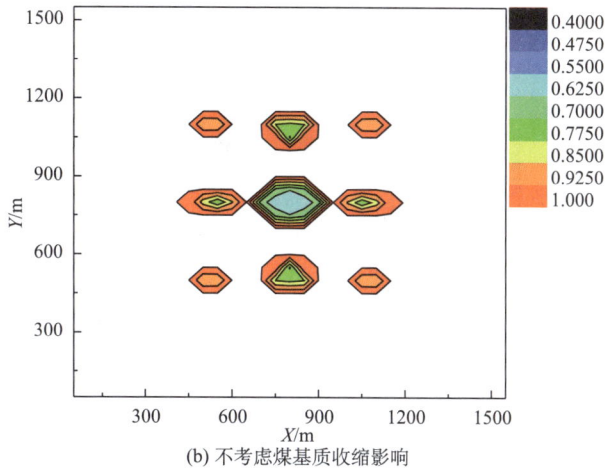

(b) 不考虑煤基质收缩影响

图 4.71 $K_x = 3.2 \times 10^{-3} \mu m^2$, $K_y = 1.6 \times 10^{-3} \mu m^2$ 时井间距 300m
生产 5000 天水饱和度 2D 连续等值线图

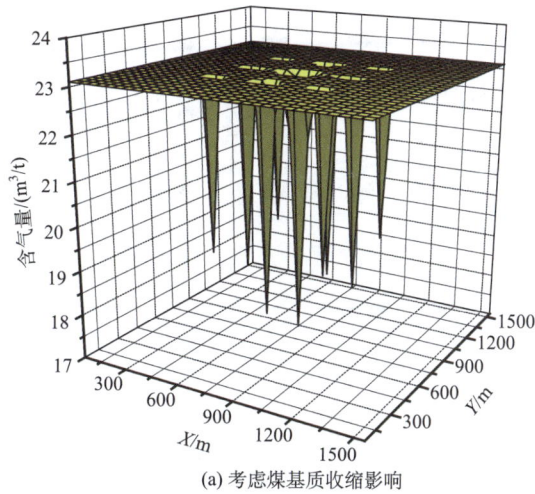

(a) 考虑煤基质收缩影响

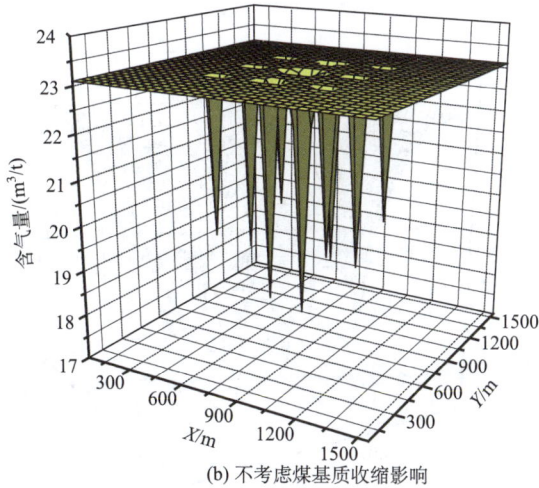

(b) 不考虑煤基质收缩影响

图 4.72 $K_x = 3.2 \times 10^{-3} \mu m^2$, $K_y = 1.6 \times 10^{-3} \mu m^2$ 时井间距 300m
生产 5000 天含气量 3D 等值线图

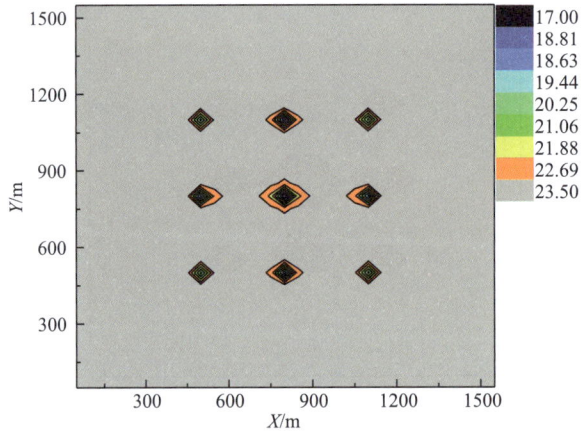

(a) 考虑煤基质收缩影响

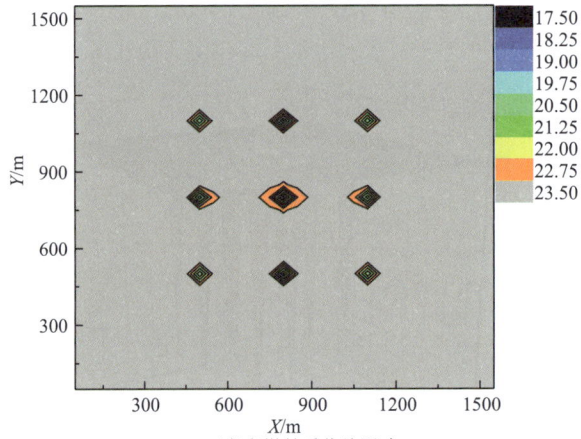

(b) 不考虑煤基质收缩影响

图 4.73　$K_x = 3.2 \times 10^{-3} \, \mu\mathrm{m}^2$，$K_y = 1.6 \times 10^{-3} \, \mu\mathrm{m}^2$ 时井间距 300m

生产 5000 天含气量 2D 连续等值线图

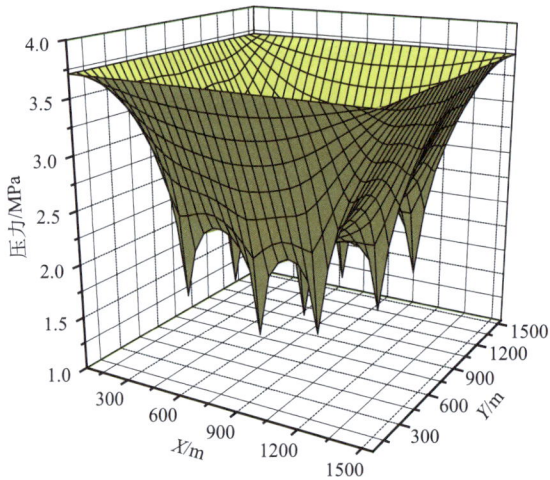

(a) 考虑煤基质收缩影响

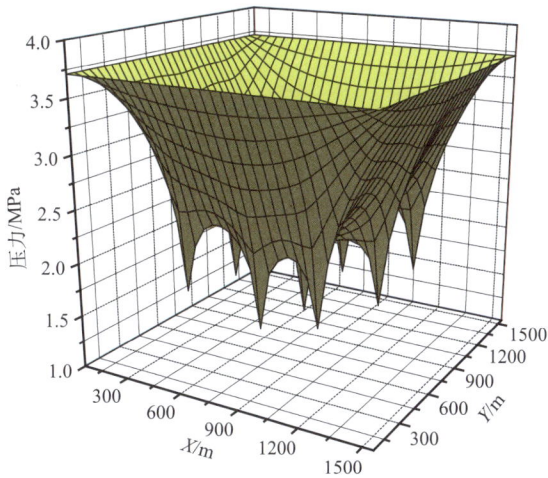

(b) 不考虑煤基质收缩影响

图 4.74 $K_x = 3.2 \times 10^{-3} \mu m^2$，$K_y = 1.6 \times 10^{-3} \mu m^2$ 时井间距 400m

生产 5000 天储层压力 3D 等值线图

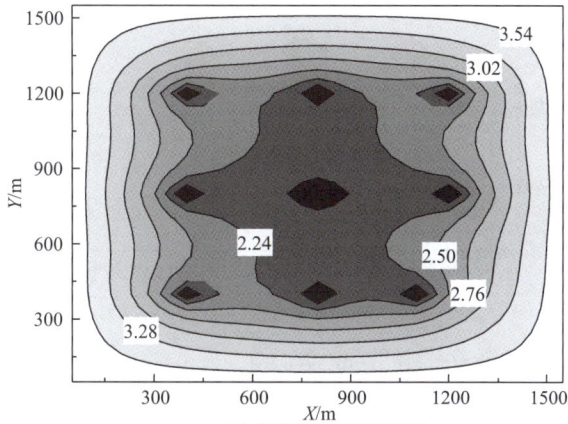

(a) 考虑煤基质收缩影响

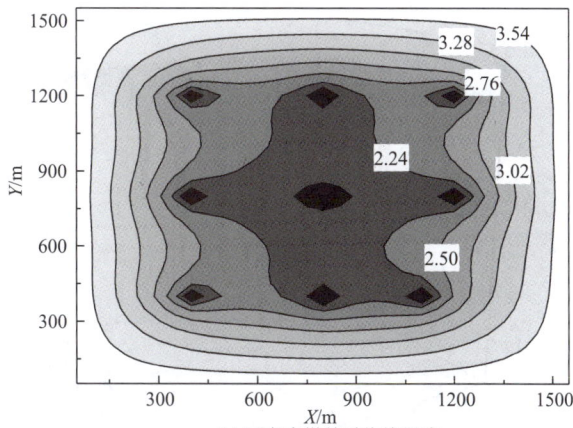

(b) 不考虑煤基质收缩影响

图 4.75 $K_x = 3.2 \times 10^{-3} \mu m^2$，$K_y = 1.6 \times 10^{-3} \mu m^2$ 时井间距 400m

生产 5000 天储层压力 2D 等值线图（单位：MPa）

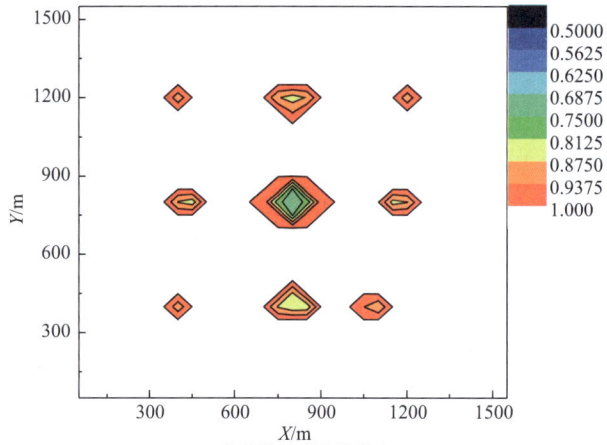

(a) 考虑煤基质收缩影响

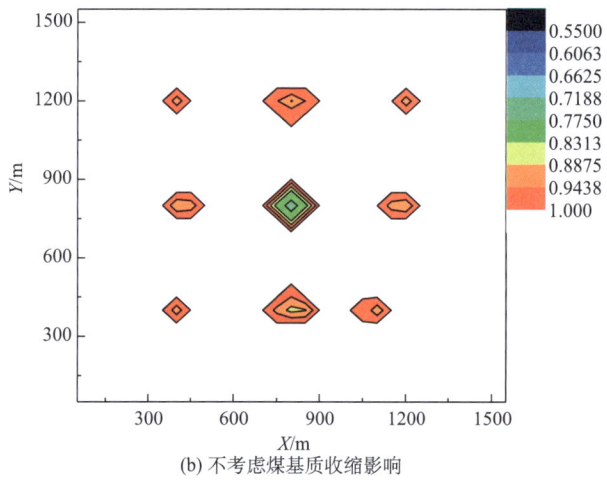

(b) 不考虑煤基质收缩影响

图 4.76 $K_x = 3.2 \times 10^{-3} \mu m^2$, $K_y = 1.6 \times 10^{-3} \mu m^2$ 时井间距 400m
生产 5000 天水饱和度 2D 连续等值线图

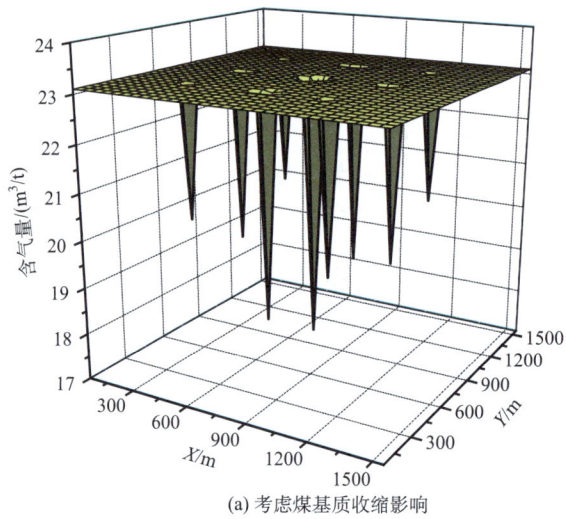

(a) 考虑煤基质收缩影响

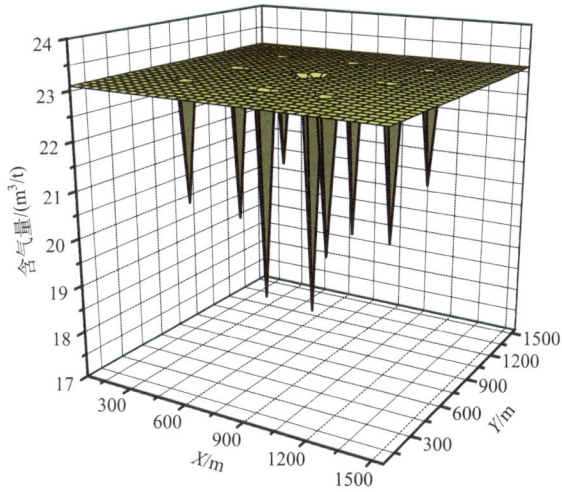

(b) 不考虑煤基质收缩影响

图 4.77 $K_x = 3.2 \times 10^{-3} \mu m^2, K_y = 1.6 \times 10^{-3} \mu m^2$ 时井间距 400m
生产 5000 天含气量 3D 等值线图

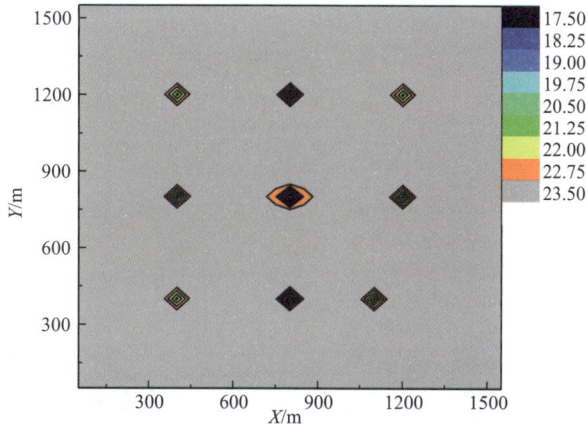

(a) 考虑煤基质收缩影响

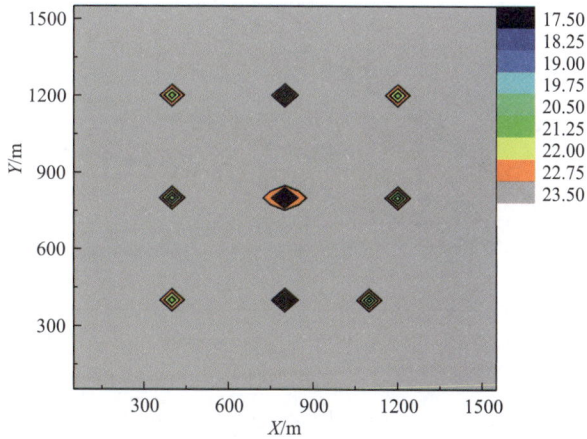

(b) 不考虑煤基质收缩影响

图 4.78 $K_x = 3.2 \times 10^{-3} \mu m^2, K_y = 1.6 \times 10^{-3} \mu m^2$ 时井间距 400m
生产 5000 天含气量 2D 连续等值线图

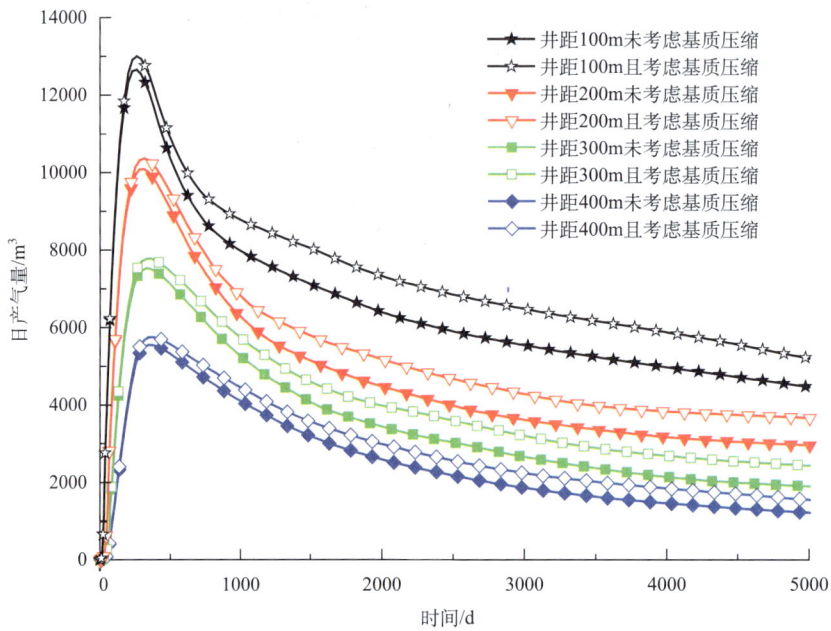

图 4.79 $K_x = 3.2 \times 10^{-3} \mu m^2$, $K_y = 1.6 \times 10^{-3} \mu m^2$ 时日产气量曲线

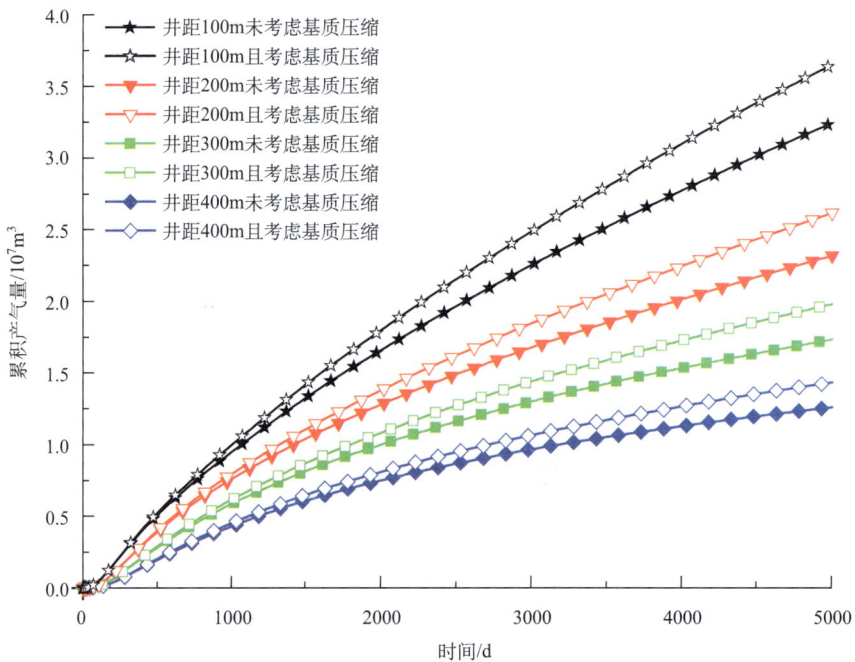

图 4.80 $K_x = 3.2 \times 10^{-3} \mu m^2$, $K_y = 1.6 \times 10^{-3} \mu m^2$ 时累积产气量曲线

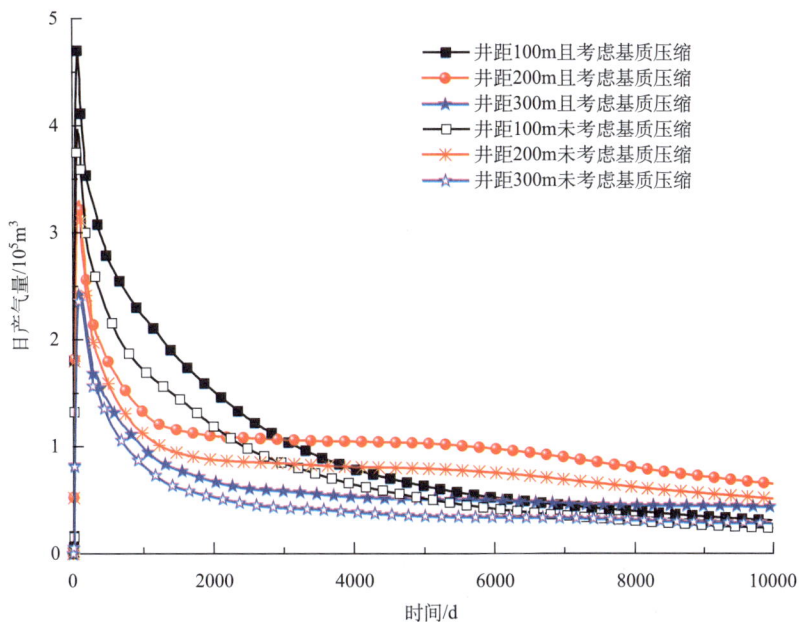

图 4.81 $K_x = 10 \times 10^{-3} \mu m^2$，$K_y = 5 \times 10^{-3} \mu m^2$ 时日产气量曲线

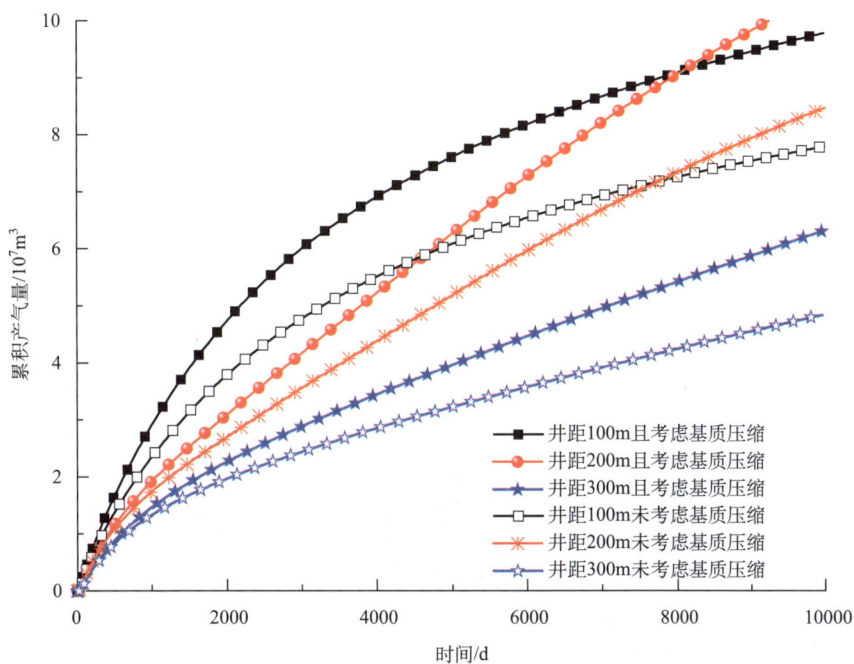

图 4.82 $K_x = 10 \times 10^{-3} \mu m^2$，$K_y = 5 \times 10^{-3} \mu m^2$ 时累积产气量曲线

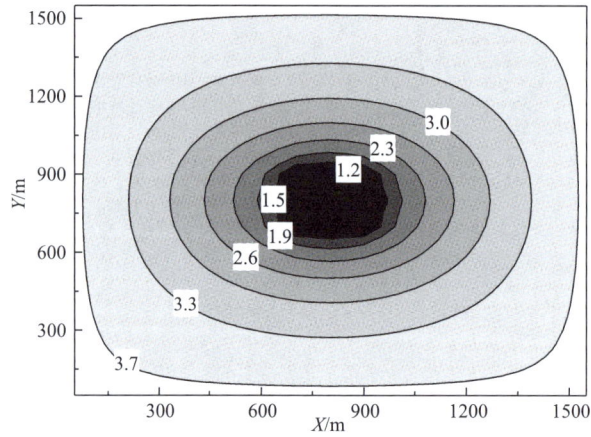
(a) 考虑煤基质收缩影响

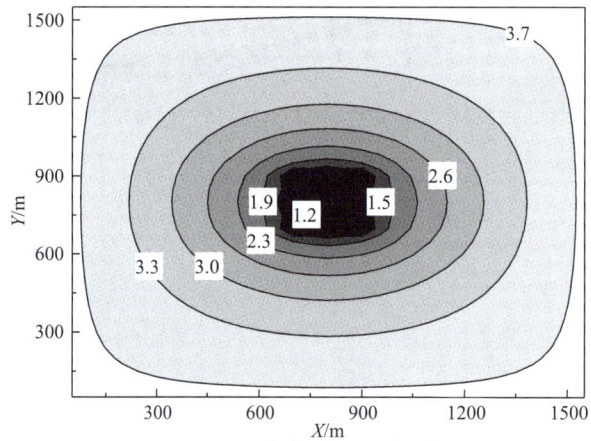
(b) 不考虑煤基质收缩影响

图 4.83 $K_x = 10 \times 10^{-3} \mu m^2$，$K_y = 5 \times 10^{-3} \mu m^2$ 时井间距 100m
生产 10000 天储层压力 2D 等值线图（单位：MPa）

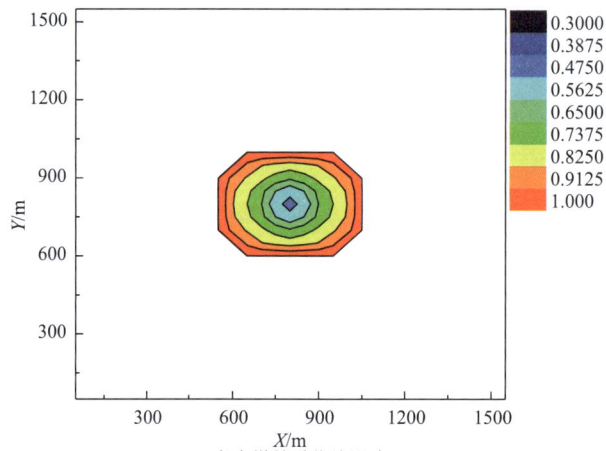
(a) 考虑煤基质收缩影响

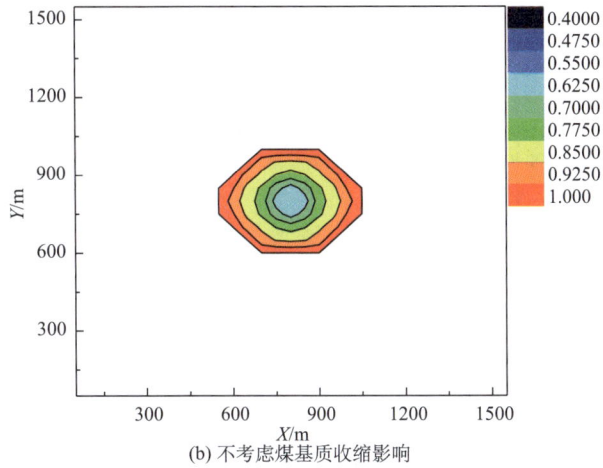

(b) 不考虑煤基质收缩影响

图 4.84 $K_x = 10 \times 10^{-3} \mu m^2$, $K_y = 5 \times 10^{-3} \mu m^2$ 时井间距 100m 生产 10000 天水饱和度 2D 连续等值线图

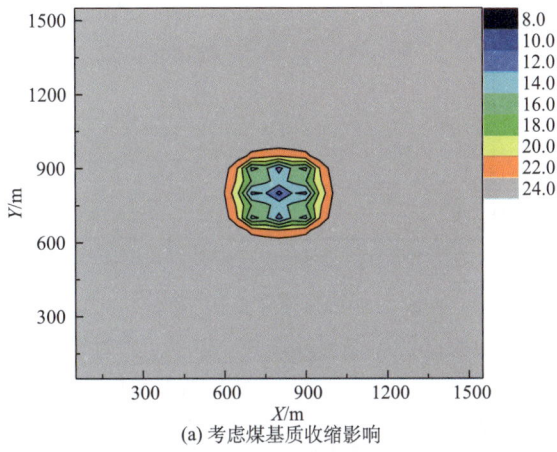

(a) 考虑煤基质收缩影响

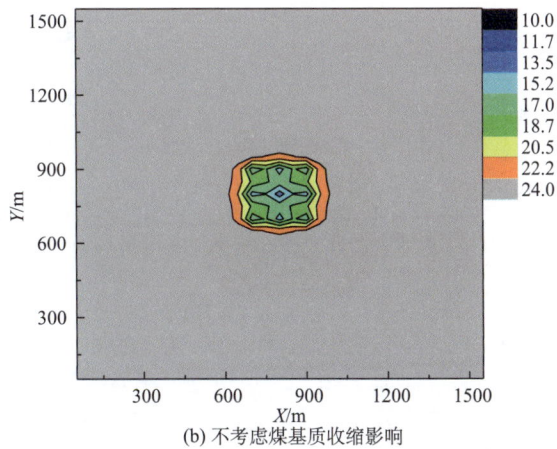

(b) 不考虑煤基质收缩影响

图 4.85 $K_x = 10 \times 10^{-3} \mu m^2$, $K_y = 5 \times 10^{-3} \mu m^2$ 时井间距 100m 生产 10000 天含气量 2D 连续等值线图

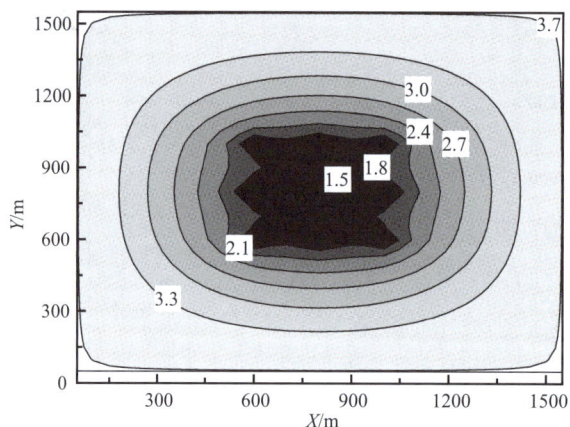

(a) 考虑煤基质收缩影响

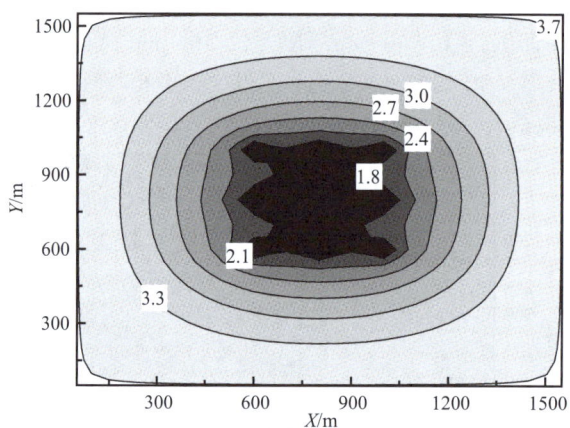

(b) 不考虑煤基质收缩影响

图 4.86 $K_x = 10 \times 10^{-3} \mu m^2$, $K_y = 5 \times 10^{-3} \mu m^2$ 时井间距 200m 生产 10000 天储层压力 2D 等值线图(单位:MPa)

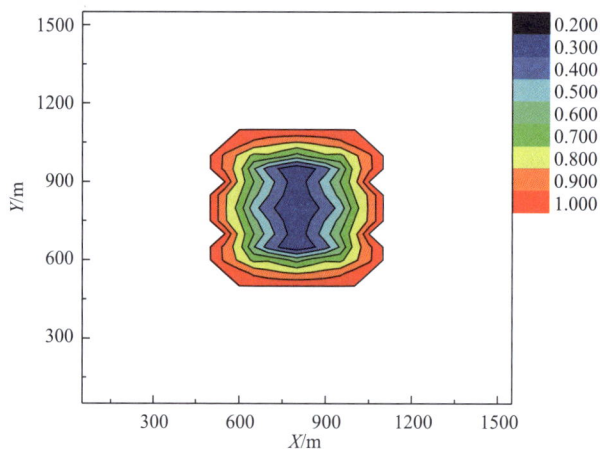

(a) 考虑煤基质收缩影响

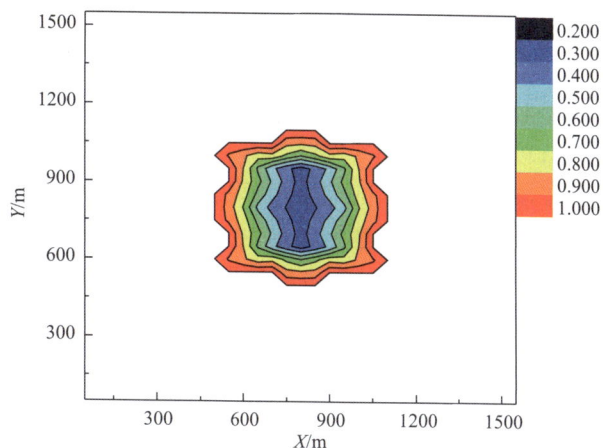

(b) 不考虑煤基质收缩影响

图 4.87　$K_x = 10 \times 10^{-3} \mu m^2$, $K_y = 5 \times 10^{-3} \mu m^2$ 时井间距 200m
生产 10000 天水饱和度 2D 连续等值线图

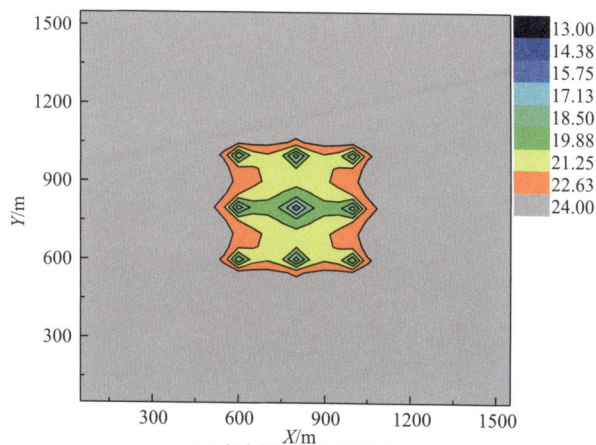

(a) 考虑煤基质收缩影响

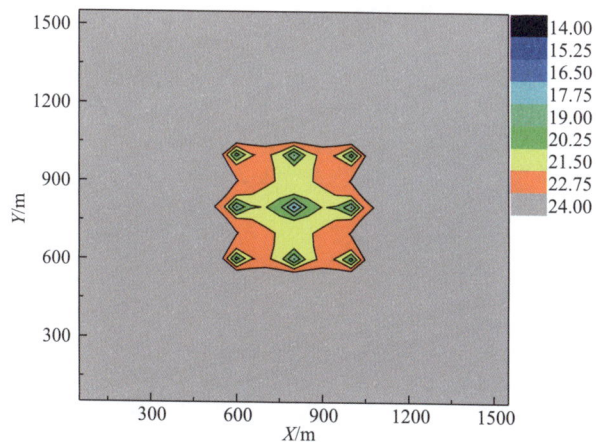

(b) 不考虑煤基质收缩影响

图 4.88　$K_x = 10 \times 10^{-3} \mu m^2$, $K_y = 5 \times 10^{-3} \mu m^2$ 时井间距 200m
生产 10000 天含气量 2D 连续等值线图

模拟预测结果表明,井间距越小,排采初期产量越高,达到高峰产量的时间越短;较小井间距的井网开采形成的储层压降漏斗和漏斗范围内的煤层气采出程度比较大井间距的井网更为充分,井网间距对日气产量及累积产气量等的影响,与储层的渗透率密切相关。对于渗透率较低的储层,较小井间距的井网联合开采的日产气量及累积产气量明显高于较大井间距的井网;对于渗透率比较高的储层,开采初期的一定时期内,出现了井群干扰,增加了储层压降漏斗的影响范围,很快达到了高峰产量,井间距越大,产能稳定期的维持时间越长。累计生产 10000 天,100m×100m 井间距布井初期产气量最高,但产气量下降非常快,产能稳定期维持时间最短,累计产气量也明显低于 200m×200m 井间距布井,并且日产气量相继被其他井间距超过;200m×200m 井间距布井,产能稳定期维持时间较长,稳产期产量较高,排采 10000 天累计产气量最高。另外通过是否考虑煤基质收缩对储层物性参数影响的两种模拟结果来看,考虑煤基质收缩对储层物性参数影响的模型计算所得到的储层压降漏斗影响范围明显要广,煤层气的采出程度明显要高,且日产气量及累积产气量的影响也明显要高。因此在实际的煤层气藏开采中,要综合考虑实际的储层特性和经济效益等因素,合理的选择井网间距。

参考文献

蔡炳新. 2001. 基础物理化学. 北京：科学出版社

陈昌国, 鲜晓红, 张代钧等. 1998. 微孔填充理论研究无烟煤和炭对甲烷的吸附特性. 重庆大学学报, 21(2): 75~79

陈萍, 唐修义. 2001. 低温氮吸附法与煤中微孔隙特征的研究. 煤炭学报, 26(5): 552~556

陈宗淇, 王光信, 徐桂英. 2001. 胶体与界面化学. 北京：高等教育出版社

程瑞端, 陈海焱, 鲜学福等. 1998. 温度对煤样渗透系数影响的实验研究. 煤炭工程师, 1: 13~16

崔永君. 1999. 煤等温吸附特性测试中体积校正方法探讨. 煤田地质与勘探, 27(5): 29~32

冯文光, 梅世昕, 侯鸿斌. 1999. 煤层气藏三维数值模拟. 矿物岩石, 19(1): 43~48

傅雪海, 秦勇, 李贵中等. 2002. 高煤级煤平衡水条件下的吸附实验. 石油实验地质, 24(2): 177~180

辜敏, 陈昌国, 鲜学福. 2001. 混合气体的吸附特征. 天然气工业, 21(4): 91~94

古共伟, 陈健, 魏玺群. 1999. 吸附分离技术在现代工业中的应用. 合成化学, 7(4): 346~353

顾惕人, 朱瑶, 李外郎等. 1994. 表面化学. 北京：科学出版社. 275~277

郭天民. 1983. 多元汽液平衡和精馏. 北京：化学工业出版社. 250~256

韩大匡, 陈钦雷, 闫存章. 1993. 油藏数值模拟基础. 北京：石油工业出版社. 147~264

韩振为, 周明. 1996. 用晶格模型预测多组元固液界面上的吸附平衡. 化工学报, 47(1): 1~7

何伟钢, 唐书恒, 解晓东. 2000. 地应力对煤层渗透性的影响. 辽宁工业技术大学学报(自然科学版), 19(4): 353~355

何学秋. 1995. 含瓦斯煤岩流变动力学. 徐州：中国矿业大学出版社

胡国忠, 王宏图, 范晓刚等. 2009. 低渗透突出煤的瓦斯渗流规律研究. 岩石力学与工程学报, 28(12): 2527~2534

胡英. 1994. 近代化工热力学——应用研究的新进展. 上海：上海科学技术文献出版社. 261~268

黄启翔, 尹光志, 姜永东等. 2008. 型煤试件在应力场中的瓦斯渗流特性分析. 重庆大学学报(自然科学版), 31(12): 1436~1440

蒋维钧, 雷良恒, 刘茂林. 1993. 化工原理(下册). 北京：清华大学出版社. 552~557

靳钟铭, 赵阳升. 1991. 含瓦斯煤层力学特性的实验研究. 岩石力学与工程学报, 10(3): 271~280

居沈贵, 刘晓勤, 马正飞等. 1998. 含 CO 体系在载铜吸附剂上的吸附平衡. 南京化工大学学报, 20(3): 79~82

郎兆新, 张丽华. 1997. 零维煤层气模拟软件的研制. 石油大学学报(自然科学版), 21(5): 30~34

李宝芳. 1996. 煤层气及生储原理略述(第一讲). 中国煤田地质, 8(1): 89~94

李斌. 1996. 煤层气非平衡吸附的数学模型和数值模拟. 石油学报, 17(4): 42~48

李志强, 鲜学福, 隆晴明. 2009. 不同温度应力条件下煤体渗透率实验研究. 中国矿业大学学报(自然科学版), 38(4): 523~527

梁冰, 章梦涛, 王泳嘉. 1996. 煤层瓦斯渗流与煤体变形的耦合数学模型及数值解法. 岩石力学与工程学报, 15(2): 135~142

林柏泉, 周世宁. 1987. 煤样瓦斯渗透率的实验研究. 中国矿业学院学报, 1: 21~28

蔺金太, 郭勇义, 吴世跃. 2001. 煤层气注气开采中煤对不同气体的吸附作用. 太原理工大学学报, 32(1): 18~20

刘保县, 熊德国, 鲜学福. 2006. 电场对煤瓦斯吸附渗流特性的影响. 重庆大学学报(自然科学版), 29(2): 83~85

刘常洪，杨思敬. 1992. 关于煤甲烷吸附体系吸附规律的研究. 煤矿安全，(4)：1～5

刘红林，王红岩，张建博. 2000. 煤层气吸附时间计算及其影响因素分析. 石油实验地质，23(4)：365～367

刘建军，梁冰. 1999. 非等温条件下煤层瓦斯运移规律的研究. 西安矿业学院学报，19(4)：302～308

刘晓勤，姚虎卿，时钧. 2002. 二元液体混合物非理想吸附平衡数据的预测. 化工学报，53(4)：412～417

罗新荣. 1991. 煤层瓦斯运移物理模拟与理论分析. 中国矿业大学学报(自然科学版)，20(3)：55～61

骆祖江. 1997. 煤层甲烷运移动力学模型研究. 煤炭科学研究总院西安分院博士学位论文

马东民. 2008. 煤层气吸附解吸机理研究. 西安科技大学博士学位论文

欧成华. 2002. 储层孔隙介质单组分气体吸附理论模型研究. 钻采工艺，25(2)：69～70

欧成华，李士伦，郭平等. 2002a. 储层孔隙介质气体吸附理论模型研究探讨. 西南石油学院学报，24(1)：53～56

欧成华，李士伦，易敏等. 2001. 高温高压下三元混合气体(N_2-CH_4-C_2H_6)在储层岩心中的吸附等温线的测定. 天然气工业，(4)：72～74

欧成华，李士伦，易敏等. 2002b. 高温高压下多种气体在储层岩心中的吸附等温线的测定. 石油学报，22(1)：72～76

欧成华，易敏，郭平等. 2000. 用孔隙度测定仪测量室温低压下 N_2、CO_2 和天然气在人造岩芯孔隙内表面的吸附量. 石油学报，21(5)：39～42

欧成华，易敏，李士伦等. 2002c. XF-1 型高温高压储层孔隙介质气体吸脱附测试仪的研制. 石油仪器，16(1)：11～14

彭守建，许江，陶云奇等. 2009. 煤样渗透率对有效应力敏感性实验分析. 重庆大学学报(自然科学版)，32(3)：303～307

秦勇，傅雪海，叶建平等. 1999. 中国煤储层岩石物理学因素控气特征及机理. 中国矿业大学学报，28(1)：14～19

秦勇，唐修义，叶建平等. 2000. 中国煤层甲烷稳定碳同位素分布与成因探讨. 中国矿业大学学报，29(2)：113～119

孙可明，潘一山，梁冰. 2007. 流固耦合作用下深部煤层气井群开采数值模拟. 岩石力学与工程学报，26(5)：994～1001

孙培德，鲜学福. 1999. 煤层气越流的固气耦合理论及其应用. 煤炭学报，24(1)：60～64

谈慕华，黄蕴元. 1985. 表面物理化学. 北京：中国建筑工业出版社. 50～54

谭学术，鲜学福，张广洋等. 1994. 煤的渗透性研究. 西安矿业学院学报，1：22～25

唐巨鹏，潘一山，李成全等. 2006. 有效应力对煤层气解吸渗流影响试验研究. 岩石力学与工程学报，25(8)：1563～1568

同登科，张先敏. 2008. 致密煤层气藏三维全隐式数值模拟. 地质学报，82(10)：1428～1431

王安平. 2002. 煤层甲烷赋存、输运机理及数值模拟研究. 西南石油学院博士学位论文

王恩元，张力，何学秋等. 2004. 煤体瓦斯渗透性的电场响应研究. 中国矿业大学学报(自然科学版)，33(1)：62～65

王宏图，李晓红，鲜学福等. 2004. 地电场作用下煤中甲烷气体渗流性质的实验研究. 岩石力学与工程学报，23(2)：303～306

吴俊. 1994a. 表面能的吸附法计算及研究意义. 煤田地质与勘探，22(4)：18～23

吴俊. 1994b. 中国煤成烃基本理论与实践. 北京：煤炭工业出版社

吴晓东，张迎春，李安启. 2000. 煤层气单井开采数值模拟的研究. 石油大学学报(自然科学版)，24(2)：47～49

徐永昌. 1994. 天然气成因理论及应用. 北京：科学出版社. 189～223

许江，彭守建，陶云奇. 2009. 蠕变对含瓦斯煤渗透率影响的试验分析. 岩石力学与工程学报，28(11)：2273～2279

亚当森 A W. 1984. 表面的物理化学(上册). 北京：科学出版社. 277～283

闫宝珍. 2008. 沁水盆地煤层气富集机理及主控特征. 中国矿业大学(北京)博士学位论文

严继民, 张启元. 1979. 吸附与凝聚：固体的表面与孔. 北京：科学出版社. 24～55

杨起, 潘治贵, 翁成敏等. 1988. 华北石炭二叠纪煤变质特征与地质因素探讨. 北京：地质出版社

杨向平, 李阳初, 沈复. 1998. 能量不均匀固体表面上多元非理想溶液的吸附等温线模型. 化工学报, 49(2)：155～161

叶振华. 1988. 吸着分离过程基础. 北京：化学工业出版社. 9～10

叶振华. 1992. 化工吸附分离过程. 北京：中国石化出版社. 4～6

尹光志, 黄启翔, 张东明等. 2010. 地应力场中含瓦斯煤岩变形破坏过程中瓦斯渗透特性的试验研究. 岩石力学与工程学报, 29(2)：336～343

余申翰. 1981. 煤层内瓦斯的赋存状态. 煤炭学报, (2)：1～4

岳晓燕, 谭世君, 吴东平. 1998. 煤层气数值模拟的地质模型与数学模型. 天然气工业, 18(4)：28～31

张广洋, 谭学术, 鲜学福. 1994. 煤层瓦斯运移的数学模型. 重庆大学学报(自然科学版), 17(4)：53～57

张建博, 王红岩. 1999. 山西沁水盆地煤层气有利区预测. 徐州：中国矿业大学出版社

张烈辉, 李允, 代艳英. 1997. 块预处理正交极小化方法及其在水平井油藏模拟中的应用. 西南石油学院学报, 19(1)：32～36

张群. 2003. 煤层气储层数值模拟模型及应用的研究. 煤炭科学研究总院西安分院博士学位论文

张群, 杨锡禄. 1999. 平衡水分条件下煤对甲烷的等温吸附特性研究. 煤炭学报, 24(6)：300～570

张遂安. 2004. 有关煤层气开采过程中煤层气解吸作用类型的探索. 中国煤层气, 1(1)：26～29

张先敏. 2007. 煤层气储层数值模拟及开采方式研究. 中国石油大学硕士学位论文

张先敏, 同登科. 2009. 顶板含水层对煤层气井网产能的影响. 煤炭学报, 34(5)：645～649

张晓东, 秦勇, 桑树勋. 2005. 煤储层吸附气体研究现状及展望. 中国煤田地质, 17(1)：16～22

张新民, 张遂安, 钟玲文等. 1991. 中国的煤层甲烷. 西安：陕西科学技术出版社. 36～60

赵阳升. 1994. 煤体-瓦斯耦合数学模型及数值解法. 岩石力学与工程学报, 13(3)：229～239

赵阳升, 白其峥. 1990. 煤层瓦斯流动的固结数学模型. 山西矿业学院学报, 8(1)：16～21

赵阳升, 胡耀青. 1993. 煤体-瓦斯耦合数学模型的数值解法. 山西矿业学院学报, 11(4)：287～293

赵志根, 唐修义. 2002. 对煤吸附甲烷的 Langmuir 方程的讨论. 焦作工学院学报, 21(1)：1～4

周理, 吕昌忠, 王怡林等. 1999. 述评超临界温度气体在多孔固体上的物理吸附. 化学进展, 11(3)：221～226

周胜国, 郭淑敏. 1999. 煤储层吸附、解吸等温线测试技术. 石油实验地质, 21(1)：76～80

周亚平, 杨斌. 2000. 气体超临界吸附研究进展. 化学通报, 63(9)：8～13

周亚平, 周理. 1997. 超临界氢在活性炭上的吸附等温线研究. 物理化学学报, 13(2)：119～127

Arri L E, Yee D et al. 1992. Modeling coalbed methane production with binary gas sorption. SPE paper 24363

Bhatia S K. 1987. Modeling the pore structure of coal. AICHE Journal, 33：1707～1718

Bose T K, Chahine R, Machildon L. 1987. New dielectric method for measurement of physical adsorption of gases at high pressure. Rev Sci Instrum, 58(12)：2279～2283

Clarkson C R, Bustin R M. 1999a. The effect of pore structure and gas pressure upon the transport properties of coal: a laboratory and modeling study 1. Isotherms and pore volume distributions. Fuel, 78：1333～1344

Clarkson C R, Bustin R M. 1999b. The effect of pore structure and gas pressure upon the transport properties of coal: a laboratory and modeling study: 2. Adsorption rate modeling. Fuel, 78：1345～1362

Crosdale P J, Beamish B B, Valix M. 1998. Coalbed methane sorption related to coalcompostion. International Journal of Geology, 35：147～158

Cui X, Bustin R M, Dipple G. 2004. Selective transport of CO_2, CH_4, and N_2 in coals: Insights from modeling of experimental gas adsorption data. Fuel, 83(3): 293~303

Dreisbach F, Staudt R, Keller J U. 1999. High pressure adsorption data of methane, nitrogen, carbon dioxide and their binary and ternary mixtures on activated carbon. Adsorption, 5(3): 215~227

Durucan S, Edwards J S. 1986. The effects of stress and fracturing on permeability of coal. Mining Science and Technology, 3: 205~216

Ettinger I, Zimakov B, Yanovskaya M. 1996. Natural factors influencing coal sorption properties-petrography and the sorption properties of coals. Fuel, (45): 243~259

Friekerich RO, Mullins J C. 1972. Adsorption equilibria of binary hydrocarbon mixtures on homogeneous carbon black at 25℃. Ind Eng Chem Fundam, 11(4): 439~445

Gan H, Nandi S P, Walker P L J. 1972. Nature of the porosity in American coals. Fuel, 51(4): 272~277

Gray I. 1987. Reservoir engineering in coal seams: Part 1-The physical process of gas storage and movement in coal seams. SPERE, 2: 28~34

Harpalani S. 1985. Gas flow through stressed coal. University of California Berkeley Ph D thesis

Harpalani S, McPherson M J. 1985. Effect of stress on permeability of coal. Proceedings of the 26th US Symposium on Rock Mechanics. 831~839

Harpalani S, Schraufnagel R A. 1900. Shrinkage of coal matrix with release of gas and its impact on permeability of coal. Fues, 69: 551~556

Hu X. 1999. Multicomponentadsorption equilibrium of gases in zeolite: effect of pore size distribution. Chem Eng Commun, 174(1): 201~214

Joubert J, Grein C T, Bienatock D. 1973. Sorption of methane in moist coal. Fuel, 52: 181~185

Keller J U, Dreisbach F, Rave H et al. 1999. Measurements of gas mixture adsorption Equilibria of natural gas compounds on microporous adsorbents. Adsorption, 5(3): 199~214

Khodot V V. 1980. Role of methane in the stress state of a coal seam. Journal of Mining Science, 16(5): 460~466

King G R, Ertekin T, Schwerer F C. 1986. Numerical simulation of the transient behavior of coal-seam degasification wells. SPE Formation Evaluation. 165~183

Kolesar J E, Ertekin T, Obut S T. 1990. The unsteady stature of sorption and diffusion phenomena in the micropore structure of coal: Part2-Solution. SPEFE, 5(1): 89~97

Li Zhou, Bai Sh P, Zhou Y P et al. 2002a. Adsorption of nitrogen on silica gel over a large range of temperature. Adsorption, 8(1): 79~87

Li Zhou, Zhou Y P, Bai Sh P et al. 2002b. Studies on the transition behavior of physical adsorption from the sub-to the supercritical region: Experiments on Silica Gel. J of Colloid and Interface Science, 253(1): 9~15

Malek A, Farooq S. 1996. Comparison of isotherm models for hydrocarbon adsorption on activated carbon. AICHE Journal, 42(11): 3191~3201

Mazumder S, Wolf K H. 2008. Differential swelling and permeability change of coal in response to CO_2 injection for ECBM. International Journal of Coal Geology, 74: 123~138

McKee C R, Bumb A C, Koeing R A. 1987. Stress-dependent permeability and porosity of coal. Proceedings of the 1987 Coalbed Methane Symposium. 183~193

Menon P G. 1968. Adsorption at high pressure. Chemical Review, 68(3): 277~294

Moffat D H, Weale K E. 1955. Sorption by coal of methane at high pressure. Fuel, 34: 417~428

Mota J P B, Rodrigues A E et al. 1997. Dynamic of natural gas adsorption storage system employing activated carbon. Carbon, 35(9): 1259~1270

Palmer I. 2009. Permeability changes in coal: analytical modeling. International Journal of Coal Geology,

77: 119~126

Palmer I, Mansoori J. 1998. How permeability depends on stress and pore pressure in coalbed: a new model. SPE paper 52607

Recroft P J, Patel H. 1986. Gas-induced swelling in coal. Fuel, 65(6): 816~820

Rouquerol F, Rouqerol J, Sing K. 1999. Adsorption by Powders and Porous Solids. London: Academic Press

Ruthven D M. 1984. Principles of Adsorption and Adsorption Processes. New York: John Wiley & Sons. 65~70

Ruthven D M. 2000. Past progress and future challenges in adsorption research. Ind Eng Chem Res, 39 (7): 2127~2131

Ruthven D M, Farooq S, Knabel K S. 1994. Pressure Swing Adsorption. New York: VCH Publishers. 5~7

Sawyer W K, Paul G M, Schraufnagel R A. 1990. Development and application of a 3D coalbed simulator. CIM/SPE paper 90119

Schwerer F C, Pavone A M. 1984. Effect of pressure-dependent permeability on well-test analyses and long-term production of methane from coal seams. SPE paper 12857

Seidle J P, Huit L G. 1995. Experimental measurement of coal matrix shrinkage due to gas desorption and implications for cleat permeability increases. SPE paper 30010

Seidle J P, Jeansonne M W, Erickson D J. 1992. Application of matchstick geometry to stress dependent permeability in coals. Proceedings of the SPE Rocky Mountain Regional Meeting. 433~445

Shi J Q, Durucan S. 2003. A bidisperse pore diffusion model for methane displacement desorption in coal by CO_2 injection. Fuel, 82(10): 1219~1229

Shi J Q, Durucan S. 2005. Gas storage and flow in coalbed reservoirs: implementation of a bidisperse pore model for gas diffusion in a coal matrix. SPREE 3: 291~300

Siddiqi K S, Thomas W J. 1982. The adsorption of methane-ethane mixtures on activated carbon. Carbon, 20(6): 473~479

Smith D M, Williams F L. 1984. Diffusional effects in the recovery of methane from coalbeds. SPEJ, 24 (10): 529~535

Somerton W H, Soylemezoglu I M, Dudley R C. 1975. Effect of stress on permeability of coal. International Journal of Rock Mechanics Mining Science and Geological Abstracts, 12: 129~145

Stoeckli H F. 1977. A generalization of the Dubinin-Radushkevich equation for filling of heterogeneous micropore systems. J Colloid Interface Sci, 59(1): 184~185

Yang R T, Saunders J T. 1985. Adsorption of gases on coals and heat-treated coals at elevated tempreature and pressure. Fuel, 314~327

Zhang H B, Liu J S, Elsworth D. 2008. How sorption-induced matrix deformation affects gas flow in coal seams: A new FE model. International Journal of Rock Mechanics and Mining Sciences, 45 (8): 1226~1236

Zhang X M, Tong D K. 2008. The coalbed methane transport model and its application in the presence of matrix shrinkage. Science in China Series E: Technological Sciences, 51(7): 968~974

Zhou L, Zhou Y P. 2001. A mathematical method for determination of absolute adsorption from experimental isotherms of supercritical gases. Chinese J of Chem Eng, 9(1): 110~115

Zhou Y P, Bai S P, Zhou L, Yang B. 2001. Studies on the physical adsorption equilibria of gases on porous solids over a wide temperature range spanning the critical region-adsorption on microporous activated carbon. Chinese Journal of Chemistry, 19(10): 943~948